BIBLIOTHÈQUE

DES MERVEILLES

PUBLIÉE SOUS LA DIRECTION

DE M. ÉDOUARD CHARTON

LA

CHALEUR

PARIS. — IMP. SIMON RAÇON ET COMP., RUE D'ERFURTH, 1.

Spectre montrant l'absorption par la vapeur de Sodium. (Fig 34)

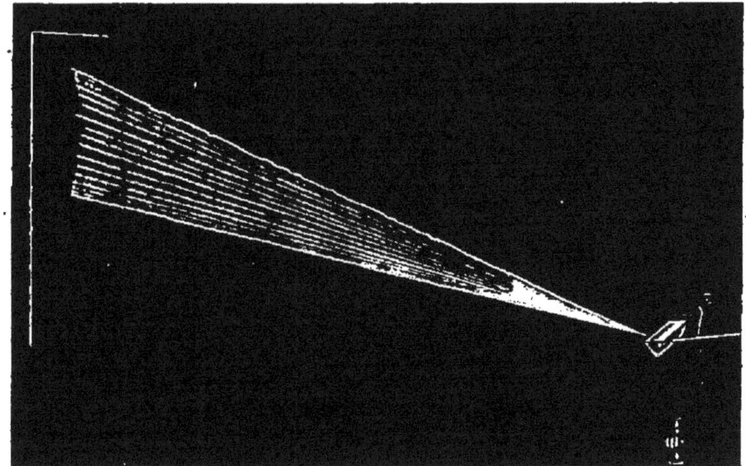

Spectre Solaire (Fig. 29)

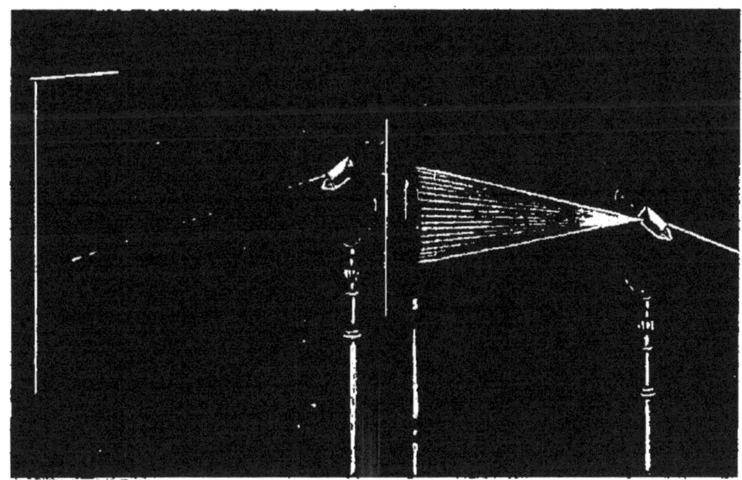

Action d'un prisme sur les rayons simples. (Fig 30)

BIBLIOTHÈQUE DES MERVEILLES

LA CHALEUR

PAR

ACHILLE CAZIN

PROFESSEUR DE PHYSIQUE AU LYCÉE DE VERSAILLES

DEUXIÈME ÉDITION

OUVRAGE ILLUSTRÉ DE 92 VIGNETTES

PAR A. JAHANDIER

PARIS

LIBRAIRIE DE L. HACHETTE ET Cie

BOULEVARD SAINT-GERMAIN, N° 77

1868

PRÉFACE

DE LA PREMIÈRE ÉDITION

Le but de cet ouvrage est de présenter les principaux phénomènes de la chaleur sous le point de vue qui est généralement adopté depuis les remarquables découvertes récemment accomplies en physique. Déjà un savant anglais, M. Tyndall, a publié un livre où *la chaleur est considérée comme un mode de mouvement*, et l'élégante traduction française de M. l'abbé Moigno a beaucoup contribué à répandre les idées nouvelles. J'ai cherché à les vulgariser encore davantage et les renseignements que j'ai trouvés dans le livre de M. Tyndall m'ont été d'un grand secours. Mais il y a une difficulté contre laquelle je tiens essentiellement à mettre en garde le lecteur. La forme de raisonnement adoptée par plusieurs auteurs qui ont écrit sur la *théorie mécanique de la chaleur* pourrait conduire à penser qu'ils appartiennent à quelque école philosophique et qu'ils ont puisé dans certaines doctrines métaphysiques les principes dont ils se servent ; or, rien n'est moins exact qu'une telle opinion. En disant que les phénomènes de la chaleur sont dus à certains mouvements de la matière, les physiciens expriment simplement un fait d'expérience sur lequel il ne saurait y avoir le moindre doute, et ils n'ont pas du tout la prétention de tirer de la corrélation qu'ils observent entre la chaleur et le mouvement sensible ou atomatique des corps aucune conséquence relative à la constitution de l'univers. Il n'est pas juste de dire que leurs opinions conduisent à la négation de la force et au matérialisme. Un de nos savants les plus distingués, M. Hirn, a même démontré, dans son *Exposition de la théorie mécanique de la chaleur*, que les principes expérimentaux sur lesquels on s'appuie ont pour conséquence rationnelle, non pas le matérialisme ni le panthéisme, mais le spiritualisme le plus pur. Le caractère essentiel de la nouvelle théorie de la chaleur est de montrer l'enchaînement des phénomènes indépendamment de leurs causes, c'est-à-dire de la nature des forces qui les produisent.

J'ai fait tous mes efforts pour écarter de mes explications tout ce qui pourrait donner lieu à une interprétation douteuse, et je prie le lecteur de n'y chercher qu'une simple image des phénomènes, et de ne pas oublier que pour nous la cause de la chaleur n'est jamais en question dans cet ouvrage.

A. Cazin.

Février 1866.

LA CHALEUR

CHAPITRE PREMIER

PHÉNOMÈNES GÉNÉRAUX DE LA CHALEUR

I. DISTINCTION DU PHÉNOMÈNE PHYSIOLOGIQUE ET DES PHÉNOMÈNES EXTÉRIEURS QUI CONSTITUENT LA CHALEUR.

Lorsque nous touchons les corps qui nous environnent, nous reconnaissons bien souvent une différence dans leur manière d'être ; les uns produisent en nous une impression de chaleur, les autres une impression de froid. Cette différence est relative à nous ; elle tient à ce que l'organe du toucher subit une modification particulière, qui détermine en nous une sensation, puis un jugement : Dieu nous a donné cette sensibilité spéciale, pour que nous puissions veiller sans cesse à notre conservation. Mais ce n'est pas ce genre d'action qui doit nous occuper dans ce livre. Nous voulons observer la chaleur et le froid hors de nous, dans les corps bruts ; nous voulons voir quels phénomènes s'y passent, lorsqu'ils agissent les uns sur les autres, quelles modifications intimes ils subissent en devenant chauds ou froids ; et comme ces modifications peuvent impressionner tous nos sens, nous les ferons tous concourir aux jugements que nous aurons à porter. Le plus souvent nos yeux nous révéleront ce qui se passe ; nous verrons les effets de la chaleur ; mais il peut arriver que notre oreille, notre odorat soient aussi appelés à nous aider dans nos observations. C'est ainsi que notre esprit rassemble les données de nos diverses sensations, et les coordonne pour arriver à la connaissance de la nature.

Un exemple frappant nous apprendra à nous mettre en garde contre la sensation du toucher, quand il s'agit de la chaleur. Tenons notre main droite plongée dans un vase d'eau tiède, notre main gauche dans un second vase d'eau glacée, et portons-les ensuite dans de l'eau ordinaire. Elle nous paraît froide, si nous écoutons notre main droite, chaude au contraire, si nous jugeons d'après notre main gauche ; et pourtant c'est dans les deux cas la même eau, ayant le même état. Mais la préparation que nous avons fait subir à chacune de nos mains, avant de la plonger dans l'eau ordinaire, n'était pas la même. Voilà pourquoi nous avons eu deux sensations différentes.

La même chose a lieu, lorsque sortant d'une salle de bain bien chaude nous passons au grand air ; il nous paraît froid. Sortons-nous au contraire d'une cave fraîche, le même air nous semble chaud.

Ainsi il n'y a pas de différence essentielle entre le chaud et le froid, quand nous faisons abstraction de notre sensation et que nous considérons le corps qui nous impressionne, en dehors de nous, en lui-même : l'action échauffante est simplement inverse de l'action refroidissante, et le mot *chaleur* désigne la *cause* de ce genre d'action.

Essayons maintenant de préparer notre étude en démêlant, au milieu des mille phénomènes que nous présente la nature, ceux qui appartiennent à la chaleur. Il est certain que notre premier aperçu sera très-incomplet ; mais à mesure que nous avancerons, nous deviendrons de meilleurs observateurs, et à chaque pas une nouvelle découverte nous récompensera de nos fatigues, et nous engagera à poursuivre. Nous ne réussirons pas à tout voir, à tout comprendre ; nous ne voulons que tirer parti de nos moyens et de notre intelligence.

2. LA CHALEUR NAIT DU MOUVEMENT ATOMIQUE QUI ACCOMPAGNE LES ACTIONS CHIMIQUES.

Nous sommes en plein hiver ; la neige couvre la terre, les rivières sont gelées ; nous avons dans notre chambre un bon feu qui brille ; voilà d'excellentes conditions pour commencer notre première exploration.

Qu'est-ce que le feu ? que se passe-t-il dans notre foyer ? Nous allons être obligés de recourir un peu à une science qu'on appelle la *chimie* ; mais ce sera pour y puiser quelques notions très-simples, et sans grand effort.

Le combustible brûle dans un courant d'air qui entre dans la chambre par les interstices des portes et des fenêtres, et s'élève dans la cheminée en passant sur les charbons. Cet air est modifié pendant qu'il active la combustion. L'air est formé de deux parties, l'une appelée azote, l'autre oxygène. C'est cette dernière qui donne lieu à la *combustion* en s'unissant au charbon, et de cette union résulte le gaz acide carbonique, qui s'échappe avec l'azote par la cheminée : on dit qu'il y a combinaison chimique entre le gaz oxygène et le charbon. Nous admettrons ici ce résultat de la chimie pour ne pas faire de digression et concentrer toute notre attention sur la chaleur.

On se rend compte de l'action qui s'opère dans cette combinaison chimique en imaginant l'oxygène et le charbon formés de particules appelées atomes, qui se précipitent les unes sur les autres et restent unies, lorsqu'elles se sont assez rapprochées. C'est ce choc de particules qui cause la combustion. Elle produit à la fois la chaleur et la lumière; car la flamme que nous voyons est encore un phénomène qui se passe sur les charbons, et que nous jugeons d'après l'impression qu'en reçoivent nos yeux.

Est-ce à dire qu'il ne puisse y avoir dans une combinaison chimique un dégagement de chaleur seule sans lumière? Voici un exemple pris entre mille : on mêle du soufre en poudre et de la limaille de fer, et on remplit de ce mélange un trou creusé dans le sol; puis on le recouvre de terre et on arrose. Au bout de quelques temps, la masse s'échauffe d'elle-même, se gonfle, soulève la terre, dégage des vapeurs; Nicolas Lémery, chimiste du dix-septième siècle, qui, élevé dans une modeste pharmacie de Rouen, sa patrie, sut acquérir dans la science une immense célébrité, avait imaginé cette expérience pour expliquer les volcans ; aussi porte-t-elle le nom de Volcan de Lémery. Aujourd'hui son explication n'est pas admise, mais l'expérience reste comme un curieux exemple de combinaison chimique. Le fer et le soufre, sous l'influence de l'eau, s'unissent pour constituer un corps solide, brun, qu'on appelle le sulfure de fer, et au moment de cette union il y a un dégagement de chaleur sans lumière. La chaleur naît donc du mouvement des atomes de la matière. Si nous passons en revue ses effets, nous y découvrirons toujours le mouvement corrélatif de la chaleur.

Et d'abord examinons le transport de la chaleur du foyer aux corps voisins.

3. TRANSPORT DE LA CHALEUR PAR RAYONNEMENT.

Ce feu qui nous réchauffe, qui nous atteint à distance, à travers l'air interposé entre notre corps et les charbons incandescents, nous pouvons l'intercepter à l'aide d'un écran de bois. La matière qui compose le bois arrête la chaleur, comme un corps opaque arrête la lumière. Mais si nous remplaçons cet écran par une lame de verre, nous sentirons immédiatement le foyer en même temps que nous verrons les charbons briller à travers la lame. Ce n'est pas parce que la lame s'échauffe et agit ensuite sur nous ; car l'effet est immédiat, et il faut un temps assez long pour que le verre soit chaud. La propagation de la chaleur à distance est donc analogue à celle de la lumière. Lorsque le soleil envoie ses rayons sur nos fenêtres, la lumière et la chaleur traversent instantanément les vitres ; mais elles sont complétement arrêtées par les murailles. Or le soleil est un immense foyer situé à 38 millions de lieues de notre globe, si loin, qu'il faudrait plus de quatre mille ans pour y arriver avec une vitesse d'une lieue par heure ; et pourtant ses rayons ne mettent que huit minutes pour nous atteindre. On se figure cette propagation en imaginant un mouvement né sur le soleil, qui se transmet de proche en en proche à travers l'espace céleste, de même que l'onde circulaire déterminée par la chute d'une pierre à la surface d'une eau tranquille s'éloigne graduellement de son centre, et vient frapper la rive, où elle s'éteint. Nous pouvons suivre de l'œil l'onde liquide, parce que sa vitesse n'est pas trop grande. Eh bien, imaginons une vitesse deux ou trois millions de fois plus grande, et nous aurons l'idée de la propagation des rayons solaires. Nos foyers agissent de la même manière; ils sont des centres de mouvement; ils ressemblent à de petits soleils de très-courte durée; ils rayonnent autour d'eux suivant une loi générale, et il semble que chaque rayon soit le lieu d'un mouvement.

4. TRANSPORT DE LA CHALEUR PAR CONDUCTIBILITÉ.

La chaleur se propage encore d'une autre manière. Laissons l'extrémité d'une barre de fer plongée dans les charbons ardents; bientôt nous ne pourrons plus tenir à la main l'autre extrémité. La barre aura été progressivement échauffée, par une communication de mouvement opérée dans son intérieur de couche en couche, de particule à particule. Ce phénomène a été appelé la conductibilité. Dans le bois cette propriété est difficile à reconnaître; on tient très-aisément par un bout une tige de bois, dont l'autre bout est enflammé: aussi dit-on que le bois est mauvais conducteur de la chaleur, tandis que le fer est bon conducteur.

Nous voilà donc en possession de deux sortes de phénomènes calorifiques, le rayonnement et la conductibilité. Nous allons concentrer notre attention sur les corps mêmes qui reçoivent la chaleur, afin de classer ses effets.

5. COMBUSTION DES CORPS DÉTERMINÉE PAR LA CHALEUR.

Une allumette phosphorique, approchée du feu, sans toucher les charbons, s'enflamme. Les rayons de chaleur peuvent donc, en rencontrant certaines substances, y déterminer une combustion.

Ici le phosphore qui enduit le bout de l'allumette est chauffé au milieu de l'air : il forme avec l'oxygène une matière blanche qui se dissipe en fumée, c'est de l'acide phosphorique. Le phénomène est analogue à celui qui se passe dans la combustion du charbon. Il y a combinaison chimique, avec dégagement de chaleur et de lumière; cette chaleur fait brûler le soufre que recouvrait le phosphore, de sorte qu'il se combine aussi avec l'oxygène de l'air pour former le gaz acide sulfureux ; enfin cette combustion détermine celle du bois de l'allumette.

Analysons seulement ce qui se passe dans le phosphore. Il suffirait de répéter le même raisonnement dans tous les autres cas.

Les atomes du phosphore sont liés les uns aux autres par une force qu'on appelle la cohésion, laquelle s'oppose à leur combinaison avec les atomes de l'oxygène. Les rayons de chaleur qui arrivent du foyer mettent ces atomes en mouvement ; ils agissent comme une véritable force qui détruit la cohésion, et rend libres les atomes. Dès lors ils se précipitent sur l'oxygène, et l'acide phosphorique se forme.

Nous venons de voir une combustion déterminée par la chaleur, avec le concours de l'air. Il y a d'autres combustions dans lesquelles l'air ne joue aucun rôle, et que l'on peut effectuer en renfermant le combustible dans un vase purgé d'air à l'aide de la pompe pneumatique.

Laissez séjourner du coton dans un mélange à poids égaux d'acide sulfurique et d'acide azotique fumant ; puis lavez-le à grande eau; vous obtiendrez le *fulmi-coton*. C'est le coton combiné avec une certaine quantité d'oxygène et d'azote. Approchez-le maintenant du foyer ; vous le verrez prendre feu et disparaître instantanément sans laisser de traces visibles. Évidemment, les atomes qui le composaient ont été séparés les uns des autres par l'action de la chaleur, et ils se sont recombinés autrement en formant des gaz que l'air a ensuite entraînés. Si vous désirez une explication chimique plus complète, la voici : le fulmi-coton est une combinaison de charbon, d'hydrogène, d'oxygène et d'azote. Quand la chaleur venue du foyer a dissocié ces quatre sortes d'atomes, ils se précipitent les uns sur les autres dans l'ordre suivant : le charbon et une partie de l'oxygène forment du gaz acide carbonique, l'hydrogène et le reste de l'oxygène forment de la vapeur d'eau, et l'azote reste libre. Tout cela se fait si vite, que vous pouvez brûler le fulmi-coton sur votre main sans ressentir la chaleur ; une grande flamme est produite, elle disparaît instantanément, et aucune trace ne reste, si le coton est bien préparé.

Il ne se passe pas autre chose dans la combustion de la poudre. C'est un mélange de salpêtre (azote, oxygène, potassium), de charbon et de soufre, qui par l'échauffement se dissocie, puis, par un nouvel arrangement de ses atomes, se transforme en gaz carbonique, gaz azote, et laisse une cendre brune formée de soufre et de potassium. C'est la masse gazeuse qui, développée dans une arme à feu, en presse les parois et chasse la balle du canon.

Les effets que nous venons d'observer appartiennent à la chimie ; nous ne devons pas nous y arrêter plus longtemps. Ils suffisent pour nous faire concevoir la constitution des corps ; ce sont des assemblages de particules que la cohésion lie entre elles, et que la chaleur tend à séparer, en agissant comme une force contraire à la cohésion. Dans les phénomènes que la physique traite spécialement, les particules ne changent pas de nature ; elles ne font que s'éloigner ou se rapprocher les unes des autres, changer leurs positions respectives, en restant toujours identiques à elles-mêmes. On les appelle molécules, et il ne faut pas les confondre avec les atomes, qui peuvent être de nature différente dans le même corps, et qui composent les molécules. Ainsi l'eau est un assemblage de molécules semblables ; chaque molécule est composée de deux atomes d'hydrogène et d'un atome d'oxygène. Nous n'étudierons que les phénomènes où il n'y a pas de séparation entre les atomes, et où les molécules seules jouent un rôle.

6. CHANGEMENT DE VOLUME OPÉRÉ PAR LA CHALEUR.

Prenons une boule de cuivre et un anneau à travers lequel elle passe librement, et laissons notre feu agir pendant quelque temps sur la boule. Quand elle sera bien chaude, elle ne pourra plus passer à travers l'anneau. Ainsi la boule de cuivre a augmenté de volume. Après son refroidissement, elle repasse facilement : donc le cuivre se dilate par l'échauffement, et se contracte par le refroidissement. Donc un des effets physiques de la chaleur est le changement de volume des corps.

Nous concevons aisément ce changement en imaginant que les molécules peuvent s'écarter ou se rapprocher les unes des autres, et par conséquent qu'elles ne se touchent pas, une certaine force les maintenant espacées. C'est ainsi que nous sommes amenés à regarder les corps comme des assemblages de parties infiniment petites, dont les distances mutuelles sont déterminées par une force particulière et par la chaleur. Bien que nos yeux ne puissent voir la discontinuité de ces assemblages, nous n'hésitons pas à l'admettre comme très-vraisemblable, dès que nous avons habitué notre esprit à porter ses jugements, non-seulement d'après nos sensations, mais encore d'après les notions de notre intelligence. Il suffit de remarquer que la matière n'est pas le seul principe constitutif de l'univers, pour que l'on ne soit pas tenté d'objecter l'impossibilité du vide absolu contre la séparation des molécules.

La conception de la partie matérielle de l'univers résulte d'un grand nombre de notions diverses, et lorsque Newton expliqua le système solaire par la force de gravitation, il n'eut pas une hardiesse plus grande que celle du physicien qui imagina la force attractive moléculaire.

Des siècles se sont écoulés avant que l'homme ait vu dans les cieux autre chose qu'une voûte de cristal, et aujourd'hui il n'hésite plus à reconnaître que les globes célestes gravitent suivant une loi générale, et qu'une force régit leurs mouvements. Dès que l'esprit a acquis assez de puissance pour concevoir le monde des astres, il est amené naturellement à imaginer le monde des molécules. Nous n'avons pas encore découvert la loi qui le régit; mais déjà nous soupçonnons son existence, et nous pouvons confondre dans la même admiration deux harmonies distinctes par leurs proportions seules, dont l'une préside aux masses infiniment petites que nous touchons, et l'autre aux masses infiniment grandes que nos instruments nous révèlent à d'immenses distances.

7. FUSION ET SOLIDIFICATION.

Voici maintenant un glaçon que nous plaçons dans un vase à côté du feu. Il fond, et au lieu de la glace solide, nous avons bientôt un poids égal d'eau liquide. Si nous exposons à présent cette même eau au froid vif qui règne au dehors, elle se congèlera. Cette transformation est un effet de la chaleur. Pour fondre la glace il faut la soumettre à l'action de corps plus chauds; pour geler l'eau il faut la soumettre à l'action de corps plus froids. Les deux opérations sont de même espèce, mais de sens inverse.

Le soleil va peu à peu amener les mêmes phénomènes dans la campagne couverte de neige. Par son action échauffante, les aiguilles blanches qui recouvrent les arbres et dont vous admirez les merveilleuses ramifications, vont se réduire en gouttes d'eau qui tomberont à terre; le tapis de neige qui préserve le sol contre les variations trop brusques de l'atmosphère va diminuer d'épaisseur, et l'eau qui en provient imprégnera le sol, ranimera les germes qui s'y trouvent, lui rendra sa fécondité.

Vienne la nuit claire, parsemée d'étoiles, tout ce travail de la fusion va s'arrêter. La force motrice a disparu, mais bien plus, les espaces célestes sont beaucoup plus froids que la glace; aussi une partie de l'eau fondue pendant le jour se gèlera de nouveau, et il faudra plusieurs jours de soleil pour que la neige disparaisse complétement. La vie renaîtra ainsi peu à peu, sans que l'on ait à craindre les effets d'un changement trop rapide.

8. ÉVAPORATION, ÉBULLITION ET CONDENSATION DES VAPEURS.

La fusion est l'un des effets de l'action de la chaleur sur les corps solides : il y a un autre effet qui se manifeste sur quelques solides et surtout sur les liquides. Par un froid très-vif, un peu de neige laissée dans une assiette, au dehors, peut disparaître complétement, sans avoir éprouvé la fusion. La même chose se passe quand vous placez du camphre dans un grand bocal de verre. De petits cristaux se déposent çà et là sur les parois du vase, changent peu à peu de place, si le vase est changé de position. Que se passe-t-il donc?

Des vapeurs se forment sur la surface du camphre : leurs molécules s'écartent les unes des autres, et constituent un véritable gaz qui cherche à se disséminer dans toutes les parties du vase. Si quelques-unes de ces parties sont plus froides, la vapeur s'y précipite et reprend l'état solide par une opération inverse de la vaporisation. Ainsi l'échauffement transforme le camphre en vapeur ; le refroidissement ramène la vapeur à l'état de corps solide. C'est à cette propriété que nous devons l'odeur du camphre. Ses vapeurs pénètrent dans nos narines et agissent sur l'organe de l'odorat ; la même chose a lieu pour tous les solides odorants.

Ce sont surtout les liquides qui s'évaporent facilement. Après la pluie, les pierres, les pavés sèchent bien vite au soleil, et on ne peut évidemment attribuer cela à l'imbibition. Prenons une feuille de papier, pesons-la, puis mouillons-la avec de l'eau : la tache va bientôt disparaître. Pesons de nouveau, la feuille de papier a exactement le même poids. Qu'est devenue l'eau? elle est à l'état de vapeur mêlée à l'air de notre chambre ; voilà pourquoi nous ne la voyons pas. Si vous voulez voir cette vapeur reprendre l'état liquide, faites apporter de la cave une carafe d'eau fraîche ; bien bouchée pour que l'eau n'en puisse sortir. Vous ne tarderez pas à voir de la rosée se déposer à sa surface. C'est qu'elle a refroidi l'air de votre chambre, et la vapeur d'eau naturellement contenue dans cet air s'est condensée.

L'atmosphère qui environne le globe terrestre, et qui forme une couche gazeuse d'une quinzaine de lieues d'épaisseur, contient évidemment la vapeur d'eau qui provient de l'évaporation des mers, des fleuves, des rivières. Quand le ciel est bien pur, cette eau y réside comme un gaz transparent et invisible ; mais diverses causes déterminent çà et là sa condensation, et voilà les nuages, les brouillards, la pluie, la grêle, la neige qui se forment suivant les circonstances. Nous aurons à observer tous ces phénomènes, et nous essayerons d'y découvrir l'harmonie à laquelle ils sont soumis.

Reprenons nos observations près du foyer. Nous avons de l'eau qui bout dans un vase ouvert ; sa vapeur s'élève au-dessus comme une petite fumée, et nous pouvons voir les bulles se détacher des parois et venir crever à la surface du liquide. C'est encore une réduction de liquide en vapeur ; mais au lieu d'être superficielle, elle s'effectue en divers points de la masse. Ce phénomène porte le nom d'ébullition: l'action de la chaleur est ici la même que dans l'évaporation. Elle est seulement plus vive, et répartie sur un plus grand nombre de points.

Ainsi l'eau se montre sous trois états: glace, liquide, vapeur ou gaz. Ses molécules sont toujours identiques à elles-mêmes, mais elles sont inégalement liées entre elles dans ces trois manières d'être. Dans le solide, il y a une forte attraction entre les molécules; dans le liquide, elles peuvent rouler aisément les unes sur les autres ; dans la vapeur, elles s'écartent les unes des autres en pressant les obstacles. Ces considérations s'appliquent à un grand nombre de substances.

9. EFFETS MÉCANIQUES DE LA CHALEUR.

Essayons de nous faire une idée de la force expansive de la vapeur, à l'aide d'une petite expérience que nous pourrons comprendre en jetant les yeux sur la figure 1.

Vous voyez une boule de cuivre portée par un petit chariot; elle est creuse; on y a versé de l'eau par une tubulure ; on l'a fermée hermétiquement à l'aide d'un bouchon de liége, et on a placé la tubulure et son bouchon dans une direction horizontale. Une petite lampe à alcool est disposée sur le chariot au-dessous de la boule. On l'allume ; sa flamme échauffe l'eau ; voici le bouchon qui est lancé au loin avec explosion ; un jet de vapeur se précipite par la tubulure et le chariot recule vivement. Analysons cette expérience.

La chaleur de la flamme a réduit l'eau en vapeur, les molécules de l'eau pressaient de toutes parts les parois de la boule qui les emprisonnait, comme une infinité de petits ressorts tendus intérieurement sur la surface du vase ; mais il ne pouvait y avoir de mouvement, parce que toutes ces pressions s'équilibraient, les unes tendant à pousser la boule

Fig. 1. — Éolipyle à recul.

dans un sens, les autres à produire un effet exactement égal dans le sens opposé. La résistance du bouchon étant moins forte que celle du reste de l'enveloppe, elle a fini par être surmontée, et la pression que le bouchon supportait a cessé de faire équilibre à la pression contraire exercée sur la paroi opposée de la boule. Alors cette dernière pression a fait reculer le chariot, tandis que la première lançait le bouchon.

C'est le même phénomène qui se passe, lorsque la balle sort d'une arme à feu. Le tireur appuie solidement la crosse de son fusil sur son épaule, afin de résister à la force de recul. Ce sont les gaz développés dans l'arme par la combustion de la poudre, et dont nous avons déjà parlé, qui agissent comme la vapeur de notre expérience. Dans les deux cas, il y a un effet mécanique produit par l'action de la chaleur. La chaleur est donc capable de développer la force mécanique, de surmonter des résistances, de mettre les masses en mouvement. Voilà le point de départ des machines à feu ; elles travaillent en consumant du charbon ou tout autre combustible, c'est-à-dire en dépensant de la chaleur.

Il s'est fait depuis quelques années un tel progrès sur cette question que nous devons nous y arrêter quelques instants, pour bien la poser. Parmi les machines à feu, les unes emploient la vapeur d'eau, les autres l'air ; nous choisirons une des dernières pour établir notre principe, parce que le raisonnement sera plus simple. Des expériences très-remarquables ont été faites avec la machine à vapeur, par M. Hirn, de Colmar, et elles ont résolu complétement la question. Nous n'aurons pas besoin de nous transporter dans son laboratoire, vaste usine, où la production manufacturière marche de front avec les travaux du savant. Une ingénieuse machine à air, récemment inventée par M. Laubereau, va nous servir pour une expérience de cabinet. Il nous faudra soutenir notre attention, un peu longtemps peut-être ; mais il s'agit d'une question d'une importance capitale, d'un fait qu'on ignorait encore il y a quelques années, et dont la découverte, due aux travaux d'un grand nombre de savants, a amené une véritable révolution dans les sciences physiques et mécaniques. Les conquêtes de l'esprit humain sont lentes : c'est à force de patience et d'efforts que nous arrivons à déchirer le voile qui nous dérobe la vérité. Mais aussi quel légitime orgueil, lorsqu'un tel résultat est atteint !

10. UNE MACHINE A FEU DÉPENSE DE LA CHALEUR EN PRODUISANT DU TRAVAIL.

Nous placerons dans une caisse environnée de glace de toutes parts notre machine à air, dont la dimension peut être très-aisément réduite pour cet usage. Suivons sa description sur les figures 2 et 2 *bis*, où la machine est représentée en perspective et en coupe. Elle se compose de deux cylindres de cuivre, verticaux, réunis par un tuyau. Dans le plus peti. est un piston plein qui, en s'élevant et s'abaissant alternativement, fait tourner à l'aide d'une bielle et d'une manivelle un axe horizontal appelé arbre de la machine. Sur cet arbre est ajustée une roue de fonte, appelée volant, qui sert à régulariser le mouvement de rotation, puis un treuil (ce treuil n'est pas représenté sur la figure) sur lequel est enroulée une corde tendue par un poids. Le travail de la machine doit consister à soulever ce poids. Quand la machine fonctionne industriellement dans un atelier, au lieu de ce treuil et du poids à élever, on a une poulie et une courroie qui transmet le mouvement à l'outil. Le travail produit par l'outil est équivalent à l'élévation d'un poids à une certaine hauteur, et on est convenu de multiplier le nombre de kilogrammes élevés par le nombre de mètres qu'il a parcourus, pour mesurer le travail. Par exemple, une unité de travail est l'élévation de 1 kilogr. à 1 mètre de hauteur. Un travail dix fois plus grand est l'élévation de 10 kilogr. à 1 mètre, ou bien de 1 kilogr. à 10 mètres, et ainsi de suite. On appelle kilogrammètre l'unité de travail.

Voyons comment l'action de la chaleur déterminera le mouvement du piston.

Le plus grand des deux cylindres est complétement fermé.

Fig. 2. — Machine à air chaud de M. Laubereau.

Sa base inférieure est arrondie en forme de cloche afin qu'on puisse la chauffer avec des charbons posés sur une grille, ou avec tout autre combustible. Dans la machine représentée sur la figure, c'est un bec de gaz qui sert à chauffer. La base supérieure a une forme analogue, mais elle est munie d'un double fond, afin qu'un courant d'eau froide, passant entre

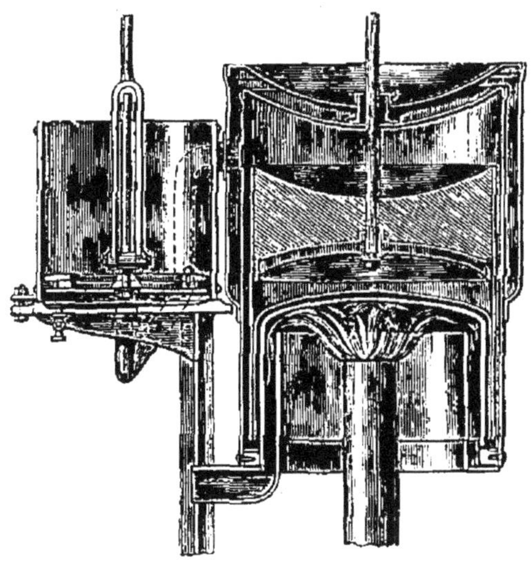

Fig. 2 bis. — Coupe de la machine à air.

les deux fonds, puisse empêcher cette base de s'échauffer. Le courant d'eau est amené par une pompe très-simple que l'arbre de la machine met en mouvement. On voit cette pompe au bas de la figure 2 à droite, ainsi que les tuyaux destinés à l'introduction et à l'expulsion de l'eau. Enfin, dans le cylindre est une masse de plâtre disposée entre deux surfaces métalliques, qui peuvent recouvrir exactement les deux bases, lorsque la masse est amenée en haut ou en bas. Cette masse est portée par une tige qui traverse le double fond à l'aide d'une boîte à étoupes, et la tige est mise en mouvement par une came triangulaire adaptée à l'arbre de la machine. Le mécanisme est disposé de telle sorte que la masse de plâtre s'élève brusquement, dès que le piston arrive au bas de sa course, et descend brusquement quand le piston en atteint le haut.

Nous avons ainsi une masse d'air confinée dans les deux cylindres, dont la pression est exercée de bas en haut sur le piston, tandis que celle de l'atmosphère est exercée de haut en bas. On conçoit que ce piston s'élèvera si la pression intérieure est plus grande que la pression atmosphérique, et s'abaissera si elle est plus petite. C'est l'action du foyer et celle du réfrigérant qui opèrent ces changements de pression. Pour bien comprendre ces actions, supposons dans une première période la masse de plâtre appliquée contre le réfrigérant ; la chaleur du foyer échauffe l'air de la machine, augmente sa force élastique, et le piston monte. Lorsqu'il est à un point convenable de sa course, une deuxième période commence; le plâtre vient s'appliquer contre la paroi du foyer, et comme il conduit très-peu la chaleur et ne se laisse pas traverser par elle, le foyer cesse d'agir sur l'air ; celui-ci se refroidit en cédant sa chaleur à l'eau froide, sa force élastique diminue, et le piston descend, soit parce que le volant lui transmet l'impulsion qu'il avait reçue dans la première période, soit parce que l'atmosphère presse le piston plus que l'air de la machine. Le plâtre remonte ensuite : la chaleur du foyer agit librement sur l'air, le réchauffe, et le mouvement continue par le simple déplacement de la masse de plâtre, sorte d'écran, qui intercepte alternativement l'action du foyer et celle du réfrigérant, et dont la forme en cloche sert à éloigner le plus possible l'air intérieur, tantôt du contact de la paroi froide, tantôt de celui de la paroi chaude.

Le mécanisme étant compris, procédons à notre expérience.

La petite machine est placée avec son foyer bien allumé

dans notre caisse entourée de glace. On a pesé les charbons, et on s'est assuré que la glace est bien sèche, en ouvrant un robinet par lequel l'eau provenant de la fusion antérieure peut s'écouler.

Des ouvertures convenablement disposées permettent à l'air d'entrer pour faire brûler le charbon, et les gaz développés par la combustion sortent par la cheminée après avoir parcouru un serpentin plongé dans la glace, de sorte qu'ils sont bien refroidis. La machine est mise au repos. Alors la chaleur du foyer n'a d'autre effet que la fusion de la glace. Au bout d'un certain temps, pesons d'un côté les charbons qui restent; nous aurons, en retranchant ce poids de celui que nous avions quand l'expérience a commencé, le poids du charbon consumé, et ce nombre sert à mesurer la quantité de chaleur développée par la combustion. D'un autre côté, recueillons l'eau qui provient de la fusion de la glace et pesons-la : son poids est évidemment proportionnel à la quantité de chaleur développée, et par conséquent au poids de charbon consumé, de sorte que si, dans une autre expérience semblable à la précédente, nous faisions durer l'opération plus longtemps, afin de fondre une quantité double de glace, nous trouverions une dépense de charbon également double. Pour mieux fixer les idées, nous dirons que, d'après des expériences faites par divers physiciens, on peut, en brûlant un poids donné de charbon, faire fondre un poids de glace environ cent fois plus grand.

Après cette première observation, mettons la machine en activité et mesurons comme précédemment le poids du charbon consumé et le poids de la glace fondue; joignons-y la hauteur à laquelle a été porté le poids que soulève l'arbre de la machine, ainsi que la valeur de ce poids. Supposons pour simplifier que le poids de charbon consumé soit le même que précédemment. Aurons-nous le même poids de glace fondue ?

Il y a quelques années, un savant auquel on eût adressé cette question eût très-probablement répondu oui. Car la quantité de chaleur développée par la combustion d'une quantité donnée de charbon est la même, que la machine soit en repos ou en mouvement, et l'on ne pensait pas alors qu'il pût y avoir une relation intime entre la chaleur et le mouvement. Aujourd'hui on est plus avancé, grâce aux recherches d'un grand nombre de physiciens français et étrangers. La quantité de glace fondue pendant la combustion d'un poids égal de charbon est moindre lorsque la machine travaille que lorsqu'elle est au repos. Si le travail produit est de 1 kilogr. élevé à une hauteur de 400 mètres environ, il manque 12 gr. de glace fondue ; si le travail était de 2 kil. élevés à la même hauteur, il manquerait 24 gr., de sorte que cette perte est proportionnelle au travail.

On conclut de ces deux observations comparatives, que la chaleur peut disparaître, *être dépensée* définitivement en même temps qu'un travail mécanique *est produit*, c'est-à-dire qu'une résistance est surmontée par le système matériel dans lequel a lieu cette disparition ; et nous devons ajouter à notre liste des phénomènes de la chaleur ses effets mécaniques. Nous l'avons vue employée à changer le volume des corps, puis à fondre les solides et à vaporiser les liquides ; elle peut encore être employée comme une force motrice, et alors aucun des effets précédents ne peut déceler sa présence. Lorsqu'on a égard seulement à ces effets, on est conduit à dire que la chaleur employée au travail mécanique disparaît ; mais en réalité rien ne saurait être anéanti. La matière est incapable de se mouvoir d'elle-même ; elle ne peut qu'obéir aux forces qui règnent dans l'univers. L'élévation du poids opérée dans notre expérience est un mouvement visible, occasionné par un autre mouvement invisible, qui est produit par la chaleur. Nous ne pouvons le concevoir qu'en appelant notre intelligence au secours de nos sens. Un tel travail est long et pénible, et avant de chercher à remonter des effets à leurs causes, il est nécessaire de connaître ces effets. C'est seulement la description des effets qui est le but de cet ouvrage.

Après l'expérience que nous venons de décrire, la question suivante sera aisément résolue, et elle nous découvrira un horizon nouveau.

II. RELATION ENTRE LA CHALEUR ANIMALE ET LE TRAVAIL MÉCANIQUE.

Un homme se place dans une caisse disposée de manière que l'on puisse mesurer la chaleur naturelle qui se dégage de son corps et la quantité d'oxygène qu'il prend à l'air pour respirer. Dégagera-t-il la même quantité de chaleur, pour une même quantité d'oxygène qu'il consommera, s'il reste en repos, ou s'il produit un travail mécanique en élevant par exemple un poids à l'aide d'un treuil ?

Il faut savoir que la respiration est une fonction de notre organisme qui a pour but d'introduire dans notre sang l'oxygène de l'air. Cet oxygène opère dans notre corps une combustion lente, et par suite une production incessante de chaleur. On peut évaluer la chaleur réellement mise en jeu d'après la quantité d'oxygène consommée. Or, s'il y a un travail mécanique produit, une partie de la chaleur employée est définitivement dépensée pour cet effet, et ne peut servir à échauffer d'autres corps. Ce qui prouve ce fait, c'est que nous trouverons un déficit proportionnel au travail produit, quand nous comparerons la quantité de chaleur employée à échauffer les corps environnants à celles que le corps a fournie par la respiration. Ainsi l'homme se comportera comme une machine à feu, et le résultat de l'expérience sera le même dans les deux cas. En consommant la même quantité d'oxygène et créant par conséquent la même chaleur par la respiration, il dégagera moins de chaleur s'il travaille que s'il est en repos.

Cette expérience a été faite par M. Hirn sur lui-même et sur plusieurs individus d'âges et de sexes différents, et tous les résultats auxquels il est arrivé sont bien concordants.

Il faut se garder de croire que la disparition de chaleur occasionnée par le travail mécanique soit nécessairement accompagnée d'un refroidissement du corps. Un travail un peu vif échauffe en général notre corps, et, dans cet état, il dégage plus de chaleur que dans le repos. Mais aussi il consomme plus d'oxygène, et notre principe subsiste toujours. Aussi à l'ouvrier qui travaille de ses mains faut-il plus d'air pour respirer qu'à l'homme de cabinet. Que les ateliers soient vastes, bien aérés, qu'il n'y ait jamais trop d'individus rassemblés dans un étroit espace, si vous voulez que leur travail soit suffisamment productif et que leur santé soit bonne ! Ajoutons encore que leur nourriture doit être saine et abondante, afin qu'ils soient dans de bonnes conditions pour produire du travail.

Et, en effet, nous venons de voir que l'oxygène de l'air sert d'agent de combustion dans notre sang : mais c'est l'aliment que nous digérons qui fournit les éléments combustibles. S'il fait défaut, l'air devient inutile : le sang, qui circule dans toutes les parties du corps, prend alors la substance même de nos tissus, l'entraîne au contact de l'oxygène qui la brûle; le corps s'amaigrit; comme il est formé de carbone et d'hydrogène principalement et que ces deux substances constituent avec l'oxygène le gaz acide carbonique et la vapeur d'eau, on peut dire que, par le défaut de nourriture, le corps d'un animal se consume lentement.

Les aliments destinés spécialement à la chaleur animale sont les matières sucrées et les spiritueux, parce que le carbone et l'hydrogène y dominent. Voilà pourquoi l'ouvrier qui travaille beaucoup trouve un soutien dans l'emploi des liqueurs alcooliques. Il est inutile d'ajouter que l'usage de ces liqueurs doit être très-modéré : le mauvais effet produit dans l'organisme par l'abus que l'ouvrier est trop souvent tenté d'en faire, détruit tout le bien qu'il pourrait attendre d'une petite quantité.

Nous voilà donc amenés à regarder l'homme et les animaux comme des moteurs qui produisent le travail à l'aide de leurs muscles, en dépensant de la chaleur, exactement comme les machines à feu. Leur volonté détermine le mouvement et l'entretient, à condition qu'ils puissent consommer de la chaleur dans leurs muscles en quantité proportionnelle au travail produit. Admirons ici la supériorité des êtres vivants sur les machines. Lorsqu'une machine à vapeur travaille, toute la chaleur qui est développée dans son foyer ne peut être employée à l'effet mécanique : une partie considérable sert à échauffer les corps voisins, et la machine ressemble en cela à un calorifère. On a reconnu que cette partie est presque égale à vingt fois la première. Supposons que le travail mécanique produit par une telle machine soit l'élévation de 69 kil. à 4800 mètres de hauteur ; il faudrait brûler 1835 gr. de charbon sous la chaudière. Le poids que nous avons choisi est celui d'un homme ordinaire, et la hauteur considérée est celle du mont Blanc. Lorsqu'un voyageur fait l'ascension de cette montagne, il élève son propre poids et produit avec sa force musculaire le travail que nous venons d'évaluer. Parti de Chamonix le matin, il va passer la nuit aux Grands-Mulets, se remet en route le lendemain et arrive au sommet vers midi ; il est de retour à Chamonix à la nuit tombante. L'excursion dure environ 28 heures; mais on ne monte, et par conséquent on ne produit du travail que pendant 17 heures. D'après M. Hirn, un homme robuste qui monte consomme 132 gr. d'oxygène par heure, soit 2244 gr. en 17 heures. La combustion qui s'opère dans son corps équivaut à celle de 833 gr. de charbon, c'est cette quantité qu'il faut comparer à celle que consommerait notre machine à vapeur. On voit qu'elle est inférieure à la moitié de celle que nous avons calculée plus haut.

12. ÉLECTRICITÉ PRODUITE PAR LA CHALEUR.

Là ne se termine pas le rôle de la chaleur. Elle est capable de produire l'électricité sous ses deux formes principales. Au dix-septième siècle, des voyageurs apportèrent de l'île de Ceylan de petites pierres vertes, ayant la forme d'aiguilles prismatiques, qui acquièrent par l'échauffement la propriété d'attirer les corps légers. Les naturels du pays appelaient ces pierres *Tournamal* (tire-cendres), parce que, étant posées sur des cendres chaudes, elles les attirent. De ce nom on a fait Tourmaline. Aujourd'hui nous avons des tourmalines qui proviennent de diverses localités : celles du Brésil qui sont vertes ou bleues, sont les meilleures pour les expériences. La figure 3 montre les dispositions adoptées par le célèbre Haüy. On commence par chauffer la tourmaline, puis on

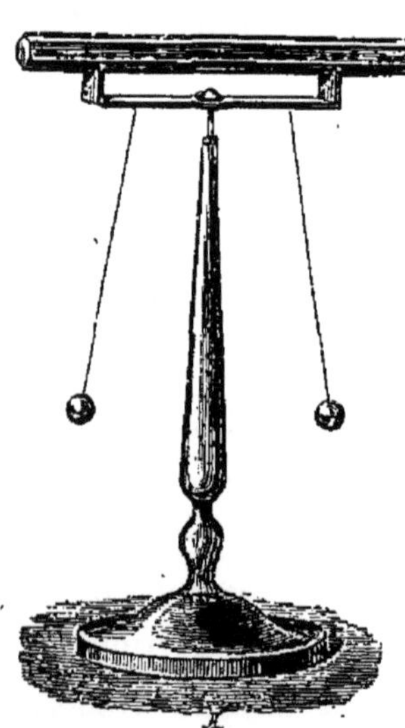

Fig. 3. — Appareil à tourmaline de Haüy.

la place sur un petit support, lesté par deux boules de métal, de sorte qu'il puisse rester horizontal quand on le pose sur une pointe. Si on présente aux extrémités de la pierre un bâton de verre frotté, on observe que l'une d'elles est attirée, tandis que l'autre est repoussée. C'est un des effets de l'électricité. La tourmaline prend donc un état électrique par l'échauffement.

Depuis 1821, on connaît une autre manière de produire l'électricité par la chaleur. C'est sous la forme de courant, et

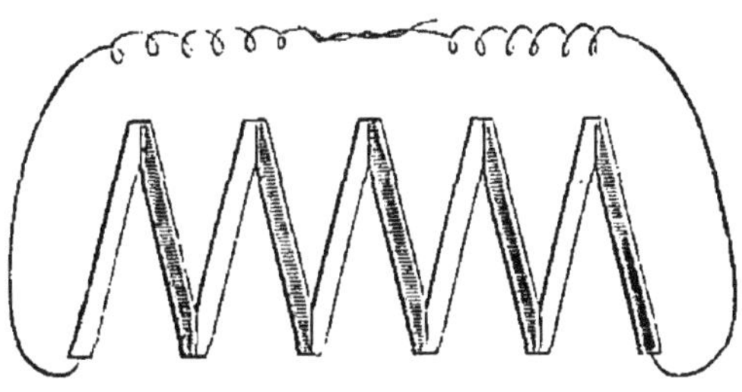

Fig. 4. — Pile thermo-électrique.

on utilise très-souvent cette propriété de la chaleur pour étudier quelques-unes de ses lois, particulièrement le rayonnement. Prenons de petits barreaux de deux métaux différents, tels que le fer et le cuivre, et soudons-les alternativement par leurs extrémités, de sorte que chaque soudure soit toujours faite entre fer et cuivre, et que les soudures paires se trouvent du même côté et les impaires du côté opposé, figure 4. Réunissons les extrémités de ce faisceau par un fil de cuivre, et nous aurons constitué un instrument appelé *pile thermo-électrique*. Pour la mettre en activité, il n'y a qu'à chauffer les soudures de même ordre, en laissant les autres froides. Le fil de cuivre prend alors un état électrique particulier qu'on appelle un *courant*. Un de ses effets consiste à dévier l'aiguille aimantée de sa direction naturelle, quand on l'en approche. On peut rendre cet effet excessivement sensible en suspendant très-délicatement l'aiguille aimantée, et en donnant au fil une disposition convenable ; l'instrument ainsi construit porte le nom de *galvanomètre*. Il suffit de toucher avec le doigt un des systèmes de soudures pour que

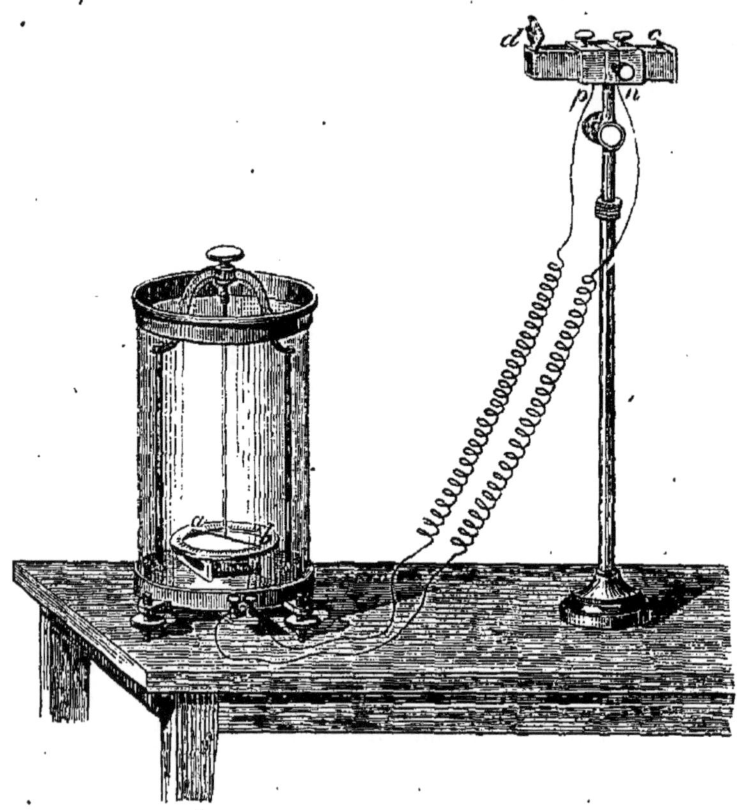

Fig. 5. — Pile et galvanomètre.

l'aiguille aimantée soit vivement déviée. La figure 5 montre la pile et le galvanomètre disposés pour une expérience.

Nous n'avons pas à nous occuper de ce genre de phénomènes, qu'on étudie avec l'électricité. Nous ne les signalons que pour envisager la chaleur sous tous les aspects.

Ici se présente encore à notre esprit une de leurs conséquences bien digne de frapper notre imagination.

Le globe terrestre est un assemblage de substances différentes soudées entre elles en quelque sorte. Lorsqu'en exécutant autour de la ligne de ses pôles sa révolution diurne, il présente successivement au soleil les diverses parties de sa surface, les rayons de chaleur émanés de cet astre les échauffent et y développent de l'électricité. L'action électrique circule ainsi chaque jour sur la terre, et le résultat est un immense courant pouvant produire des effets permanents, tels que la direction de la boussole. Nouvel enchaînement harmonique, qui nous montre combien grand est le rôle de la chaleur dans l'univers, combien le mouvement et la vie sur la terre sont liés étroitement à l'action solaire.

13. LES ADORATEURS DU FEU.

Le soleil est la source apparente de la joie, de la fécondité et de la vie répandues sur toute la nature. Est-il étonnant que l'homme, contemplant la puissance active de cet astre, en ait fait si souvent l'objet de son culte ! Arrêtant son admiration à ce qui était visible, sans pénétrer jusqu'à la cause qu'il ne voyait pas, il a rendu à l'ouvrage le plus brillant et le plus bienfaisant du Créateur un hommage qui était dû à son auteur. Tel a été le premier essai de religion chez un grand nombre de peuples, et au milieu des superstitions et des fables absurdes issues de l'ignorance, on trouve toujours le culte du soleil et celui du feu, qui est son image. Les anciens Perses avaient plusieurs coutumes fondées sur ce culte ; mais c'est surtout en Amérique que l'on a rencontré, lors de la conquête, des peuples qui adoraient le soleil. Au Mexique, où des êtres chimériques, ouvrage de l'imagination et de la crainte, étaient supposés conduire l'univers, les cérémonies du culte étaient bizarres et sanguinaires. Mais au Pérou, le système de superstition sur lequel les Incas avaient fondé leur autorité était très-différent. Manco-Capac, le législateur des Péruviens, profitant de leur vénération pour le soleil, prétendit que lui et sa femme étaient enfants de cet astre, et qu'ils venaient les instruire en son nom; il fut écouté et cru, et devint le premier inca; ses descendants furent appelés les enfants du soleil, et eux seuls pouvaient monter sur le trône. Là, le culte religieux était tourné vers les objets de la nature, vers la contemplation de l'ordre et de la bienfaisance qui existent dans l'univers; les cérémonies étaient douces et humaines; on offrait au soleil les substances que sa chaleur fait produire à la terre, quelques animaux dont on se nourrissait, des ouvrages travaillés avec art. Le caractère des institutions était la douceur, et par suite la civilisation était plus avancée chez ces peuples que chez les autres Américains. Le travail de la terre était en si grand honneur, que les enfants du soleil cultivaient un champ de leurs propres mains, appelant cette fonction leur triomphe sur la terre.

CHAPITRE II

DE LA MÉTHODE EXPÉRIMENTALE ET DU THERMOMÈTRE

I. BUT DE LA PHYSIQUE.

Il y a deux manières d'arriver à la connaissance des lois de la chaleur. L'une est celle du philosophe et l'autre celle du physicien. Chercher par exemple la nature de la chaleur, en s'appuyant sur des considérations métaphysiques, sur certaines idées générales relatives à la constitution de l'univers, poser une suite de principes rationnels, et prévoir d'après ces principes les phénomènes, en passant de la cause à l'effet : voilà ce que fera le philosophe. Le physicien, au contraire, appliquera d'abord son attention à l'observation exacte des phénomènes ; il mesurera, il comptera, il pèsera ce qu'il a sous les yeux, afin de bien connaître les rapports numériques des choses ; il imaginera des expériences dans lesquelles les quantités à mesurer seront nettement séparées ; il inventera des instruments avec lesquels il effectuera des mesures exactes, et quand il aura rassemblé le résultat de ses recherches dans un énoncé mathématique, il aura trouvé la loi du phénomène, il aura découvert la règle de la nature.

Par exemple, une balle de plomb suspendue par un long fil à un support fixe oscille naturellement quand, après avoir incliné le fil, on l'abandonne. Nous pouvons facilement compter le nombre des oscillations effectuées en une minute. Raccourcissons maintenant le fil, et réduisons sa longueur au quart de ce qu'elle était ; comptons de nouveau : nous trouverons que le nombre des oscillations est double pendant le même temps. Si on réduisait la longueur au neuvième, on verrait que le nombre des oscillations est triple. On peut trouver un énoncé mathématique qui représente le phénomène, quelles que soient les longueurs que l'on compare; cet énoncé exprime la loi des oscillations.

Lorsqu'en suivant cette méthode, on a obtenu un grand nombre de lois relatives aux phénomènes évidemment dus à la même cause, on peut, si l'on veut, essayer de remonter des effets aux causes ; mais on cesse de faire de la science positive, et les conceptions auxquelles on parvient sont toujours incertaines; leur degré de probabilité dépend du nombre et de l'exactitude des observations qui y ont conduit : on les appelle hypothèses, et elles ne sont pas nécessaires pour la connaissance de la nature.

En jetant un coup d'œil sur l'histoire des sciences, nous verrons que la méthode expérimentale est d'origine récente. Les anciens ont procédé par la métaphysique : Aristote est le plus célèbre maître dans cette école. Sa doctrine est basée sur une foule de distinctions nominales, dans lesquelles on n'a égard qu'aux qualités des choses, et non à leurs quantités; l'imagination a fait tous les frais. Et pourtant c'est la logique d'Aristote qui prévalait dans les écoles encore au seizième siècle. Notre célèbre Descartes, qui vivait de 1596 à 1650, a lui-même contribué à retarder l'établissement de la méthode naturelle. Avant de chercher les lois de la pesanteur, dit-il, il faut que je sache ce qu'est la pesanteur; car c'est la cause qui doit expliquer les effets. Il avait tort.

C'est Galilée, qui professait à Florence vers cette époque, que l'on doit regarder comme le fondateur de la méthode naturelle ; il en a donné les règles, et il l'a mise en pratique, inventant les instruments, imaginant les expériences. Nous ne pouvons, disait-il, connaître l'essence des choses ; l'absolu nous échappe, nous ne pouvons connaître que le relatif ; peu importent les causes, ce sont les *rapports nécessaires* des choses ou les lois qu'il faut découvrir. Et il découvrait la rotation de la terre, les oscillations du pendule, le poids de l'air, la chute des corps ; il créait la mécanique, la physique proprement dite. Il était mathématicien, et il avait le secret pour lire dans le livre de la nature, livre écrit, comme il le disait, en langage mathématique. Malgré cela il ne faudrait pas croire que toute sa science fût cachée dans des formules accessibles à un petit nombre d'adeptes. Galilée a eu le grand mérite de rendre la science populaire. Il écrivait un jour à un de ses amis.

« J'ai remarqué que les jeunes gens qui fréquentent nos « universités pour s'y préparer aux professions libérales, « montrent souvent peu de goût et d'aptitude pour la philo- « sophie naturelle ; d'autres, au contraire, dont la cervelle « est mieux faite sous ce rapport, restent livrés aux occupa- « tions domestiques ou industrielles, sans songer à philoso- « pher, parce qu'ils s'imaginent que la philosophie est con- « tenue dans de gros livres écrits en *os* et en *us*, qu'ils ne « sauraient lire : je veux qu'ils sachent que, de même que « la nature leur a donné aussi bien qu'aux gens parlant grec « et latin des yeux pour voir ses œuvres, de même égale-

« ment elle leur a donné un cerveau pour les connaître et « les comprendre[1]. »

Soyons disciples de Galilée : observons, analysons et distinguons bien la loi du phénomène de l'hypothèse qui a la prétention d'en faire connaître la cause. Pour nous, expliquer un phénomène, c'est le décrire, c'est montrer la relation qui existe entre ses diverses parties, ou bien entre lui et d'autres phénomènes déjà connus. Nous connaîtrons suffisamment la chaleur, lorsque habitués à saisir un lien naturel entre ses divers effets, nous pourrons prévoir que l'un d'eux va se produire, lorsque telle ou telle circonstance se présentera.

Quant à la nature intime de la chaleur, l'homme est réduit à de simples conjectures, et quand on passe en revue les opinions qui ont été émises à ce sujet, on voit bientôt dans quelles erreurs sont tombés leurs auteurs, faute d'observations exactes.

2. HYPOTHÈSES SUR LA NATURE DE LA CHALEUR.

Jusqu'au commencement de ce siècle, l'hypothèse la plus accréditée était celle de la matérialité du calorique. Dans cette hypothèse, la chaleur serait une sorte de matière fluide non pesante, différente de celle qui constitue les molécules des corps, interposée entre elles, et capable de passer d'un corps dans un autre avec une très-grande vitesse; on l'appelle le calorique. Quand un corps est échauffé, il recevrait du dehors une certaine quantité de calorique, venant s'ajouter au calorique qu'il contenait déjà ; quand il est refroidi, le calorique sortirait au contraire.

Dans la combustion, les substances différentes se combine-

[1] *Galilée*, par M. Trouessart. Poitiers, 1865.

raient en dégageant du calorique, parce que leurs molécules changeant de position constitueraient un nouveau corps incapable de contenir la somme des quantités de calorique qui se trouvaient primitivement dans les substances mises en présence. En appelant *calorique spécifique* la quantité de fluide contenue dans l'unité de poids des corps, on disait, par exemple : le charbon en se combinant avec l'oxygène dégage de la chaleur, parce que le calorique spécifique de l'acide carbonique formé est plus petit que la somme des caloriques primitivement contenus dans le charbon et l'oxygène qui constituent l'unité de poids de l'acide carbonique. Quelques observations bien simples vont nous prouver l'inexactitude de cette hypothèse.

Quand on attaque un morceau de cuivre avec une lime de manière à détacher de la limaille, on dégage de la chaleur. D'après la théorie précédente, cette limaille devrait donc avoir un calorique spécifique moindre que celui du cuivre compacte. Or cela est faux. La poudre de cuivre ne se comporte pas autrement que le cuivre compacte quand on la soumet à l'action de la chaleur.

Autre exemple : frottez l'un contre l'autre deux morceaux de glace, en prenant toutes les précautions imaginables pour ne pas les échauffer par le contact de corps plus chauds, la glace fondra, comme si on la mettait sur le feu. Les partisans du calorique diraient : C'est que le calorique spécifique de l'eau est moindre que celui de la glace ; par conséquent, le frottement déterminant la sortie de la chaleur, l'eau ne peut plus conserver l'état solide, et prend l'état liquide. Sans chercher comment on peut concevoir la sortie de la chaleur comme un effet du frottement, nous n'avons qu'à observer, pour réfuter cette théorie, que le calorique spécifique de la glace est inférieur à celui de l'eau, contrairement au raisonnement précédent.

Dans le chapitre premier, nous avons décrit une expérience dans laquelle il y avait disparition de chaleur, sans qu'il fût possible de la retrouver dans le système de corps mis en jeu ; on ne saurait concevoir un tel résultat, si l'on admettait que la chaleur est une sorte de matière.

Aujourd'hui cette hypothèse est rejetée, parce qu'on a découvert un grand nombre de faits avec lesquels elle est incompatible ; mais comme elle a régné longtemps dans la science, on trouve encore plusieurs expressions et formes de raisonnement qui ont conservé son empreinte : il ne faut donc pas leur attribuer le sens qu'elles avaient quand on en a fait usage pour la première fois.

Une seconde hypothèse consiste à regarder la chaleur comme un mouvement des molécules des corps, qui est accéléré pendant l'échauffement, et ralenti pendant le refroidissement, qui peut être transmis d'un corps à un autre, de même que l'agitation excitée en un point d'une masse d'eau est progressivement communiquée à tout le liquide, par une sorte de rayonnement dans tous les sens. Les molécules des corps seraient distribuées, sous l'empire d'une force attractive universelle, au milieu d'un fluide très-élastique, appelé éther, *répandu dans tout l'espace*; et c'est par l'*intermédiaire* de ce fluide que le rayonnement de la chaleur et de la lumière aurait lieu. Lorsque deux corps sont en présence, les mouvements de leurs molécules tendraient à s'équilibrer, et les effets de la chaleur seraient dus à la transmission réciproque de ces mouvements. Le frottement développe de la chaleur, parce que, dit-on dans cette théorie, il y a un mouvement communiqué des masses frottantes aux molécules des corps frottés. Ce mouvement échappe à nos regards de même que les molécules, à cause de leur ténuité ; mais nos sens sont impressionnés par les divers effets de ce mouvement que nous appelons chaleur.

Remarquons que le même mot chaleur est employé dans deux acceptions différentes. Ici nous voulons parler de l'effet; ailleurs le même mot désigne la cause. Il suffit d'un peu d'attention pour distinguer celle de ces deux significations qu'il convient de prendre dans telle ou telle circonstance.

La disparition de la chaleur serait simplement la diminution du mouvement des molécules, celui-ci étant transmis, non pas aux molécules des corps voisins, mais aux masses sensibles de ces corps, lesquelles se mettent toujours en mouvement quand cette disparition a lieu. Il y aurait donc *conversion de mouvement moléculaire en mouvement de masse*; transformation de chaleur en travail mécanique, de même qu'inversement, dans le frottement et dans d'autres circonstances, il y aurait conversion de mouvement de masse en mouvement moléculaire, transformation de travail mécanique en chaleur.

Cette hypothèse, qu'on appelle dynamique, a été adoptée par un grand nombre de philosophes dès le dix-septième siècle. On en trouve l'indication dans les écrits de Descartes, Bacon, Euler, etc., mais sans aucune précision. Ce n'est qu'après Galilée, lorsque la physique fut réellement fondée sur l'expérience, que les conceptions métaphysiques prirent une forme déterminée et purent servir de base à une théorie. Il ne suffit pas, en effet pour que cette hypothèse soit définitivement formulée, que l'on parle de la chaleur comme d'un mouvement; il faut dire encore quel mouvement on imagine, et quelles en sont les lois. Jusque-là il n'y a qu'une préparation, qu'une ébauche.

Plusieurs auteurs modernes ont essayé d'atteindre ce but, et ont présenté une théorie de la chaleur fondée sur l'hypothèse dynamique. Imaginant une certaine constitution des corps, ils ont établi des formules pour exprimer les lois qu'ils supposaient régir le mouvement des molécules, et ils en ont tiré toutes les conséquences mathématiques possibles. Pour que la théorie soit acceptable, il faut que toutes ces conséquences soient conformes à l'expérience. Si une seule est en opposition avec les faits, il faut refaire toute la théorie, détruire l'édifice péniblement construit, et, après avoir corrigé le point de départ, recommencer l'enchaînement des conséquences, afin de le soumettre à une nouvelle épreuve.

Un tel travail est une spéculation de l'esprit; certains hommes d'un rare génie s'y livrent pour satisfaire à leur soif insatiable de connaissances; ils contribuent puissamment au progrès de la physique, en élargissant le champ des découvertes. Bien souvent, en effet, une conséquence mathématique de l'hypothèse conduit à soupçonner un phénomène encore ignoré. Le physicien se met à l'œuvre, il rassemble les matériaux de la nouvelle expérience; il observe, et si le phénomène apparaît tel qu'il était prévu, la théorie est confirmée. Quoi qu'il en soit, une théorie établie de cette manière est toujours instable, comme tout ce qui est enfanté par l'imagination. Vienne une expérience contraire, et la théorie est renversée. La théorie de Newton sur la lumière a été anéantie par les physiciens disciples de Galilée, et celle de Fresnel conforme aux résultats de l'expérience l'a remplacée. Seule la loi du phénomène, établie d'après des observations bien faites, peut rester immuable. C'est le secret dérobé à la nature; c'est la conquête de notre intelligence aidée de nos sens; nous lui avons consacré toutes les forces dont nous a dotés le Créateur.

Après ces réflexions, nous savons dans quelle voie nous devons nous engager : observer les principaux effets de la chaleur, les coordonner et en trouver les lois, sans nous occuper de la force qui les produit; voilà notre tâche. Pour l'accomplir complétement, il faudrait que nous fussions un peu géomètres. Mais, comme tout le monde ne possède pas les éléments des mathématiques, et que ce livre est destiné à tous, nous ne pourrons donner qu'une simple esquisse, une sorte d'initiation.

3. INVENTION DU THERMOMÈTRE.

La première chose à faire est de trouver un instrument pour mesurer les effets de la chaleur. Celui que les physiciens ont adopté est le thermomètre ; ses formes sont très-variées, et son caractère essentiel est d'indiquer, par le changement de volume du corps qui le constitue, s'il y a échauffement ou refroidissement dans l'espace qu'il occupe.

Le premier thermomètre paraît avoir été construit par Galilée en 1597 : il était fondé sur la dilatabilité de l'air (fig. 6 A). Une boule de verre est soudée à l'extrémité d'un tube de verre, et une petite colonne de liquide est introduite dans le tube par l'autre extrémité ouverte. Il y a de l'air dans l'instrument, et cet air est séparé de l'atmosphère par la petite colonne de liquide, de sorte que sa quantité reste toujours la même. Quand on met cet instrument dans un endroit chaud, on voit l'index liquide s'éloigner, ce qui tient à ce que l'air de cette boule s'échauffe et augmente de volume, en conservant une pression à peu près égale à celle de l'atmosphère qui agit sur l'index par l'extrémité ouverte du tube.

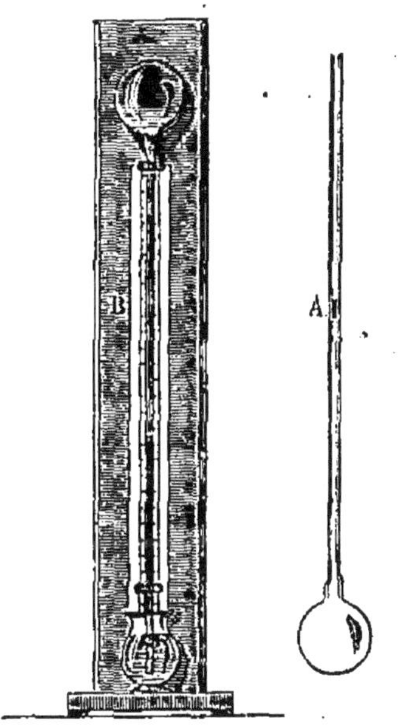

Fig. 6. — Thermomètres à air.

Inversement, quand le thermomètre est mis au froid, l'index

se rapproche de la boule, parce que l'air de la boule est refroidi et diminue de volume.

Un grand nombre de savants de cette époque se sont occupés du *thermomètre*. C'est qu'en effet on jetait alors les fondements de la physique moderne; on éprouvait le besoin de créer des instruments pour observer les phénomènes de la nature mieux qu'on ne l'avait fait antérieurement. Le thermomètre de Cornelius Drebbel, fils d'un paysan hollandais, se répandit rapidement en Flandre et en Angleterre (fig. 6, B). C'est encore de l'air renfermé dans une boule de verre soudée à un tube; le tube est placé verticalement, et son extrémité ouverte plonge dans un liquide contenu dans un vase ouvert. Pour régler la quantité d'air qui doit rester dans la boule, on la chauffe, ce qui fait sortir quelques bulles d'air; puis on la laisse refroidir. Le liquide monte alors dans le tube et son niveau sert d'index comme dans le thermomètre de Galilée.

C'est à l'Académie de Florence que fut construit le premier thermomètre à alcool. Le réservoir a la même forme que précédemment; c'est toujours une boule ou un cylindre de verre soudé à l'extrémité d'un tube de verre très-étroit, mais il contient de l'alcool au lieu d'air. Pour y introduire ce liquide à la place de l'air qui s'y trouve naturellement, on doit employer un artifice.

On tient la boule au-dessus du feu en plongeant le bout du tube dans de l'alcool. L'air renfermé dans la boule se dilate et de petites bulles sortent à travers le liquide pendant qu'on chauffe. On retire le feu; alors l'air qui reste dans l'instrument se refroidit, se contracte, et le liquide monte dans la boule, dont il remplit la plus grande partie. Pour chasser l'air qui occupe le reste de la boule, on la met de nouveau sur le feu, jusqu'à ce que l'alcool entre en ébullition. Sa vapeur se mêle alors avec l'air et sort en l'entraînant. À ce moment on plonge rapidement l'extrémité ouverte du tube dans l'alcool et on retire le feu. Par le refroidissement la vapeur d'alcool qui remplit la boule se condense, en occupant un volume très-petit, de sorte que la pression de l'atmosphère fait monter vivement le liquide du vase dans la boule. Cette fois elle est remplie entièrement. Il y a pourtant une petite bulle d'air qui reste toujours : il faut la chasser. On attend que l'instrument soit bien refroidi avant de retirer le vase d'alcool; puis on attache au tube un cordon et on le fait tourner rapidement la boule en dehors, comme une fronde. Dans ce mouvement, les parties les plus lourdes s'éloignent du centre; l'alcool contenu dans le tube va dans la boule et la bulle d'air contenue dans la boule se rapproche de la main de l'opérateur, et par conséquent peut sortir complétement du liquide. Après cette manœuvre on a l'instrument dans l'état représenté par la figure 7. Pour régler la quantité d'alcool qu'on doit y laisser, il faut chauffer un peu la boule; l'alcool se dilate, et quelques gouttes vont tomber par l'ouverture. On laisse refroidir; l'alcool se contracte et son niveau s'établit plus près de la boule que précédemment. On répète, s'il le faut, cette manœuvre jusqu'à ce que le niveau soit environ au tiers du tube à partir de la boule.

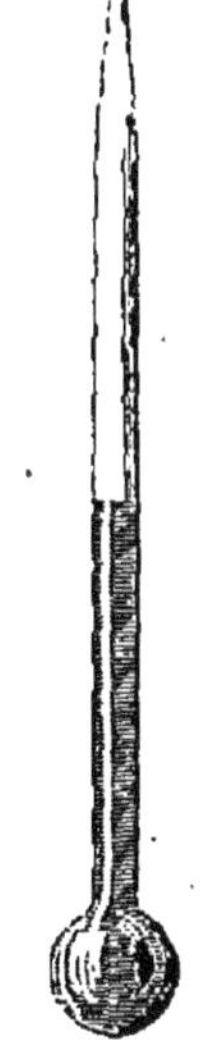

Fig. 7. — Thermomètre à alcool.

Pour terminer la construction du thermomètre, on n'a qu'à diriger un jet de flamme sur le bout du tube, à l'aide d'un chalumeau ; le verre se ramollit et l'ouverture se ferme par le rapprochement de ses bords. Il reste donc de l'air confiné au-dessus du niveau, et ne communiquant pas avec l'atmosphère. Quand on chauffe la boule, l'alcool se dilate, son niveau presse cet air, le refoule, augmente son ressort, ou, comme on dit, sa force élastique ; c'est pour cela que l'alcool ne se vaporise pas, et qu'on peut l'échauffer assez fortement sans le voir bouillir. Nous donnerons plus tard, dans le chapitre VIII, l'explication de ce phénomène.

On colore ordinairement l'alcool en rouge, pour suivre plus facilement les mouvements du niveau.

Le thermomètre à alcool présente sur ceux de Galilée et de Drebbel un avantage essentiel ; comme il est fermé, l'atmosphère n'a pas d'action sur le volume de l'alcool, tandis que, dans les deux autres qui sont ouverts, l'atmosphère presse l'index et le déplace quand sa pression vient à changer, lors même qu'il n'y a ni échauffement ni refroidissement. Le déplacement de l'*index* dans ces deux instruments est donc produit par la chaleur et la pression atmosphérique, et l'effet dû à chacune de ces causes est difficile à discerner.

Vers 1680, on commença à remplacer l'alcool par le mercure, et on y trouva de grands avantages. Le mercure s'échauffe ou se refroidit plus vite que l'alcool ; comme il est opaque, on le voit très-aisément dans le tube, lors même que celui-ci a un diamètre intérieur excessivement petit, ce qui rend l'instrument plus sensible. Il est en outre plus facile d'avoir du mercure parfaitement pur. Enfin on peut chauffer beaucoup plus le mercure sans le réduire en vapeur.

La construction du thermomètre à mercure peut être faite d'après la méthode décrite pour le thermomètre à alcool. Seulement il n'y a pas de bulle d'air à chasser par le mouvement de rotation, et on n'a pas besoin de laisser de l'air dans le tube. Quand on a introduit dans l'instrument la quantité de mercure qui doit y rester, de sorte que le niveau soit environ au tiers du tube à partir de la boule, on chauffe la boule jusqu'à ce que le niveau atteigne l'ouverture, et on ferme immédiatement avec le chalumeau. Il ne reste donc pas d'air; et quand par le refroidissement le niveau est venu se replacer près de la boule, il y a un vide parfait dans la portion du tube qui ne contient pas de mercure.

Tel que nous venons de le construire, le thermomètre peut bien indiquer, par le déplacement de son niveau, s'il y a échauffement ou refroidissement; mais il ne mesure pas encore l'effet de la chaleur. Il faut y ajouter une graduation.

4. GRADUATION DU THERMOMÈTRE. — SON USAGE.

C'est à partir de l'année 1741 qu'on a suivi, pour *graduer* le thermomètre, une règle posée par le physicien suédois Celsius. Jusqu'alors il n'y avait pas de règle fixe et les nombres indiqués par divers thermomètres ne s'accordaient pas entre eux.

Le long du tube du thermomètre il y a une échelle de divisions d'égale longueur. Chaque division s'appelle un degré thermométrique, et est désignée par un numéro d'ordre. C'est ce numérotage qu'il s'agit de faire de telle sorte que tous les thermomètres placés dans les mêmes circonstances, par exemple dans la même masse d'eau, aient leurs niveaux arrêtés au bout de quelque temps devant le même numéro de l'échelle. La règle de Celsius permet de réaliser cette condition, et de rendre, comme on dit, *tous les thermomètres comparables* entre eux.

D'après cette règle, on laisse séjourner le thermomètre au milieu de glace placée dans un vase percé de trous, pour que l'eau provenant de la fusion puisse s'écouler au dehors; quand on prend cette précaution le niveau du mercure devient stationnaire; on marque sa place sur le tube. On porte ensuite le thermomètre dans la vapeur produite par de l'eau en pleine ébullition, fig. 8. Le niveau monte par la dilatation du mercure, et devient bientôt stationnaire. On marque encore sa place sur le tube. On a ainsi deux points fixes qui vont servir à tracer l'échelle.

Le thermomètre étant ajusté, par exemple, sur une planchette, on y trace deux traits vis-à-vis des points fixes et on inscrit les numéros 0 et 100 à côté de ces traits. On divise l'intervalle compris entre eux en cent parties égales, et on prolonge la division jusqu'aux extrémités du tube. Les numéros sont les mêmes de chaque côté du zéro, comme l'indique la figure 9, et pour les distinguer on n'a qu'à dire s'ils sont au-dessus ou au-dessous de zéro. Cette graduation est appelée centigrade, et elle est presque exclusivement adoptée de nos jours.

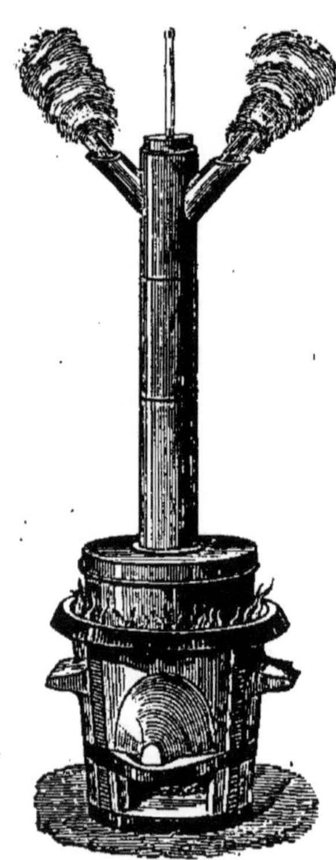

Fig. 8. — Appareil pour marquer le point 100° des thermomètres.

On emploie le mot *température* pour désigner la manière d'être des corps relativement à la chaleur. Quand on met un corps en contact avec le thermomètre, le mercure monte ou descend dans le tube, suivant que le corps est plus chaud ou plus froid que le thermomètre, et son niveau s'arrête à une division de l'échelle. Le numéro correspondant représente la température du corps.

Le thermomètre sert donc à indiquer l'état calorique des corps ; si son niveau est stationnaire, la température est constante ; s'il monte ou descend, on compte le nombre de degrés parcourus, et ce nombre représente l'élévation ou l'abaissement de la température.

Un thermomètre à mercure peut avoir une échelle qui s'étende de 40° au-dessous de zéro à 360° au-dessus. C'est entre ces deux températures seulement qu'il reste liquide. Aux températures plus basses, il est solide; aux températures plus élevées, il est gazeux, et, par conséquent, il ne peut plus servir dans ces circonstances.

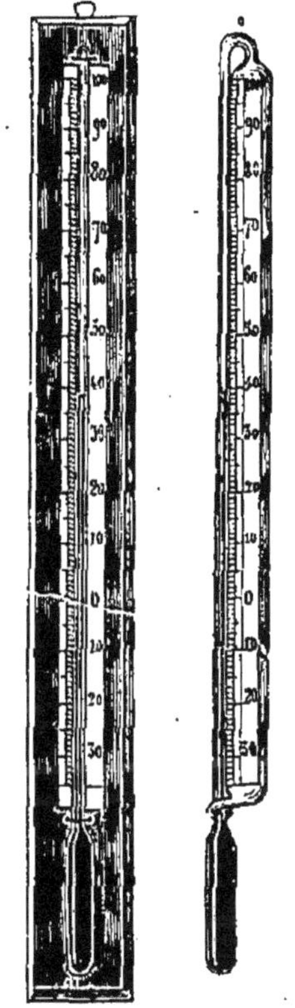
Fig. 9. — Thermomètres ordinaires.

On emploie le thermomètre à alcool pour les froids excessifs, parce que ce liquide ne se congèle pas. Quant aux températures très-élevées, on les mesure à l'aide des *pyromètres*, espèces de thermomètres fondés sur la dilatation des corps solides.

Ainsi, à la manufacture de porcelaine de Sèvres, M. Brongniart a fait usage du pyromètre suivant, pour estimer la haute température des fourneaux (fig. 10).

Une plaque de porcelaine, placée dans le four, porte dans une rainure une barre de fer, dont une extrémité s'appuie contre le fond de la rainure, tandis que l'autre touche une barre de porcelaine qui passe à travers le mur du fourneau. Celle-ci est pressée contre la barre de fer par un levier. Quand on chauffe, le fer se dilate, la porcelaine aussi, mais l'allongement de la porcelaine est négligeable, et c'est celui du fer qui met le levier en mouvement. Le mouvement est transmis à une aiguille par une crémaillère et un pignon, de sorte que l'aiguille parcourt les divisions d'un cadran. Par cet artifice on rend très-sensibles les changements de longueur de la barre de fer.

L'échelle inscrite sur le cadran marque 100° et zéro quand on place la barre de fer dans l'eau bouillante ou dans la glace fondante, et les numéros peuvent s'élever jusqu'à 1,500° parce que le fer ne fond qu'à cette haute température. Mais un tel thermomètre n'est pas comparable au thermomètre à mercure, ce qui signifie que presque toujours des numéros différents sont indiqués par les deux instruments placés dans les mêmes circonstances.

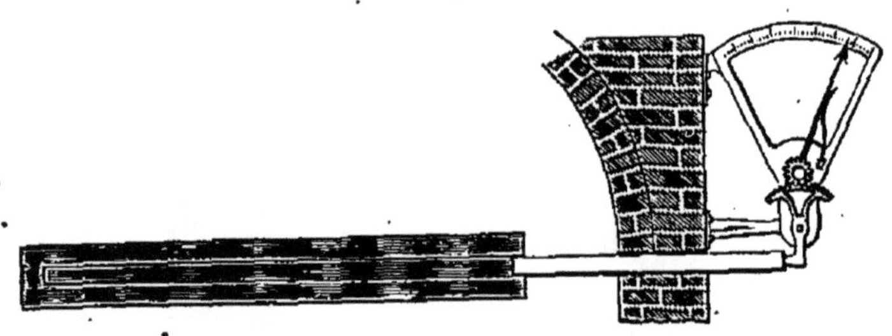

Fig. 10. — Pyromètre de Brongniart.

Les physiciens se servent, pour les expériences précises, de thermomètres à air qui ont quelque analogie avec celui de Galilée : mais nous ne devons pas nous en occuper dans ce livre.

Nous voilà donc munis d'un instrument très-sensible qui va nous servir pour observer les phénomènes de la chaleur. Dans la plupart des expériences, nous avons à suivre les déplacements de l'index, à noter les températures. Nous comparons ensuite les résultats de l'observation, et nous en déduisons par le raisonnement les lois des phénomènes.

5. COMMENT ON MESURE LA CHALEUR.

Une première application du thermomètre est la fixation d'une unité de chaleur.

On pourrait mesurer, comme nous l'avons vu dans le chapitre I, la quantité de chaleur qu'un corps dégage par le poids de glace qu'elle est capable de fondre; évidemment, pour fondre 2 kilogrammes de glace, il faut deux fois plus de chaleur que pour en fondre un seul. Mais on n'a pas choisi une telle unité; on en a pris une plus commode, à laquelle on a donné le nom de *calorie*.

Prenons 1 kilogramme d'eau, et mettons le vase qui le contient dans la glace fondante; un thermomètre plongé dans cette eau marquera, au bout de quelque temps, la température 0°. Ôtons le vase de la glace et mettons-le près du feu; l'eau va s'échauffer progressivement; nous verrons le thermomètre monter. Quand il sera arrêté à 1 degré, l'eau aura reçu une certaine quantité de chaleur; c'est celle-là qu'on appelle *calorie*.

Dans la fusion de 1 kilogramme de glace on consomme 79 calories, c'est-à-dire 79 fois la quantité de chaleur qui vient d'être définie. Avec toute cette chaleur on pourrait donc élever de 0° à 1° la température de 79 kilogrammes d'eau.

Il ne faut pas confondre la calorie avec le degré thermométrique : ce dernier nombre est simplement une notation conventionnelle; ce n'est pas une quantité; c'est l'indication d'une manière d'être. Pour bien fixer la différence, voici les nombres de calories qu'il faut consommer pour faire subir à 1 kilogramme d'eau diverses modifications.

Pour fondre 1 kilogr. de glace, il faut	79 calories.
Pour chauffer un kilogr. d'eau, de 0° à 100°. . .	101
Pour réduire en vapeur 1 kilogr. d'eau à 100°. .	536
TOTAL de chaleur consommée. . . .	716 calories.

Avec cette chaleur on aurait pu élever de 0° à 1° 716 kilogrammes d'eau.

Et ne croyons pas que ce soit là toute la chaleur contenue dans notre kilogramme d'eau réduite en vapeur à 100°. Car, si on le refroidit, il dégagera d'abord les 716 calories pour reformer la glace à 0°, et la glace pourra être refroidie encore. Si 1 kilogramme de glace est refroidi de 0° à 100° au-dessous, il dégage 50 calories. Il en dégagerait encore si on le refroidissait davantage.

Il est impossible d'évaluer en calories la quantité totale de chaleur que contient un corps. Nous ne pouvons connaître que les quantités de chaleur qu'il faut ôter ou donner à un corps pour l'amener de tel état à tel autre, le thermomètre étant notre guide dans l'appréciation du changement d'état.

Nous reviendrons sur la fusion et la vaporisation dans un chapitre spécial, et nous préciserons davantage ce que nous ne pouvons qu'indiquer en ce moment.

La définition de la calorie nous fournit une conclusion relative à un résultat indiqué dans le premier chapitre. Nous avons vu qu'une machine à feu peut élever le poids de 1 kilogramme à une hauteur de 400 mètres en faisant disparaître une quantité de chaleur capable de fondre 12 grammes de glace. Or, pour fondre 1 kilogramme de glace, il faut 79 calories; pour 1 gramme il faudra mille fois moins, et pour 12 grammes on devra répéter 12 fois le nombre précédent, ce qui donne un peu moins d'une calorie. C'est à la hauteur de 425 mètres que ce poids de 1 kilogramme serait élevé si la machine faisait disparaître exactement une calorie. On appelle ce nombre 425 *équivalent mécanique de la chaleur* [1].

[1] Il est possible que les progrès de la physique conduisent à un chiffre un peu différent de 425; mais c'est actuellement le chiffre généralement admis.

CHAPITRE III

DES SOURCES DE CHALEUR

—

I. CHALEUR SOLAIRE. — CHALEUR TERRESTRE.

Un corps est une source de chaleur, lorsqu'il échauffe les corps environnants et que la perte qu'il subit à chaque instant est réparée par une production nouvelle.

Le soleil est la plus belle et la plus abondante des sources de chaleur dont il nous est donné de faire usage. M. Pouillet a imaginé un instrument à l'aide duquel il a mesuré la quantité de chaleur émise par cet astre. C'est un thermomètre dont le réservoir est renfermé dans une boîte en argent très-mince remplie d'eau (fig. 11). Le tube du thermomètre sort de la boîte par une des faces, et il est maintenu dans un tube de cuivre, qui porte une rainure, afin qu'on puisse voir la graduation. L'autre face de la boîte est noircie à la fumée ; cette face doit être bien perpendiculaire à la direction du tube. On place l'instrument au soleil lorsqu'il n'y a pas de nuages, et on fait tourner la boîte de telle sorte que la face noire reçoive les rayons solaires perpendiculairement. On observe l'élévation de température pendant cinq minutes; on a alors un certain nombre de degrés pour cette élévation. On a déterminé d'avance combien de calories font monter le thermomètre d'un degré : une simple multiplication donnera donc le nombre de calories gagné par l'instrument pendant les cinq minutes de l'expérience. Pour avoir la chaleur qui est arrivée réellement sur la face noire, il faut ajouter au nombre précédent la chaleur que perd l'appareil pendant cinq minutes par l'effet de son rayonnement propre vers le ciel. Car les espaces célestes exercent sur les corps terrestres une action refroidissante. On trouve la quantité à ajouter en faisant à l'ombre une observation analogue à la précédente sur le refroidissement.

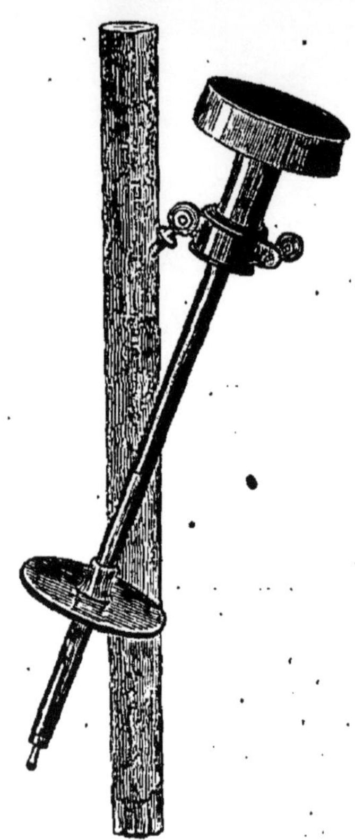

Fig. 11. — Pyrhéliomètre.

Mais on n'aura pas encore toute la chaleur qui venait du soleil sur l'instrument ; une partie a été absorbée par l'atmosphère.

M. Pouillet a déterminé cette proportion en combinant un grand nombre d'observations, et il a pu calculer la quantité de chaleur qui arrive sur la terre en une année. Elle est tellement grande, que l'on est obligé de renoncer aux unités ordinaires pour en donner une idée. Elle est capable de fondre une couche de glace de 30 mètres d'épaisseur qui envelopperait notre globe. C'est la moitié de cette immense quantité de chaleur qui arrive seulement à la surface du sol à cause de l'absorption opérée par l'atmosphère.

Voulons-nous maintenant connaître la quantité totale de chaleur qui est émise par le soleil, non plus seulement vers notre planète, mais dans toutes les directions à la fois : il faut concevoir une sphère creuse dont le centre soit au soleil, et dont la surface passe par le centre de la terre. L'astronomie nous enseigne qu'il faudrait placer 2,300 millions de globes gros comme la terre, à côté les uns des autres sur cette sphère, pour la couvrir entièrement. Donc toute la chaleur émise par le soleil est 2,300 millions de fois celle qui arrive sur la terre, et que nous venons d'évaluer.

Comment représenter une telle grandeur ? Faisons encore un effort. Le soleil est un énorme globe, 1,400,000 fois plus gros que la terre. Imaginons à la surface de cet astre une couche de glace de 1,500 lieues d'épaisseur : c'est cette immense couche que pourra fondre toute la chaleur émanée du soleil en une année.

Admirons la puissance de l'esprit humain qui, partant de l'observation la plus simple, s'élève de problèmes en problèmes jusqu'aux plus hautes questions de philosophie naturelle, et rendons hommage à ceux qui se livrent à ces recherches grandioses, guidés par les nobles sentiments que Dieu a mis dans leurs âmes.

Le soleil est une source de chaleur permanente. Il en est de même des étoiles, qui sont des soleils excessivement éloignés de nous. Mais leur distance est si grande, que leur chaleur ne peut produire sur nous aucun effet appréciable. Il y a encore une autre source permanente, c'est notre globe lui-même.

Quand on descend un thermomètre dans un puits de mines, à diverses profondeurs, on trouve que la température va en croissant d'environ 1 degré par 30 mètres. Voilà pourquoi l'eau des sources profondes est toujours chaude. A une profondeur de 3 kilomètres, si la loi précédente était encore exacte, l'eau serait à l'état de vapeur, à condition toutefois qu'elle ne fût pas fortement comprimée. Comme elle est soumise à une certaine pression, elle peut rester à l'état liquide, bien que sa température soit supérieure à 100° : nous reviendrons sur ce phénomène. On est réduit à de simples conjectures sur ce qui concerne l'état du globe à de grandes profondeurs, à cause de l'impossibilité où l'on est d'y faire des observations. Il est probable que le noyau terrestre est formé par une matière fluide, excessivement chaude ; c'est elle qui sort par le cratère des volcans, à l'état de lave incandescente.

2. CHALEUR PRODUITE PAR LES ACTIONS CHIMIQUES. — COMBUSTIONS.

Les sources de chaleur que nous utilisons le plus fréquemment sont artificielles ; nous sommes libres de les faire agir à volonté suivant nos besoins. Ordinairement elles consistent dans la combustion des corps. La combustion est un dégagement de chaleur et de lumière qui accompagne la combinaison de certaines substances. Le plus souvent l'une de ces substances est l'oxygène de l'air ; c'est l'élément combustible.

Le nombre des combustibles est très-grand. Nous employons les précédents de préférence, à cause de leur abondance et de leur bon marché. C'est en chimie que l'on apprend à connaître les autres.

Lorsque deux corps de nature différente se combinent pour constituer un nouveau corps, il y a toujours dégagement de chaleur ; mais pour qu'il y ait de la lumière produite, il faut que la combinaison s'effectue avec une énergie particulière. Délayez de la chaux vive avec de l'eau, vous verrez la masse s'échauffer, des vapeurs s'en dégager : une partie de l'eau se combine avec la chaux en produisant de la chaleur, et c'est cette chaleur qui réduit en vapeur le reste de l'eau : la pâte de chaux que le maçon prépare, afin de la mêler avec du sable pour faire du mortier, a donc la température de l'eau bouillante ; elle brûle fortement. Ici la force qui détermine l'union de la chaux avec l'eau n'est pas assez énergique pour que la lumière jaillisse.

Prenez maintenant un petit morceau de phosphore; placez-le dans une capsule de terre que porte un fil de fer passé à travers un bouchon, et plongez la capsule dans un flacon rempli d'un gaz verdâtre, qu'on appelle le *chlore*. Il y aura combinaison entre le chlore et le phosphore; des fumées blanches qui constituent le nouveau corps formé rempliront le flacon (fig. 12), et en même temps une flamme entourera le phosphore tant qu'il n'aura pas disparu complétement.

Fig. 12. — Combustion du phosphore dans le chlore.

Il y a donc combustion : la lumière jaillit de l'union du chlore avec le phosphore, parce que la force qui les unit est très-énergique.

Nous voyons par cette expérience comment on peut disposer les corps dans une combustion, afin de recueillir le produit ; si nous voulons approfondir la combustion du charbon dans l'oxygène, nous pourrons employer la même méthode.

Un charbon bien allumé est posé sur une capsule de terre comme le phosphore de l'expérience précédente ; et il est plongé au milieu d'un flacon rempli d'oxygène. Il brûle vivement, et quand il est éteint, il est facile de constater que le gaz contenu dans le flacon n'est plus de l'oxygène, et que le morceau de charbon a perdu de son poids. Introduisons en effet dans le flacon une petite bougie allumée ; elle s'éteindra, tandis qu'elle eût brûlé dans l'oxygène avec une activité plus grande que dans l'air. Cela provient de ce qu'une partie du charbon s'est combinée avec l'oxygène que renferme le flacon, et la nouvelle substance formée est le gaz acide carbonique : il est transparent et sans couleur comme l'air comme l'oxygène ; mais il n'entretient pas la combustion, caractère qui nous suffit pour le distinguer. Lorsque le charbon brûle dans nos foyers, les mêmes phénomènes chimiques ont lieu ; l'oxygène provient de l'air, et l'acide carbonique est emporté par le courant gazeux qui monte dans la cheminée. Ce courant est formé de gaz mêlé à de la vapeur d'eau, à de l'azote qui ne peut s'unir au charbon, et à de la fumée, charbon très-divisé, dont les parcelles pulvérulentes se déposent sur les parois de la cheminée et y forment la suie. Cette fumée n'existerait pas si l'oxygène affluait sur le foyer en quantité suffisante, parce que tout le charbon brûlerait ; elle indique donc une combustion incomplète. Nous nous en contentons d'ailleurs parce que nous ne pourrions la rendre complète qu'en adoptant pour les cheminées des dispositions trop coûteuses. Quant aux cendres du foyer, elles sont formées par les substances terreuses qui sont mêlées au charbon et qui ne se combinent pas avec l'oxygène.

On appelle carbone le charbon dans son état de plus grande pureté. Telle est la plombagine, plus connue sous le nom de mine de plomb ; tel est surtout le diamant, la plus belle des pierres précieuses, que l'on trouve dans certains sables des

Indes et du Brésil. Le plus beau diamant de la couronne de France pèse à peine 28 grammes et il vaut une dizaine de millions de francs ; il porte le nom de *Régent*, parce qu'il a été acheté sous la régence à l'Anglais Pitt. Si l'on portait ce magnifique joyau dans de l'oxygène, après l'avoir fait rougir au feu, il brûlerait complétement en consommant 52 litres d'oxygène environ et on recueillerait le même volume de gaz acide carbonique.

On connaît la quantité de chaleur que dégage la combustion du charbon, soit à l'état de charbon, soit à l'état de diamant ; car elle est la même.

1 kilogr. de carbone quelconque produit en brûlant dans l'oxygène 8,000 calories, capables de fondre 100 kilogr. de glace. Cette évaluation va nous donner une nouvelle image de la chaleur immense que fournit le soleil.

Si cet astre était recouvert d'une couche de charbon brûlant dans l'oxygène, et ayant une épaisseur de 27 kilomètres, la chaleur émise par ce gigantesque incendie serait égale à celle qu'émet réellement le soleil en un an.

Si l'on supposait que la chaleur solaire fût due à un tel incendie et que le soleil fût un globe de charbon, il serait entièrement consumé en cinq mille ans. Comme il n'a changé ni de grosseur ni d'éclat depuis la création de l'homme, il faut rejeter cette hypothèse.

La combustion dans l'air du gaz extrait de la houille nous fournit une source de chaleur qui peut être utilisée dans les villes éclairées par ce gaz. A l'usine, la houille est chauffée dans des récipients clos ; il en sort un gaz qui se rend par des tuyaux dans un vaste réservoir, d'où on le dirige ensuite par des canaux souterrains dans les divers quartiers de la ville. Chaque bec de gaz est ajusté à l'extrémité d'un tuyau embranché sur un des canaux, et un robinet le ferme quand on n'allume pas. Ouvre-t-on ce robinet, il sort par le bec un jet de gaz formé de carbone et d'hydrogène combinés ensemble ; un petit excès de pression entretenu à l'usine dans le réservoir du gaz suffit pour déterminer ce jet. Lorsqu'on approche du jet une allumette enflammée, on l'échauffe, le carbone se sépare de l'hydrogène ; celui ayant une très-grande affinité pour l'oxygène de l'air, se combine avec lui et forme de l'eau à l'état de vapeur ; le carbone ayant pour l'oxygène une affinité un peu moindre se combine à son tour, pour constituer le gaz acide carbonique. Ces deux combinaisons dégagent beaucoup de chaleur, de sorte que la flamme jaillit ; elle échauffe le gaz qui continue à s'écouler par le bec ; il brûle à son tour, et la flamme est entretenue au même point tant que le gaz arrive.

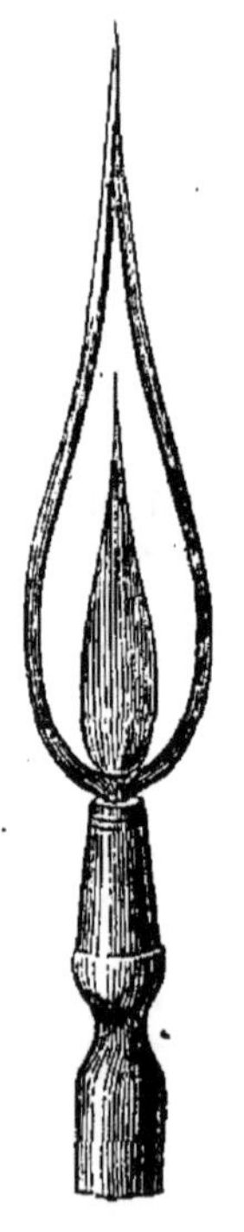

Fig. 13.
Flamme de gaz.

Analysons cette combustion avec quelques détails, nous y trouverons les enseignements les plus intéressants et les plus utiles.

La flamme a la forme de la figure 13 lorsque le jet sort par un bout de tube droit. Lorsque le jet sort par un grand nombre de petits trous, comme cela a lieu souvent, la flamme est l'assemblage de plusieurs petites flammes constituées comme celle que nous allons décrire.

Posons rapidement sur notre flamme simple une feuille de carton à la base du jet, et retirons-la avant qu'elle soit enflammée ; nous verrons une trace noire, circulaire, du contour de la flamme. Nous en conclurons que le centre de la flamme est très-peu chaud, et qu'il ne s'y fait pas de combinaison ; ce que nous expliquerons très-bien, en remarquant que les parties centrales du jet ne sont pas au contact de l'air. Les parties environnantes sont au contraire très-chaudes; elles forment une enveloppe qui a laissé sa trace sur notre papier en le carbonisant, et dans laquelle la combinaison avec l'oxygène a lieu, parce que ces parties sont au contact de l'air.

Cette enveloppe est la partie lumineuse de la flamme, et nous pouvons la décomposer elle-même en deux parties, ce qui nous conduira à découvrir la cause de la lumière. Approchons avec précaution un fil très-fin de métal; nous le verrons rougir avant d'avoir atteint le bord lumineux de la flamme. Il y a donc une première couche tout à fait en dehors, dans laquelle la chaleur est très-vive ; c'est que dans cette couche la combustion est complète. Dans la couche brillante qu'elle enveloppe, l'oxygène de l'air ne pénètre pas assez facilement pour que la combinaison de tout le carbone ait lieu. Le carbone se trouve ainsi libre pendant quelque temps; il vient de quitter l'hydrogène, qui, plus mobile que lui, s'est précipité sur l'oxygène de l'air, et ce n'est qu'un peu plus tard, en arrivant au sommet de la flamme, qu'il se combinera à son tour, à condition toutefois que l'air afflue de toutes parts en quantité suffisante ; sinon il demeurera libre, se refroidira, perdra alors son affinité pour l'oxygène, laquelle exige une haute température, et se déposera en fumée. C'est dans son passage de la base au sommet de la flamme que le carbone, un instant libre, et fortement échauffé par la première enveloppe, devient lumineux.

En résumé, il y a trois parties dans notre flamme : la partie centrale obscure, où il n'y a pas de combustion, mais où le carbone commence à se séparer de l'hydrogène ; la couche lumineuse, où le carbone se trouve un instant libre et chauffé au blanc ; enfin la couche extérieure bleuâtre, qui est la plus chaude, et où la combustion est complète.

On conçoit maintenant de quelle importance est la forme

du bec, et combien on doit le modifier suivant qu'on veut de la lumière ou de la chaleur.

Veut-on de la lumière, il faut que le carbone puisse être soustrait quelques instants à l'action de l'air, et pourtant qu'il

Fig. 14. — Brûleur de Bunsen. Fig. 15. — Flamme d'une bougie.

ne le soit pas assez longtemps pour qu'il y ait de la fumée. Veut-on au contraire de la chaleur, il faut brûler le carbone le plus tôt possible, et ne pas le laisser en liberté. Le célèbre chimiste allemand, M. Bunsen, a construit d'après cette théorie un brûleur de gaz qui convient parfaitement comme source de chaleur.

Le tube étroit par lequel sort le jet de gaz est placé dans l'axe d'un tube plus gros, percé vers le bas d'un grand nombre de petits trous (fig. 14). L'air entre par ces trous, se mêle intimement avec le gaz de la houille, et c'est ce mélange, dont les proportions sont réglées par la dimension des ouvertures, qu'on enflamme à l'extrémité du gros tube. On a une flamme très-pâle, mais très-chaude. Si l'on bouche les petits trous qui laissent passer l'air, la flamme devient brillante, mais elle est moins chaude. Cette expérience montre bien l'exactitude du raisonnement que nous avons fait.

Que de phénomènes nous fournirait la flamme, si nous ne voulions pas nous astreindre à n'observer que ce qui concerne la chaleur! Une simple bougie qui brûle devant nos yeux pourrait nous jeter dans une longue et attrayante contemplation (fig. 15). Voyez le petit cratère de cire blanche au centre duquel s'élève en se recourbant la mèche noircie. La chaleur de la flamme le creuse sans cesse, afin de renouveler la provision de cire fondue qui doit brûler. Les bords plus éloignés sont les dernières parties fondues ; le liquide se rassemble au bas de la mèche ; il monte par les mille petits interstices du coton tressé qui la forme, comme le café que vous touchez par un point d'un morceau de sucre se répand immédiatement dans tout le morceau, en remplissant ses pores. Cette cire fondue est encore une combinaison de carbone et d'hydrogène ; échauffée au contact de l'air, elle se réduit en vapeur, et renouvelle incessamment autour de la mèche une provision de gaz. Dès lors tout se passe comme précédemment. Vous pouvez distinguer dans la flamme de la bougie les trois parties que nous avons reconnues dans la flamme du gaz de la houille. La mèche reste noire dans la partie centrale. Son extrémité recourbée présente une petite masse rougie dans l'enveloppe extérieure ; elle est en ce point soumise à une très-haute température au contact de l'air, et elle se consume entièrement, ce qui fait qu'elle se raccourcit à mesure que la bougie s'use. Quant à sa courbure, elle est déterminée par sa forme en tresse.

Parmi les curieuses expériences qui ont été faites sur la combustion d'une bougie, en voici une qui sert encore à confirmer notre théorie.

Dans une ascension du mont Blanc faite en 1859[1], par MM. Tyndall et Frankland, on pesa six bougies à Chamonix, au pied de la montagne, et on les fit brûler pendant une heure dans cette ville ; on les pesa de nouveau, et on mesura ainsi la perte de poids qu'elles avaient subie par suite de la transformation d'une certaine quantité de cire en gaz acide carbonique et vapeur d'eau opérée lors de la combustion. On emporta ensuite les mêmes bougies au sommet de la montagne à 3,700 mètres environ de hauteur, et on les fit brûler encore pendant une heure, en les abritant sous une tente contre le vent. La combustion sembla très-faible ; les flammes étaient pâles, et pourtant en les pesant au retour, on trouva que la quantité de cire consommée était presque la même que dans l'expérience faite au pied de la montagne. Donc la combustion avait eu dans les deux cas la même énergie ; seulement, au sommet du mont Blanc, l'air se trouve à une pression moindre, moitié environ de la pression régnant dans la vallée, et par suite il est beaucoup plus subtil ; il pénètre plus aisément la flamme, et y brûle le carbone sans le laisser libre un instant. D'après ce raisonnement, on devait penser qu'à une pression assez grande, la flamme des mêmes bougies deviendrait fumeuse, l'air comprimé n'ayant pas assez de mobilité pour pénétrer la flamme, et refroidissant assez le carbone pour l'empêcher de brûler. C'est en effet ce que le docteur Frankland a vérifié plus tard.

C'est ainsi qu'un habile observateur non-seulement trouve l'explication des phénomènes naturels qui se présentent à ses yeux, mais encore est amené à prévoir de nouveaux phéno-

[1] *La Chaleur*, par J. Tyndall. Traduction de M. l'abbé Moigno. 1864.

mènes par une méthode de raisonnement à laquelle on donne le nom d'induction. La vérification d'un résultat prévu à l'avance est une découverte qui étend nos connaissances, et la joie qu'en éprouve l'auteur au moment où il arrive au but qu'il désirait atteindre est si vive, qu'elle lui fait bien vite oublier toutes ses fatigues. Le célèbre physicien Rumfort, faisant une expérience en 1798, reconnaît franchement « qu'elle lui causa une joie enfantine si grande qu'il aurait bien dû la cacher s'il avait ambitionné la réputation d'un grave philosophe[1]. » Mais la contemplation des merveilles de la nature rend l'homme simple et modeste ; son orgueil s'évanouit devant les grandeurs de la création.

Parmi les combustibles en usage, l'hydrogène est celui qui dégage le plus de chaleur en se combinant avec l'oxygène pour constituer l'eau. A égalité de poids, il dégage une quantité de chaleur supérieure au quadruple de celle que dégage le charbon. Mais son emploi n'est pas commode parce qu'il faut le préparer par des procédés chimiques, et le conserver dans de très-grands réservoirs, vu qu'il occupe un très-grand volume, étant environ 13 fois plus léger que l'air. Il faut aussi avoir de l'oxygène pur renfermé dans des réservoirs spéciaux. C'est donc un moyen assez cher de se procurer de la chaleur, et qu'on ne doit employer que dans certains cas, quand les procédés ordinaires sont insuffisants. Voici, par exemple, comment M. Henri Sainte-Claire Deville a disposé le chalumeau à gaz oxy-hydrogène destiné à la fusion du platine, métal aussi précieux que l'or, dont on se sert en Russie particulièrement pour les monnaies, et qui ne peut fondre au feu de forge ordinaire.

L'oxygène sort par un tuyau de cuivre terminé par un bout de platine ; l'hydrogène arrive autour de ce tuyau par un second

[1] *La Chaleur*, par . Tyndall; etc.

tuyau concentrique, dont l'extrémité est aussi en platine (fig. 16). Le mélange gazeux étant allumé brûle avec une flamme pâle excessivement chaude. On engage le jet dans un trou cylindrique étroit, percé à travers un bloc de chaux vive, que l'on pose comme un couvercle sur un vase de chaux. Ce vase est percé de trous vers le bas afin de donner issue à la vapeur d'eau qui provient de la combustion, et il renferme un creuset également fait avec de la chaux, dans lequel se trouve le métal. La flamme enveloppe de toutes parts le creuset, et le platine fond. Avec 60 litres d'oxygène et 120 litres d'hydrogène on peut fondre 1 kilogramme de platine.

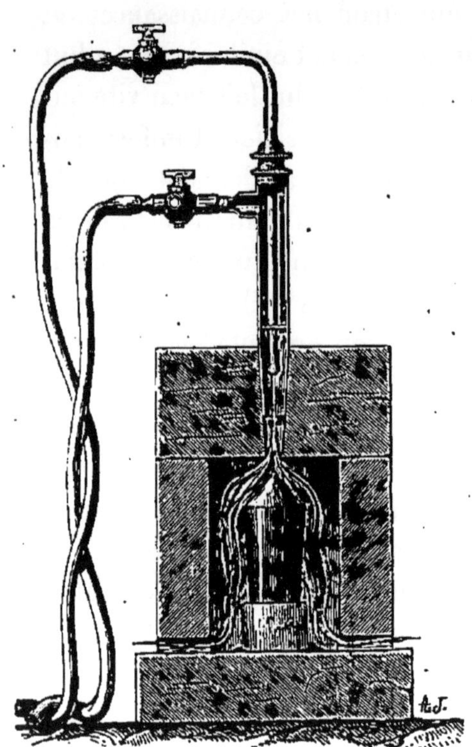

Fig. 16.
Chalumeau à gaz oxy-hydrogène.

On peut remplacer dans cette opération l'hydrogène par le gaz à éclairage. Mais la fusion est un peu moins rapide.

3. CHALEUR PRODUITE PAR LES ACTIONS MÉCANIQUES.

Après l'action chimique, le travail mécanique nous offre le moyen le plus important de produire la chaleur; c'est le moyen peut-être le plus répandu dans l'univers, et duquel dérivent tous les autres.

Depuis longtemps on a remarqué que le frottement donne lieu à de la chaleur. Sénèque dit que les bergers allument du feu en faisant frotter très-vite l'extrémité d'une tige de bois dur dans la cavité d'un autre morceau de bois ; et ce procédé est encore usité chez les peuples sauvages. Les tourillons des machines s'échauffent en frottant leurs coussinets ; les moyeux des roues prennent souvent feu en tournant vivement sur leurs essieux, et des incendies ont été déterminés par cette cause sur les chemins de fer ; aussi doit-on interposer un corps gras entre les surfaces frottantes et le renouveler fréquemment. Lorsque le frottement est très-violent, il y a désagrégation, arrachement, et la chaleur produite devient aussi très-intense. Ainsi une roue d'acier frottant un silex dans le vide lance des parcelles de fer incandescentes, qu'on a essayé d'employer à l'éclairage des mines de houille. Lorsque nous battons le briquet, nous faisons quelque chose d'analogue ; les parcelles de fer chauffées au rouge par le frottement et le choc de la pierre tombent sur l'amadou et y mettent le feu.

Le forage des métaux offre de remarquables exemples de chaleur produite. Voici une des expériences de Rumfort. Une pièce de canon étant disposée sur le tour pour être forée, on pratiqua une cavité à l'une des extrémités, et on y ajusta un foret obtus pour développer un frottement intense au fond de la cavité ; puis on l'entoura d'eau. Le foret étant mis en action creusa la pièce, et la chaleur développée par cette opération mécanique réduisit en vapeur à 100° 10 litres d'eau en deux heures et demie. Le marteau qui frappe un bloc de métal sur l'enclume l'échauffe ; la balle de plomb qui choque la cible peut atteindre la température de fusion. Les solides, les liquides, les gaz s'échauffent quand on les comprime, et les physiciens ont imaginé plusieurs expériences pour mettre en évidence cet effet de la compression. Avec les corps solides ou liquides, qui sont très-peu compressibles, c'est-à-dire qui diminuent très-peu de volume quand on exerce une forte pression à leur surface, l'échauffement est faible. Ainsi il faut exercer à la surface de l'éther ordinaire une pression trente fois plus grande que celle de l'atmosphère, pour élever sa température de 6° seulement.

Pour nous rendre compte de ce chiffre, imaginons un cylindre (fig. 17), contenant 1 litre de liquide; la section de ce cylindre est de 1 décimètre carré, et par conséquent la hauteur du liquide est de 1 décimètre. L'atmosphère presse la surface comme le ferait un piston pesant 103 kilogrammes; cette pression est transmise par le liquide aux parois du cylindre, de sorte que l'on peut dire que la surface de l'éther reçoit une pression de 103 kilogrammes par décimètre carré.

Fig. 17. — Compressibilité des liquides.

Maintenant posons un piston de 103 kilogrammes sur le niveau de l'éther ; il va être comprimé à la fois par le piston et par l'atmosphère qui tend à l'enfoncer ; la pression totale sera de 206 kilogrammes ou 2 atmosphères. Mettons encore sur le piston un poids de 103 kilogrammes, la charge totale sur le niveau de l'éther sera de 309 kilogrammes, soit 3 atmosphères. Supposez-la décuple, c'est-à-dire de 3,090 kilogrammes, vous aurez l'idée d'une pression de 30 atmosphères. Eh bien, dans ces conditions, la température de l'éther s'élèvera de 6°. Quant à la diminution de volume, elle sera d'environ 4 centimètres cubes.

Les gaz surtout s'échauffent par la compression, tandis que leur volume éprouve une diminution considérable. Le briquet à air est un instrument fondé sur cette propriété. Il se compose d'un cylindre de verre (fig. 18), dont une des extrémités peut être fermée hermétiquement par un bouchon à vis creusé intérieurement, et dans lequel est un piston. Pour s'en servir on place le piston à l'extrémité ouverte du cylindre ; on dévisse le bouchon et on met dans sa cavité un peu d'amadou ; on le visse de nouveau, et on a ainsi renfermé dans l'appareil une certaine quantité d'air au contact de l'amadou. Vient-on à enfoncer brusquement le piston, le volume de cet air devient très-petit, sa force élastique très-grande, et il s'échauffe spontanément assez pour enflammer l'amadou. En ôtant de nouveau le bouchon, on trouve cet amadou allumé.

Il faut, dans toutes ces expériences sur la chaleur de compression, exercer brusquement l'effort mécanique ; sans cela la chaleur développée est communiquée aux corps voisins et son effet n'est plus le même. En plaçant, comme nous l'avons fait, le corps à comprimer dans un réservoir qui conduit mal la chaleur, tel que du verre, et agissant très-vite, on atténue la perte.

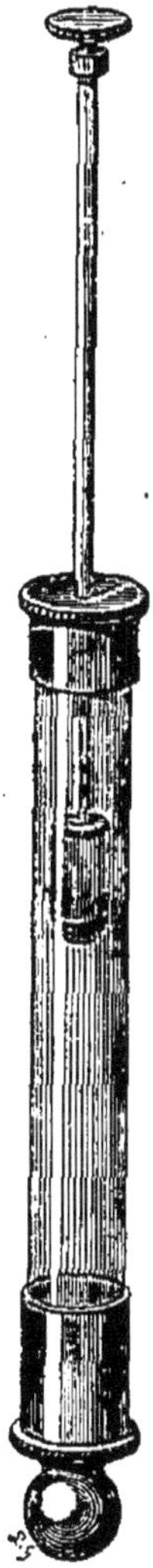

Fig. 18.
Briquet à air.

4. LA CHALEUR PRODUITE PAR LE TRAVAIL MÉCANIQUE EST ÉQUIVALENTE A CE TRAVAIL.

Dans tous ces phénomènes, dont la forme peut être variée à l'infini, il y a un caractère commun, découvert depuis peu d'années, et qu'il importe de bien comprendre. Il est nécessaire de posséder d'abord quelques notions de mécanique.

Quand un corps est en repos, il ne peut de lui-même se

mettre en mouvement ; on dit qu'il est inerte. Il faut qu'il soit déplacé par quelque cause extérieure, qu'on appelle force. Tant que la force agit, le mouvement du corps subit tous les changements qui dépendent du mode d'action de la force ; puis, si elle est supprimée, le corps continue à se mouvoir en ligne droite, uniformément, sans pouvoir de lui-même changer ce mouvement ; il obéit fatalement, en vertu de la loi d'inertie, à l'impulsion que la force lui a donnée, et cela dure tant qu'une nouvelle force n'intervient pas. Voilà une des propriétés fondamentales de la matière.

Il est impossible de trouver dans l'univers un corps qui ne soit soumis à l'action d'aucune force ; car tous les corps s'attirent mutuellement, suivant une loi qu'on appelle la gravitation universelle, et c'est cette attraction qui fait que notre globe décrit sa courbe annuelle autour du soleil, que la lune en même temps tourne autour de la terre, et que tous les corps célestes se meuvent dans l'espace.

Dans un grand nombre de cas, un corps peut se comporter sous certains points de vue, comme si aucune force n'agissait sur lui ; par exemple, lorsque nous envisageons sa manière d'être par rapport à nous. Ainsi considérons un corps suspendu par un cordon ; il est réellement entraîné comme nous par le mouvement de la terre ; mais nous disons qu'il est en repos, parce que nous faisons abstraction de ce mouvement commun, et nous pouvons par là simplifier nos raisonnements.

Le corps suspendu par le cordon est en repos relatif : et pourtant il est attiré par la terre, et s'il ne se précipite pas à sa rencontre, c'est uniquement parce que le cordon le retient. Comment retrouver là le principe de l'inertie? Le cordon est tendu parce que la terre attire le corps ; la force qui tend le fil est appelée le poids du corps, qu'il ne faut pas confondre avec la pesanteur, nom qu'a reçu la cause de l'attraction terrestre. Le cordon résiste à cette tension, et on peut dire que cette résistance fait équilibre au poids. Le corps est donc soumis à l'action simultanée de deux forces égales et contraires, qui se détruisent, et, en donnant cette explication, on exprime simplement un fait, tel que l'observation nous le révèle.

Coupons maintenant le cordon; sa résistance n'équilibre plus le poids; nous avons donc supprimé l'une des deux forces; l'autre reste, celle qui est due à la pesanteur, et le corps tombe. Son mouvement n'est pas uniforme, tant que la pesanteur seule le sollicite. Dans la première seconde il parcourt 49 décimètres; un chemin trois fois plus long dans la deuxième seconde, cinq fois plus long dans la troisième, sept fois plus long dans la quatrième et ainsi de suite. Dans la chute d'un corps, il y a une dépense d'action que l'on mesure en multipliant le poids du corps par le chemin qu'il a parcouru. Par exemple, s'il est de 1 kilogramme, et si la hauteur de chute est 425 mètres, on dit qu'il y a un travail dépensé de 425 kilogrammètres. Le corps a acquis alors une certaine énergie, dont une manifestation est la vitesse qu'il possède.

Si, par un artifice quelconque, notre kilogramme cessait d'être soumis à l'action de la pesanteur après sa chute de 425 mètres, il continuerait son mouvement vertical en vertu de l'inertie; mais cette fois son mouvement serait uniforme, il parcourrait 91 mètres environ par seconde. Tant que durerait ce mouvement uniforme, il n'y aurait aucun nouveau travail dépensé, l'énergie du corps resterait la même. Le nombre 91 mètres mesure sa vitesse après la chute de 425 mètres. Supposons qu'il soit formé par une boule d'ivoire parfaitement élastique, et qu'après avoir parcouru dans sa chute 425 mètres, il rencontre un plan de marbre fixé invariablement au sol; il rebondira, et si le plan est parfaitement horizontal, il remontera à peu près à la hauteur de 425 mètres : il se retrouvera donc à son point de départ, il sera un instant en repos, et si la pesanteur cessait à cet instant d'agir sur lui, il resterait en repos indéfiniment.

Que s'est-il donc passé pendant le choc de la boule contre le plan de marbre ?

La boule a été aplatie, et le plan a été légèrement déprimé au point de contact. On reconnaîtrait ce fait en enduisant d'un corps gras la surface de la boule : après le choc on verrait sur le plan une tache circulaire, indiquant que le contact a eu lieu par un grand nombre de points. Or une boule sphérique ne touche un plan qu'en un point ; il y a donc eu déformation pendant le choc, aplatissement de la boule, et dépression du plan.

La dépression est très-faible, et nous la supposerons nulle ; c'est une condition nécessaire pour que la boule puisse rebondir jusqu'à une hauteur égale à celle de sa chute : en d'autres termes, le plan doit être supposé parfaitement rigide. Il n'y a donc à considérer que la déformation de la boule.

La boule a été aplatie progressivement pendant qu'elle perdait sa vitesse, et au moment où la déformation était la plus grande possible, la vitesse était nulle. Puis la boule est revenue à sa forme primitive en continuant à toucher le plan ; elle s'en est séparée dès qu'elle a eu cessé d'être déformée. C'est alors qu'elle a rebondi.

A mesure que la boule s'élevait, la pesanteur agissait sur elle, et ralentissait son mouvement, comme une résistance. Il y a bien la résistance de l'air qui agit dans le même sens que la pesanteur, mais elle est très-petite et nous la négligeons. Lorsque la boule est arrivée au repos à la hauteur de 425 mètres environ, le travail de la résistance surmontée était de 425 kilogrammètres. Ainsi la quantité d'action développée pendant la chute d'un corps est capable de faire remonter le même corps à une hauteur égale à celle de la chute ; lorsqu'elle a produit cette ascension, elle est entièrement consommée. En général, nous appelons travail *dépensé* l'effet d'une force qui fait mouvoir un corps, et travail *produit* l'effet d'une résistance qui est surmontée par un corps en mouvement. Dans notre exemple, il y a un travail de 425 kilogrammètres dépensé pendant la chute, et un travail égal produit pendant l'ascension.

L'expérience que nous venons d'imaginer a pour but de faire comprendre en quoi consiste le principe de la conservation de la force, qui est une des bases de la mécanique.

Lorsqu'une force a agi sur un corps et l'a mis en mouvement, elle lui a conféré une certaine énergie, que mesure le travail *dépensé*. Le corps perd cette énergie quand il surmonte des résistances, et *produit* un travail égal au précédent. C'est le fait même que nous venons d'observer. Bien souvent le corps perd son énergie d'une autre manière ; c'est en la transmettant à d'autres corps, et en rentrant lui-même au repos. Mais alors les corps qui ont acquis cette énergie la perdent à leur tour, en produisant un travail équivalent, lorsqu'ils reprennent l'état mécanique qu'ils avaient au moment de la transmission. Il y a un grand nombre d'exemples de cet autre mode de conservation de la force ; mais les questions de ce genre sont traitées dans la mécanique, et nous ne devons ici que les effleurer en passant, pour nous aider à mieux comprendre les raisonnements qui suivent.

Reprenons notre corps de 1 kilogramme, et laissons-le tomber de la hauteur de 425 mètres dans une masse d'eau : celle-ci est vivement agitée, mais elle se calme peu à peu ; le corps et l'eau sont bientôt en repos. Il y a bien eu un mouvement communiqué à l'eau, mais ce mouvement s'est éteint sans que nous puissions découvrir dans les corps voisins un travail produit de 425 kilogrammètres. La quantité d'action développée dans la chute par la pesanteur semble anéantie, sans qu'une autre force ait été visiblement surmontée. Le principe de la conservation de la force ne paraît pas vérifié ici.

Mais examinons cette eau en physiciens; si nous y avons placé un thermomètre avant le choc, nous verrons qu'il y a élévation de température. Ainsi l'eau, en détruisant la vitesse du corps, s'est échauffée spontanément; elle a créé de la chaleur. N'est-il pas naturel de penser que cette chaleur est justement l'équivalent de la quantité de travail que nous ne retrouvons pas, et que l'énergie due à la pesanteur, au lieu d'avoir été anéantie, a été simplement transformée, a pris la forme de cette autre énergie que nous appelons chaleur? Le mouvement de masse est remplacé par un mouvement moléculaire que nos yeux ne peuvent voir, mais dont nous pouvons suivre les effets à l'aide du thermomètre. Nous exprimerons donc simplement un fait, en disant que la chaleur créée équivaut au travail mécanique consommé.

5. ÉQUIVALENT MÉCANIQUE DE LA CHALEUR.

Il résulte des recherches d'un grand nombre de savants, parmi lesquels nous citerons M. Joule en Angleterre, et M. Hirn en France, que la quantité de chaleur produite dans l'exemple précédent est d'une calorie. C'est M. Mayer, médecin à Heilbroon, l'un des fondateurs de la nouvelle théorie, qui a imaginé l'expression *équivalent mécanique de la chaleur*, et qui en a donné la première valeur approximative.

Si nous faisons la dernière expérience avec un corps d'un poids quelconque, tombant dans l'eau d'une hauteur quelconque, il y aura autant de fois une calorie créée, que 425 est contenu dans le nombre de kilogrammètres dépensés : par exemple, si le corps pèse 2 kilogrammes, et tombe d'une hauteur de 850 mètres, il y aura 1,700 kilogrammètres dépensés, et 4 calories créées.

Nous avons déjà rencontré l'équivalent mécanique de la chaleur à la fin du chapitre II, alors qu'il s'agissait de la production du travail. Nous pouvons maintenant formuler le principe suivant : Lorsque la chaleur sert à surmonter des résistances, une calorie disparaît, tandis que 425 kilogrammètres sont produits ; et réciproquement, lorsque la chaleur est créée par une action mécanique, une calorie apparaît, tandis que 425 kilogrammètres sont dépensés.

La même corrélation existe entre le travail mécanique et la chaleur, dans tous les cas où la percussion, le choc, le frottement, la compression, développent de la chaleur. Dans toute expérience, où l'on se propose de mesurer cette corrélation, il y a deux sortes d'observations à faire. Les unes sont destinées à faire connaître, par des calculs basés sur les règles de la mécanique, la quantité de travail dépensée ; et les autres servent à calculer la chaleur créée, d'après les règles de la physique.

Nous ne prendrons qu'un exemple. Des palettes de cuivre, fixées à un axe vertical, sont complétement immergées dans l'eau, et sur l'axe est enroulé un cordon, tendu par un poids avec l'intermédiaire d'une poulie (fig. 19); un thermomètre est dans l'eau : on connaît le poids de cette eau, celui du vase et des palettes. On laisse descendre le poids. C'est la pesanteur qui est la force motrice, et le travail moteur se mesure en multipliant le poids par la hauteur qu'il parcourt en descendant. Les palettes agitent l'eau, et du frottement qui a lieu résulte un dégagement de chaleur. On note l'élévation de température du thermomètre, et on a tout ce qu'il faut pour calculer la chaleur créée. Quant au travail dépensé, il y a plusieurs choses à considérer. Le poids descend et s'arrête en rencontrant le sol ; faut-il simplement multiplier la hauteur de chute par la valeur en kilogrammes de ce poids ? Non. Ce produit est bien le travail moteur, mais il n'est pas entièrement dépensé par le frottement des palettes, et transformé en chaleur. Une partie est employée à vaincre la résistance du cordon et celle de l'air, une autre à produire un peu de chaleur par le frottement de la poulie et par celui de l'axe

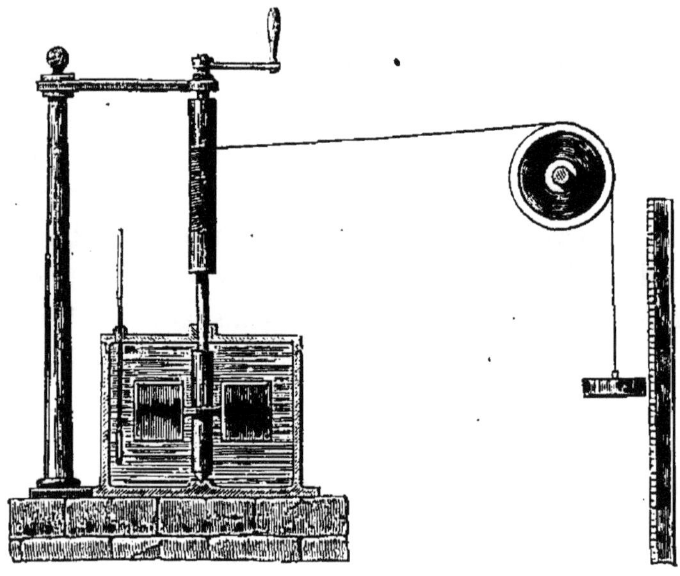

Fig. 19. — Appareil de Joule pour la production de la chaleur par le frottement des liquides.

qui porte les palettes ; et cette dernière chaleur n'est pas appréciée par le thermomètre ; enfin, quand le poids touche le sol, il y a encore un choc qui crée de la chaleur et que l'on ne mesure pas. Il est possible d'évaluer la quantité de travail ainsi dépensée par quelques artifices qu'il serait trop long d'énumérer ; et, en la retranchant du travail moteur total, on a la quantité que l'on doit comparer à la chaleur mesurée par le thermomètre. Telle est l'expérience célèbre faite par M. Joule vers 1843.

6. DE QUELQUES GRANDS PHÉNOMÈNES NATURELS OU LA FORCE MÉCANIQUE EST CONVERTIE EN CHALEUR.

Quittons maintenant le laboratoire du physicien, et reposons-nous quelques instants des fatigues d'un long raisonnement, en contemplant les grands phénomènes de la nature où la chaleur est engendrée par des causes mécaniques semblables à celles que nous venons d'étudier.

Nous voici, par exemple, dans un train de chemin de fer. Chaque fois que le train doit s'arrêter, nous entendons le grincement du frein que l'on serre contre les roues, pour ralentir le mouvement. Le train représente une masse animée d'une grande vitesse : par le frottement du frein, cette masse est ramenée au repos, et de la chaleur est créée sur les surfaces frottantes. Le travail qu'il a fallu dépenser pour donner au train sa vitesse équivaut à cette chaleur. Le train se remet en marche ; le piston pressé par la vapeur transmet l'effort aux grandes roues de la machine ; celles-ci le transmettent à leur tour aux rails, et ceux-ci réagissent ; c'est cette réaction du rail qui fait avancer le train ; véritable force extérieure qui le pousse par derrière. Si le frottement cessait, et si le rail était parfaitement horizontal, le train se comporterait comme une masse qui est soustraite à l'action de la pesanteur, et qui a subi une impulsion. Il se mouvrait uniformément à cause de l'inertie, sans qu'il fût nécessaire de renouveler l'impulsion, de dépenser du travail moteur. Mais le frottement a toujours lieu à chaque roue sur l'essieu et sur le rail. Voilà pourquoi, dans l'hypothèse d'une voie horizontale, il faut continuer à faire agir la vapeur, c'est-à-dire à entretenir la force. Le travail moteur que dépense la machine est employé, dit-on, à vaincre le frottement. En réalité, il est employé à créer la chaleur qui accompagne le frottement ; et comme ce travail est effectué aux dépens de la chaleur dégagée par le combustible dans le foyer de la machine, on peut dire que la fonction de la vapeur est de faire disparaître de la chaleur au foyer, et que celles des surfaces frottantes est de faire reparaître une égale quantité de chaleur, laquelle se dissipe librement. C'est ainsi que rien ne se perd dans la nature, et toute la difficulté consiste à suivre les transformations de la force. Dans la marche du train sur une voie horizontale, la chaleur du foyer est continuellement transformée en travail mécanique, et le travail lui-même est reconverti en chaleur de frottement ; le mouvement des atomes en combustion est transmis aux grandes masses du train, et ces masses, à leur tour, le transmettent à d'autres atomes par l'opération du frottement.

Nous comprendrons nettement, après cette analyse, l'importance du graissage abondant des essieux. Si l'employé chargé de cette opération néglige de renouveler la graisse que contiennent les boîtes disposées au bout des essieux, le frottement devient plus intense, la chaleur créée augmente, le chauffeur est obligé de brûler plus de charbon. C'est à la fois un danger d'incendie et une consommation exagérée de combustible qu'il s'agit d'éviter.

Faisons une visite à la chute du Rhin, la plus belle cataracte de l'Europe. Les eaux du fleuve se précipitent d'une hauteur de 20 mètres environ sur une largeur de 100 mètres. La nature a dressé en travers du lit du fleuve cet immense barrage, et la pesanteur fait tomber de 20 mètres chaque kilogramme d'eau qui arrive sur sa crête. Il y a donc un travail de 20 kilogrammètres qui est converti en chaleur, exactement comme dans le choc dont nous nous occupions plus haut. La vitesse de notre kilogramme d'eau s'accroît par la chute, puis cet accroissement s'éteint en tourbillonnements ; le cours du fleuve n'est pas plus rapide d'un côté que de l'autre à quelque distance de la chute ; c'est au milieu des flots qui bouillonnent avec fracas au bas de la cataracte, que l'effet mécanique de la pesanteur est remplacé par de la chaleur. Une masse d'eau de 21 kilogrammes engendre dans une telle chute une calorie. Admettons qu'il tombe en une seconde 210 mètres cubes d'eau, ce qui est pour un grand fleuve un débit ordinaire, nous aurons 210,000 kilogrammes, et par conséquent 10,000 calories en une seconde ; en un jour 864,000,000 calories seront ainsi créées : c'est une quantité de chaleur capable de fondre 12,000 mètres cubes de glace.

Là n'est pas encore toute la chaleur qu'engendre le mouvement des flots. Dans tout le cours du fleuve, depuis sa source jusqu'à la mer, ses eaux descendent sur une pente douce, sollicitées sans cesse par la pesanteur, frappant la rive et les aspérités du fond, tourbillonnant sans cesse ; cause nouvelle d'échauffement, nouvel exemple de la conservation de la force.

Arrivons à l'embouchure, et arrêtons-nous un instant sur le bord de l'Océan. Ces vagues immenses, que l'on voit au loin dresser à l'horizon leurs crêtes écumantes, ont été soulevées par quelque force puissante telle que le vent. La pesanteur les fait tomber ; d'autres sont soulevées, et retombent encore ; et toute cette agitation de la mer, tout ce bouleversement se font suivant une loi régulière. De profonds sillons, ressemblant à des vallées, s'avancent parallèlement au rivage, l'atteignent, et chaque vallée liquide vient disparaître en présentant à nos regards l'aspect d'une cataracte qui s'épuise en rendant un dernier mugissement. C'est l'ordre dans le désordre.

N'avons-nous pas dans ces chutes d'eau multipliées à l'infini une création incessante de chaleur, et les marins n'ont-ils pas raison de dire que la mer agitée est plus chaude que la mer calme? Nos baigneurs qui vont recevoir le choc de la vague ne recueillent-ils pas leur part de cette chaleur?

Parmi les mouvements de l'Océan, il en est un plus grandiose encore que les précédents, et qui a une très-grande influence sur l'état calorifique de notre globe. C'est la marée.

Il y a entre la terre et la lune une attraction mutuelle qui rapprocherait les deux globes jusqu'au contact, si une im-

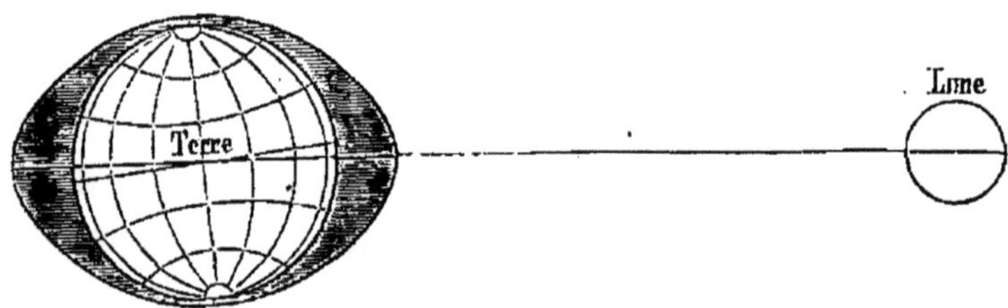

Fig. 20. — Théorie de la marée.

pulsion originelle ne contrariait pas cette force, et si l'effet de cette impulsion ne se combinait pas avec celui de la force pour faire décrire à la lune une orbite presque circulaire autour de la terre. Cette force attractive soulève l'Océan du côté de la lune et aussi du côté diamétralement opposé (fig. 20); comme la terre tourne autour de son axe en un jour, le diamètre de la terre qui est dirigé vers la lune décrit à la surface de notre globe une ligne circulaire de l'ouest vers l'est, et la masse d'eau soulevée par la lune aux deux bouts de ce diamètre suivrait parfaitement cette ligne s'il n'y avait pas de continents. A cause des irrégularités des rivages et de l'action du soleil, la montagne d'eau ne la suit qu'à peu près; mais l'effet reste le même dans l'ensemble. La marée monte deux fois par jour, à des heures différentes, à cause du mouvement de translation de la lune autour de la terre et suivant une loi déterminée. Or quel peut être l'effet mécanique de la marée? L'Océan est retenu par l'attraction de la lune, tandis que le globe solide de la terre tourne sur lui-même. L'Océan est donc traîné comme un frein frottant la surface du globe solide, et de ce frottement naît de la chaleur. Ne devons-nous pas penser que cette création de chaleur est faite aux dépens de la vitesse de la terre, si son mouvement est dû à une impulsion originelle, et s'il n'y a pas en elle une force motrice qui répare incessamment ses pertes et qui produit du travail mécanique au fur et à mesure qu'il est dépensé? Cette diminution de vitesse de la rotation diurne de notre globe aurait pour conséquence d'augmenter la durée du jour; mais elle est trop petite, et l'homme est depuis trop peu de temps sur la terre, pour que l'on puisse constater cette augmentation.

Un savant professeur anglais, M. William Thomson, a calculé la quantité de chaleur qui serait engendrée par le frottement de la terre, si elle était serrée par un frein jusqu'à ce que sa rotation fût entièrement arrêtée, et il a trouvé qu'elle est égale à la chaleur émise par le soleil en 81 jours.

Nous sommes amenés à poursuivre notre excursion bien loin dans les mondes célestes; mais les phénomènes gigantesques qui s'y laissent entrevoir sont si intimement liés au sujet qui nous occupe, que nous pouvons bien nous abandonner un instant au plaisir de les contempler.

Tout le monde a vu des étoiles filantes; à certaines époques de l'année (août et novembre), elles sont très-nombreuses. A Boston, on en a compté 240,000 en neuf heures. Il est probable que ce sont de petits globes qui obéissent à la gravitation comme les planètes, mais qui, à cause de leur faible masse relativement à celle de la terre, peuvent être attirés fortement par elle lorsqu'ils sont dans son voisinage, entrer dans son atmosphère, et s'y échauffer jusqu'à l'incandescence par le frottement de l'air. Ils deviennent ainsi des sources passagères de chaleur et de lumière. Plusieurs sont complétement brûlés en traversant l'air ; d'autres éclatent comme des bombes ; un petit nombre tombe sur la terre, et, comme ils ont une vitesse énorme, ils creusent le sol et s'y enfouissent. On appelle ceux-ci des bolides, et leur chute est accompagnée de circonstances qui frappent vivement les personnes qui en sont témoins. Or ce choc produit de la chaleur et cette simple remarque a conduit à une hypothèse fort curieuse sur l'origine du soleil et des étoiles.

L'univers serait rempli d'astéroïdes, petites masses distribuées par groupes. Chaque groupe, gravitant autour d'un centre, s'y condenserait graduellement, et finirait par constituer un globe. La condensation s'effectuerait ainsi par la chute de ces petites masses sur le noyau central, et la chaleur résulterait de la destruction de leurs vitesses. C'est ainsi que le soleil se serait formé, et serait devenu une source intense de chaleur. Nous avons vu quelle immense quantité de chaleur est émise par cet astre en un an. Il résulte des observations que cette abondante émission ne modifie pas sensiblement la température de la surface de l'astre, et qu'elle continue à s'opérer chaque année avec la même intensité, comme si le soleil était une source permanente de chaleur. Plusieurs auteurs ont pensé que la chute des astéroïdes continuait, et qu'elle entretenait la chaleur solaire, de même qu'elle en avait été l'origine. Mais cette dernière partie de l'hypothèse semble abandonnée aujourd'hui, et on peut, d'après M. Faye, expliquer la constance du rayonnement solaire par l'action du noyau sur son enveloppe.

C'est au docteur Mayer qu'appartient cette hypothèse grandiose, et elle établit une relation remarquable entre la chaleur et le mouvement des mondes célestes.

« Il a été prophétisé par l'apôtre saint Pierre, dit M. Tyn-« dall dans une leçon sur la force faite à Londres en 1862, « que les éléments seront dissous par le feu. Le seul mou-« vement de la terre comprend tout ce qui est nécessaire et « suffisant à l'accomplissement de cette prophétie. » La terre tourne autour du soleil en une année avec une vitesse de plus de 109,000 kilomètres par heure. Si ce mouvement était arrêté tout à coup, il en résulterait une quantité de chaleur suffisante pour réduire en vapeur le globe terrestre entier ; si la terre tombait sur le soleil comme un astéroïde, elle dégagerait autant de chaleur par le choc qu'un globe de charbon 6,000 fois plus gros qu'elle, brûlant dans l'oxygène.

Si nous quittons les régions célestes que notre imagination vient de parcourir, pour revenir sur notre humble planète et rentrer dans notre laboratoire, ne serons-nous pas tentés de réfléchir sur le mécanisme des mouvements atomiques, et d'essayer d'expliquer la chaleur chimique par les mêmes principes ? Notre charbon qui brillait tout à l'heure au milieu du gaz oxygène, ne ressemble-t-il pas à un petit soleil, avec son groupe d'astéroïdes qui viennent progressivement s'unir à lui ? Les atomes de l'oxygène ne doivent-ils pas, en se précipitant sur le charbon pour se combiner avec lui dégager de la chaleur en perdant leur vitesse? Nous aurions ainsi assigné la même origine à la chaleur de combustion et à la chaleur solaire.

N'oublions pas que tout cela est conjecture, hypothèse, *mais comme cette conception peint bien les faits !* quel enchaînement rationnel et séduisant elle nous fournit !

Il nous reste à passer rapidement en revue quelques autres sources de chaleur, dont l'étude ne saurait être faite dans ce livre parce qu'ils appartiennent à une autre branche de la physique et à l'histoire naturelle : ce sont les phénomènes électriques et les phénomènes vitaux.

7. CHALEUR DÉVELOPPÉE PAR L'ÉLECTRICITÉ.

La foudre est le plus grand phénomène électrique que nous connaissions, et bien souvent elle produit les effets d'une chaleur intense. On a vu des masses métalliques considérables fondues à leur surface par la foudre ; ici ce sont de grosses chaînes dont les chaînons se sont soudés les uns aux autres ; là c'est le marteau d'une horloge qui s'est soudé à la cloche ; ailleurs les briques, les pierres sont vitrifiées ; dans un autre endroit, c'est la dorure d'un meuble qui a disparu, la chaleur étant assez forte pour réduire l'or en vapeur, ce qui suppose une température excessivement élevée ; quelquefois c'est un incendie qui est allumé.

Les physiciens peuvent reproduire ces effets sur une petite échelle dans leurs laboratoires. Mais c'est surtout l'électricité des piles qui nous fournit une source de chaleur très-intense et susceptible de nombreuses applications.

Réduite à sa plus grande simplicité, une pile de Volta est constituée par une plaque de cuivre et une plaque de zinc qui plongent dans de l'eau acide, sans se toucher. Si on attache extérieurement aux plaques les deux bouts d'un même fil de cuivre, de la chaleur est dégagée à la fois dans le fil et dans l'eau, tant que le zinc peut s'y dissoudre. En quoi consiste cette dissolution du zinc ? C'est une combinaison chimique, engendrant de la chaleur ; on a pu la mesurer et on a trouvé que 1 kilogr. de zinc, en se dissolvant dans l'acide sulfurique étendu d'eau, pour constituer le sulfate de zinc, dégageait 560 calories. Mesure-t-on maintenant la chaleur dégagée dans tout le circuit formé par la pile et par le fil de cuivre qui réunit les plaques de métal, on trouve le même nombre de

Fig. 21. — Pile et arc voltaïques.

calories par kilogramme de zinc consommé. Par exemple, si la pile accuse la moitié, le tiers, le quart de ce nombre, le fil extérieur en accuse la moitié, les deux tiers, les trois quarts, de sorte que la somme donne toujours le nombre 560. Il n'y a que le mode de distribution qui peut changer, suivant la longueur, la grosseur et la nature du fil. Il est donc évident d'après cette loi que la chaleur dégagée dans le circuit d'une pile est d'origine chimique. C'est l'action chimique qui l'engendre ; l'électricité est simplement la force qui préside à sa distribution.

Lorsqu'on réunit plusieurs éléments analogues au précédent, en faisant communiquer par un fil de métal le zinc de chaque élément avec le cuivre de l'élément suivant, on a une pile plus énergique, la consommation de zinc étant augmentée considérablement (fig. 21). En attachant au dernier zinc un fil de cuivre qui aboutit à une baguette de charbon, et au dernier cuivre situé à l'extrémité opposée un second fil de cuivre qui aboutit à une seconde baguette de charbon, on peut obtenir entre les deux baguettes une petite masse de lumière qu'on appelle *arc voltaïque*, et dont la chaleur est la plus forte que l'on connaisse. Avec une pile de 600 éléments, M. Despretz a fondu en quelques minutes 250 gr. de platine. Aujourd'hui des appareils sont disposés d'après ces principes pour l'éclairage, et on les voit souvent employés dans les fêtes publiques.

8. CHALEUR DÉVELOPPÉE PAR LES ANIMAUX ET LES VÉGÉTAUX.

Les phénomènes vitaux qui se passent dans les êtres organisés, soit les animaux, soit les végétaux, sont une dernière source de chaleur. Nous avons dit dans le chapitre Ier que les animaux consommaient une partie de leur chaleur propre, quand ils surmontaient des résistances, quand leurs muscles produisaient des travaux mécaniques. Nous avons aussi vu comment cette dépense de chaleur était réparée par l'alimentation et par la respiration. Les transformations que subissent les matières introduites dans le corps sont étudiées en histoire naturelle sous le nom de phénomènes de nutrition. La digestion porte dans le sang des aliments qui sont essentiellement composés de carbone, d'hydrogène et d'azote faiblement unis entre eux; la respiration introduit dans ce même sang de l'oxygène, et alors une sorte de combustion lente s'opère, avec création de chaleur, tandis que le carbone et l'hydrogène se combinent avec l'oxygène pour former le premier de l'acide carbonique, le second de l'eau. Quant à l'azote, il reste fixé dans les tissus pour les accroître ou les conserver. Ainsi la chaleur animale dérive d'une action chimique.

Le végétal vit d'une tout autre manière. Sous l'influence des rayons du soleil, ses organes décomposent l'eau et l'acide carbonique; le carbone et l'hydrogène forment dans les tissus de la plante ces substances que les animaux recherchent pour leur nourriture. Nous devons penser que cette décomposition dépense de la chaleur, et que cette chaleur vient justement du soleil.

Ainsi la chaleur solaire prépare nos aliments dans la plante : « Nous sommes, dit M. Tyndall, non plus dans un « sens poétique, mais dans un sens mécanique, des enfants « du soleil. » La chaleur animale dérive en définitive de la chaleur solaire.

Devons-nous conclure de là que les animaux seuls, parmi les êtres vivants, peuvent produire de la chaleur, et que les végétaux en consomment toujours? Non. La décomposition de l'acide carbonique et de l'eau n'est pas le seul phénomène vital qui se passe dans une plante. Dans une jeune tige, dans les racines, les bourgeons, les fleurs, les fruits, des combinaisons

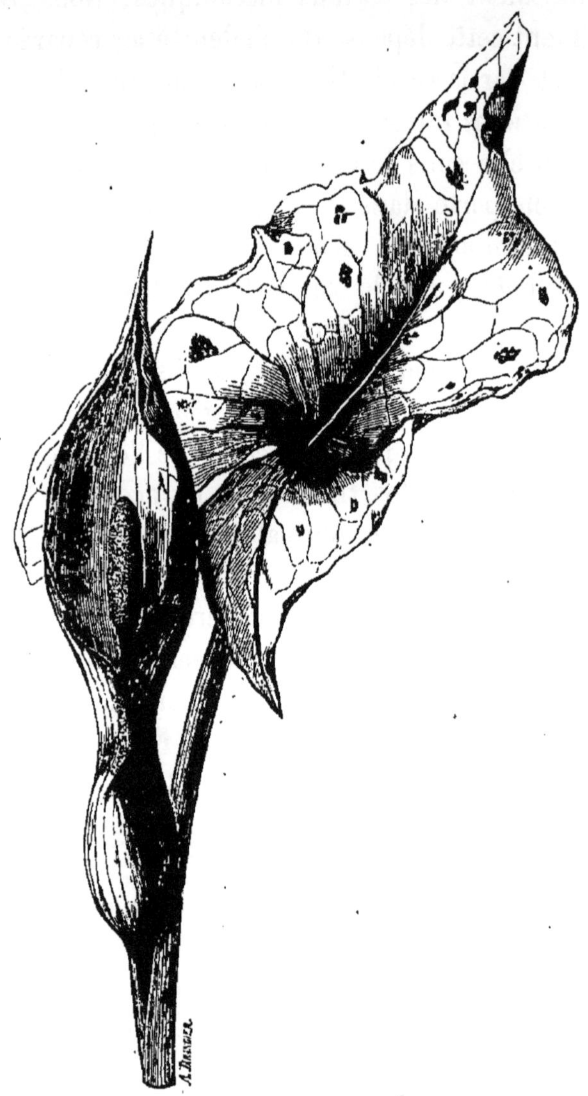

Fig. 22. — Spathe de l'arum.

chimiques ont lieu, qui ont pour effet le développement des organes ; ces combinaisons ne sont pas très-énergiques ; mais elles sont néanmoins accompagnées d'un faible dégagement de chaleur. La spathe de l'*arum vulgaire* (fig. 22), à l'époque de sa floraison, atteint une température supérieure de 7° à celle de l'air; à l'île de France, l'arum cordifolium présente un excès de 30°; le thermomètre ordinaire placé au milieu de la fleur suffit pour constater ces effets, qui sont très-sensibles. Mais, dans la plupart des cas, on est obligé d'employer des instruments plus délicats, analogues à la pile thermo-électrique.

CHAPITRE IV

DU RAYONNEMENT DE LA CHALEUR

I. RÉFLEXION DE LA CHALEUR. — MIROIRS ARDENTS.

Lorsque deux corps qui ont des températures différentes sont en présence dans un espace entièrement vide, le plus chaud envoie vers l'autre de la chaleur, et la propagation a lieu suivant les lignes droites qu'on peut mener de l'un des corps à l'autre. Un mouvement particulier, qui échappe à notre vue, est transmis du corps chaud au corps froid, et on appelle rayons les lignes de propagation et rayonnement ce mode de transmission de la chaleur. Nous avons déjà signalé dans le chapitre Ier l'analogie de cette propagation avec celle de la lumière et celle des ondes liquides. On a imaginé l'éther, substance élastique dans laquelle se transmettraient les ondes calorifiques, et qui remplit tout l'univers, pour se figurer ce que l'observation nous a appris sur le rayonnement. Nous allons entreprendre cette étude, et suppléer à l'insuffisance de notre vue par le raisonnement, afin de nous faire une idée des propriétés d'un rayon de chaleur. L'hypothèse de l'éther simplifiera notre exposition.

Lorsque les rayons de chaleur tombent sur une grande surface métallique, polie et concave, on trouve en avant de cette surface un point où la chaleur est le plus fortement concentrée. Si l'on met la surface au soleil, on peut trouver avec une petite feuille de papier un point où se concentre aussi la lumière. C'est justement au même point que la chaleur est la plus forte, et elle peut être assez vive pour brûler le papier. Une pareille surface polie s'appelle un *miroir ardent* et le point où la chaleur solaire est concentrée est le *foyer*. Le phénomène qui se passe sur le miroir, et duquel résulte la formation d'un foyer de chaleur, est appelé *réflexion* de la chaleur.

La figure 25 représente un miroir ardent de grande dimension ; sa monture porte trois tringles qui maintiennent au foyer un support, pour soutenir les substances que l'on veut soumettre aux rayons réfléchis. On a construit autrefois des appareils très-grands, dont la puissance était remarquable. Le miroir de Tschirnhausen, construit en 1687, était en cuivre; il avait un diamètre de près de 2 mètres, et son foyer était à plus de 2 mètres de la surface. On pouvait y faire fondre le cuivre, l'argent, y vitrifier la brique. En 1757, Bernières construisit pour le roi Louis XV un miroir ardent en verre étamé, beaucoup plus puissant. Dans cette sorte de miroirs, il y a une couche d'amalgame d'étain déposé sur la surface convexe, et les rayons qui arrivent sur la concavité traversent le verre, se réfléchissent sur la couche métallique, et ressortent en traversant le verre une seconde fois. Il y a bien réflexion sur la surface concave du verre ; mais son effet est beaucoup plus faible que celui de la réflexion sur la surface étamée. Parmi les expériences célèbres, on indique encore celle de Mariotte, qui enflamma la poudre au moyen d'un miroir construit avec de la glace, et surtout celle de Buffon, qui réussit à enflammer du bois à 200 pieds du miroir. Son appareil était composé de cent miroirs plans en verre étamé,

Fig. 23. — Miroir ardent.

ayant chacun un demi-pied carré de superficie, et ajustés à charnières sur un châssis, de manière que leur ensemble constituât une surface sphérique. Cette dernière expérience montre la possibilité du fait attribué à Archimède par quelques historiens. « Archimède, dit l'historien Zonaras, ayant

« reçu les rayons du soleil sur un miroir, à l'aide de ces « rayons rassemblés et réfléchis par l'épaisseur et le poli du « miroir, embrasa l'air et alluma une grande flamme qu'il « lança tout entière sur les vaisseaux qui mouillaient dans la « sphère de son activité[1]. » Il s'agit du siége de Syracuse par les Romains, dont les vaisseaux furent brûlés à l'aide des miroirs ardents. Nous venons de voir qu'il est possible d'enflammer le bois à une grande distance par une combinaison de miroirs articulés ; mais il faut plutôt penser qu'Archimède se servit de miroirs pour enflammer des matières incendiaires, qui furent ensuite jetées sur les vaisseaux ennemis.

Nous allons reconnaître que les lois de la réflexion de la chaleur sont les mêmes que celles de la réflexion de la lumière et du son.

Prenons deux miroirs concaves de cuivre poli exactement semblables. La surface réfléchissante est sphérique, c'est-à-dire que tous ses points sont à égale distance d'un point qu'on appelle centre de courbure. On peut imaginer une ligne droite passant par le centre et le milieu de la surface ; c'est l'axe du miroir. Pour faire notre expérience nous devons placer nos deux miroirs en face l'un de l'autre (fig. 24), de telle sorte que leurs axes se confondent. Mettons maintenant des charbons allumés dans une grille en fil de fer et portons cette grille près d'un des miroirs, sur l'axe, à égale distance du miroir et de son centre de courbure. Si nous opérons dans l'obscurité, nous trouverons, à l'aide d'une petite feuille de papier, qu'un foyer de lumière est produit devant le second miroir en un point situé sur l'axe, à égale distance de ce miroir et de son centre. Quelle est donc la marche des rayons de lumière ? Un rayon parti des charbons incandes-

[1] *Traité de physique*, de Daguin.

cents rencontre le premier miroir; il est réfléchi parallèlement à l'axe et rencontre nécessairement le second miroir; il s'y réfléchit encore et passe par le foyer. Tous les rayons de lumière que reçoit le premier miroir vont semblablement se rencontrer au foyer du second; de là une concentration de la lumière. Si ce raisonnement est exact, on doit pouvoir éloigner les miroirs sans que l'effet change, et c'est en effet ce que l'on constate.

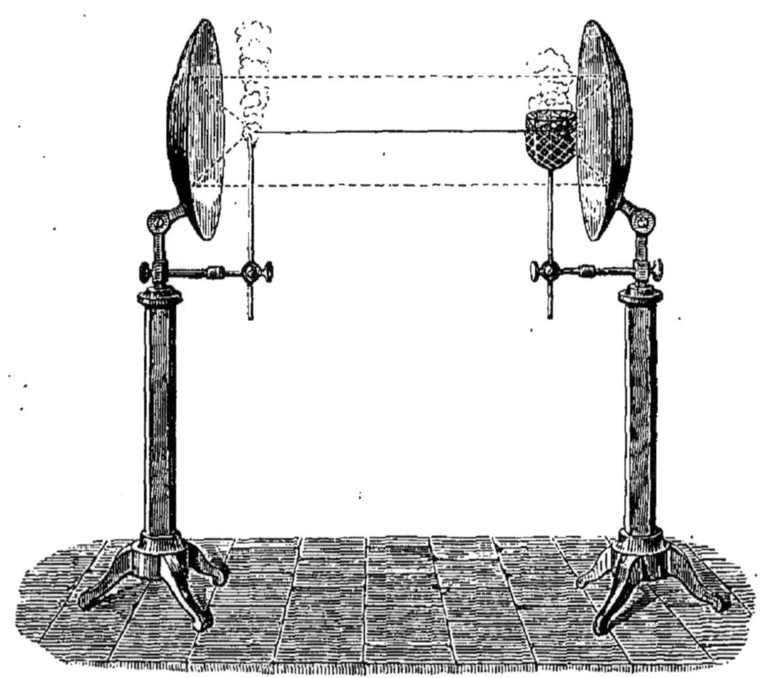

Fig. 24. — Miroirs conjugués.

Au foyer de lumière, plaçons maintenant de l'amadou, de la poudre, en ayant soin d'interposer entre les miroirs un écran de bois pour arrêter les rayons. Dès que nous enlèverons l'écran, la matière inflammable prendra feu, et nous aurons prouvé d'une manière saisissante que le foyer de chaleur coïncide avec le foyer de lumière. Donc les rayons de chaleur suivent la même direction que ceux de la lumière.

Enlevons les charbons et mettons à leur place une montre. Nous n'entendons pas le bruit de son mouvement dans le voisinage du deuxième miroir, en un point pris au hasard. Mais si nous appliquons notre oreille à la place même du foyer que les expériences précédentes ont déterminé, nous l'entendons distinctement, lors même qu'il y a une distance de plusieurs mètres entre les deux miroirs.

La propagation du son suit donc la même loi que celle de la chaleur et de la lumière. Qu'est-ce que le son ?

Un corps sonore est animé d'un mouvement oscillatoire ; sa masse entière est en vibration, et chacune de ces vibrations produit dans l'air environnant une pulsation qui est transmise jusqu'à notre oreille ; l'impression reçue par cet organe est suivie de la sensation que nous distinguons nettement de nos autres sensations en l'appelant le son. La direction suivant laquelle une série de pulsations est transmise par l'air est un rayon sonore. On trouvera dans le volume consacré à l'étude du son[1] des preuves expérimentales de ce mode de transmission, lequel est analogue à celui des ondes liquides. Dans notre expérience, chaque rayon sonore arrive à notre oreille après deux réflexions sur nos miroirs.

Les rayons calorifiques et lumineux se comportent comme les rayons sonores. Imaginez, au lieu des vibrations du corps sonore, celles de *l'éther* contenu dans la source, et au lieu des pulsations propagées à travers l'air, des pulsations analogues propagées à travers *l'éther* compris entre les deux miroirs, et vous aurez une sorte de peinture du rayonnement de la chaleur et de la lumière. Mais il ne faut pas oublier que l'éther est hypothétique. Lorsque nous nous en servons

[1] *L'Acoustique*, par R. Radau. Hachette, 1867.

pour représenter les phénomènes, nous usons simplement d'un artifice, très-commode pour les explications, et pour atteindre notre but nous n'avons pas besoin de savoir si l'éther est une sorte de matière, semblable à la matière ordinaire, ou un autre principe constitutif de l'univers, d'une essence particulière.

2. RÉFRACTION DE LA CHALEUR. — VERRES ARDENTS.

La *chaleur qui tombe sur un corps* quelconque n'est pas entièrement réfléchie. Généralement une partie est absorbée ; elle est employée à échauffer le corps, à élever sa température, ou bien à le fondre, ou à le vaporiser. Une autre partie traverse le corps comme la lumière traverse les vitres. Les métaux dont nous avons fait usage dans la construction des miroirs absorbent complétement la chaleur qui n'est pas réfléchie ; ils *ne sont traversés par aucun rayon*, soit calorifique, soit lumineux. En d'autres termes, les métaux ne sont transparents ni pour la chaleur ni pour la lumière. Aussi les emploie-t-on comme écrans ; il en est de même du bois, de la pierre.

L'étude de la transmission va nous conduire aux lois fondamentales du rayonnement, à celles qui nous expliquent la variété infinie des phénomènes de *propagation*. Déjà l'étude de la réflexion nous a appris quel sens il faut donner au mot rayon, comment nous pouvons suivre un rayon par la pensée et expliquer les faits que nous observons. Il suffit de remarquer que les rayons du soleil nous échauffent à travers les vitres, pour que nous sachions que le verre est transparent pour la chaleur de cet astre. Considérons un bloc de verre blanc ayant la forme d'une lentille et présentant *deux* faces sphériques convexes (fig. 25). Mettons-le au soleil ; nous trouverons avec une feuille de papier un point où la lumière est concentrée ; ce point est du côté de la lentille par lequel sortent les rayons de lumière et de chaleur ; on l'appelle le foyer. Cette observation nous apprend qu'un rayon de lumière, en traversant la lentille, est dévié de sa direction primitive ; nous disons qu'il est réfracté, et nous appelons *réfraction* ce changement de direction. Or la cha-

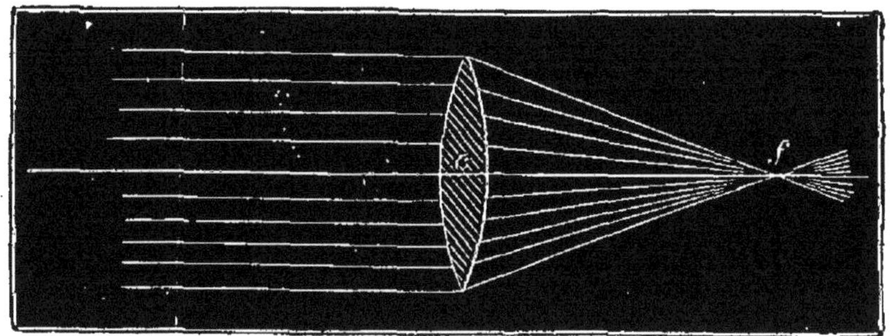

Fig. 25. — Lentille convergente.

leur est également concentrée au même point ; car le papier y prend feu. Si nous plaçons au foyer la boule d'un thermomètre, le mercure monte rapidement dans le tube, ce qui nous indique un échauffement très-vif ; tandis que si le thermomètre n'est pas exactement au foyer, le mercure monte à peine de quelques degrés. Les rayons de chaleur sont donc aussi réfractés, ils suivent dans la transmission la même route que les rayons de lumière. Nouveau résultat qui, comme celui que nous a donné la réflexion, prouve l'analogie de la chaleur et de la lumière.

La propriété des verres ardents était connue des anciens, comme l'indique le dialogue suivant dans la comédie des *Nuées* d'Aristophane. « Avez-vous vu chez les droguistes la belle pierre transparente dont ils se servent pour allumer du feu? — Veux-tu dire le verre? — Oui. — Eh bien! qu'en feras-tu? — Le voici; je prendrai le verre, et me mettant ainsi au soleil, je fondrai de loin toute son écriture[1]. » Le verre ardent de Tschirnhausen avait un mètre de diamètre, il fondait même l'or. En 1763, on fit en Angleterre des expériences avec une lentille de glace de 3 mètres de diamètre, que l'on exposa au soleil et au foyer de laquelle on enflamma la poudre. Buffon construisit une lentille à liquide, en réunissant par leurs bords deux grandes lames de verre recourbées comme des verres de montre, et il forma ainsi une espèce d'auge lenticulaire, qu'il remplit de liquide. Les plus puissants effets ont été obtenus par Bernières et Trudaine en 1774 avec une lentille de ce genre, de plus d'un mètre de diamètre, que l'on remplissait d'alcool.

La figure 25 *bis* représente l'appareil qui fut mis en expérience, d'après un dessin publié dans les *Œuvres de Lavoisier* (t. III). A l'aide d'un ingénieux mécanisme, un seul homme pouvait diriger la lentille et suivre le soleil en maintenant le foyer toujours au même point. Avant de se croiser au foyer, les rayons sortant de la grande lentille traversaient une seconde lentille de verre plus petite; par là ils étaient resserrés dans un espace plus étroit, et le foyer était plus ardent. On réussit ainsi à faire fondre le fer très-facilement : le platine lui-même donna des traces de fusion.

Quand on veut avoir de très-grandes lentilles de verre, telles que celles qu'on emploie pour l'éclairage des phares, on les compose d'une lentille centrale et de couronnes concentriques, soudées avec de la colle de poisson; l'une des faces est plane, l'autre présente des courbures calculées pour chaque couronne, de manière que tous les rayons solaires viennent se rassembler exactement au même point. On ap-

[1] *Traité de physique*, de Daguin.

25 *bis*. — Grand verre ardent construit par M. Bernières (tiré des *Œuvres de Lavoisier*).

pelle ces verres lentilles à échelons à cause de la saillie que fait chaque couronne, comme on le voit sur une coupe de la figure 26, et leur avantage tient à ce qu'étant peu épaisses,

Fig. 26. — Lentille à échelons.

elles absorbent moins de chaleur ou de lumière que les lentilles de même diamètre faites d'un seul bloc de verre. C'est Buffon qui en a eu l'idée le premier ; mais on doit leur construction actuelle à Fresnel, un des plus célèbres physiciens français de notre siècle.

Les expériences faites au moyen des miroirs et des lentilles, convenablement interprétées, nous permettraient de découvrir la loi suivant laquelle chaque rayon est réfléchi et réfracté, lorsqu'on n'a égard qu'au changement de direction. Mais cette recherche est faite naturellement dans l'optique sur les rayons lumineux, puisqu'ils suivent la même loi. Elle est d'ailleurs purement géométrique, vu que la direction des rayons transmis est déterminée par la forme du corps transparent. Nous ne la poursuivrons pas ; mais en choisissant pour notre corps transparent une forme plus simple que celle d'une lentille, nous arriverons à de nouveaux résultats, beaucoup plus importants, relativement à la constitution des rayons calorifiques. C'est par une marche graduelle que l'on arrive à la vérité. Chaque découverte dans la science est un échelon sur lequel nous nous élevons pour atteindre une région supérieure.

3. IDENTITÉ PHYSIQUE D'UN RAYON DE LUMIÈRE ET D'UN RAYON DE CHALEUR. SPECTRES LUMINEUX ET CALORIFIQUES.

Longtemps on n'a connu que l'analogie de la lumière et de la chaleur rayonnante ; c'est depuis les récents travaux de l'Italien Melloni que l'on a été conduit à admettre leur identité. Aujourd'hui on croit généralement que les sources de chaleur et de lumière n'envoient à travers l'éther qu'une seule espèce de pulsations, et que ces pulsations peuvent différer entre elles suivant la rapidité de leur succession, de même que les sons aigus diffèrent des sons graves par la rapidité des vibrations du corps sonore. Un rayon qui propage dans l'éther une suite de pulsations très-rapprochées les unes des autres agit spécialement sur notre œil, et y détermine une impression de lumière, parce que le nerf de notre œil est organisé pour cela ; au contraire un rayon qui propage une suite de pulsations très-écartées les unes des autres n'impressionne pas notre œil, tandis qu'il peut impressionner les nerfs

Fig. 27. — Roue de Savart.

du toucher, et y causer la sensation de la chaleur. Mais il n'y a pas entre ces deux rayons de différence essentielle, quant au mouvement qu'ils représentent ; mécaniquement ils sont de même espèce ; ils ne diffèrent que par leur qualité, relativement à nos sens.

Comme l'intelligence de cette conception est liée intimement à celle de la propagation du son, il peut être utile de connaître quelques expériences qui ont été faites sur cette dernière.

Prenons une roue de cuivre, dont le bord est découpé en trente-quatre dents équidistantes, et faisons-la tourner autour de son axe (fig. 27). En appuyant une carte sur le bord nous entendrons distinctement un bruit chaque fois qu'une dent touche la carte. Tournons de plus en plus vite; les chocs se rapprocheront et produiront bientôt un son continu, qui s'élèvera progressivement. On peut compter combien la roue fait de tours en une seconde; supposons qu'elle fasse dix tours, il y aura alors 340 chocs en une seconde, et autant de pulsations communiquées par l'air à notre oreille. Ces pulsations se succèdent dans l'air à une distance d'un mètre, et à un intervalle de $\frac{1}{340}$ de seconde, de sorte que, quand la 340me part de la carte, la première arrive aux corps situés à 340 mètres de distance. Le son que nous entendrons est à peu près celui que les musiciens appellent le *mi* de l'octave grave du violon (mi_3).

Supposons à présent la rotation de la roue dix fois plus rapide, nous aurions 3400 pulsations par seconde ; la distance de deux pulsations consécutives sur un rayon sonore serait d'un décimètre, et quand la 3400me pulsation partirait de la carte, la première atteindrait les corps placés à une distance qui serait de 340 mètres, comme précédemment. Le son entendu est à peu près le *la* de la troisième octave au-dessus de la précédente (la_6).

La distance qui sépare deux pulsations consécutives ou ondes sonores, est appelée en physique longueur d'onde. Les sons les plus aigus proviennent donc des ondes les plus courtes ; dans les exemples précédents nous avions deux ondes, l'une d'un mètre, l'autre d'un décimètre.

Plaçons maintenant deux roues de 34 et 340 dents sur le même axe (fig. 28) et opérons une rotation de dix tours par seconde; en touchant avec la carte chaque roue alternativement, nous produirons l'un après l'autre les deux mêmes sons que précédemment, et une personne qui s'éloignera de l'appareil les entendra toujours avec le même intervalle de temps ; ils lui paraîtront se succéder exactement de la même manière. C'est d'ailleurs ce que nous constatons chaque jour,

Fig. 28. — Roues de Savart.

lorsque nous entendons de loin un air de musique : les sons arrivent à notre oreille dans le même ordre et avec la même hauteur, à quelque distance que nous soyons; il n'y a pas d'autre différence que l'intensité ; on entend moins bien quand on s'éloigne, mais c'est toujours le même air. Il résulte de tout cela que les sons graves et les sons aigus se propagent avec la même vitesse. Avec notre appareil, quand nous serons à 340 mètres il y aura deux rayons sonores qui atteindront notre oreille ; sur l'un d'eux, celui du son grave, il y aura 340 ondes d'un mètre ; sur l'autre, celui du son aigu, il y aura 3400 ondes d'un décimètre. Mais il y aura sur l'un et l'autre une seconde de temps écoulée entre le départ d'une onde et son arrivée jusqu'à nous. Le chemin que parcourt une onde quelconque pendant une seconde s'appelle la vitesse du son. Il est de 340 mètres dans l'air; il serait différent dans l'eau, dans la terre, dans un autre gaz.

Cette étude du son nous permet de distinguer les divers rayons calorifiques ou lumineux. La source est comme le corps sonore ; l'éther est comme l'air ; il y a dans l'éther des ondes de diverses longueurs, qui peuvent se propager aussi avec la même vitesse à côté les unes des autres, sans se troubler. Seulement les nombres qui mesurent la chaleur et la lumière sont bien différents de ceux qui mesurent le son. Prenons un rayon de lumière rouge; on a trouvé qu'il y a plus de 16 mille ondes dans un centimètre ; que la vitesse est de 308 000 kilomètres par seconde ; d'où l'on conclut qu'il entre dans notre œil en produisant plus de 493 millions de millions de pulsations. Pour le violet, il y en a 699 millions de millions.

Tous ces nombres sont le résultat des longues et savantes recherches des physiciens ; nous les avons cités pour préciser notre pensée et poser plus clairement le problème. Il faut à présent que nous examinions les principaux phénomènes qui ont conduit à cette théorie. L'expérience suivante montre que les rayons émanés du soleil sont séparables en rayons de qualités diverses, par suite de l'inégalité des ondes simultanées qui les composent.

Au volet d'une chambre noire on pratique une ouverture, et on place en dehors un miroir pour envoyer par réflexion dans la chambre les rayons solaires (fig. 29)[1]. Sur la direction des rayons on met un morceau de sel gemme, taillé en prisme triangulaire, de telle sorte que les rayons tombent seulement sur un des trois angles du prisme. Avec cette précaution on

[1] Voir la planche en couleurs, au frontispice.

peut ne plus faire attention aux autres angles et n'envisager qu'un morceau de sel gemme indéfini, terminé par les deux plans qui forment l'angle. Les rayons traversent cet angle en changeant de direction et sont déviés du côté de la chambre vers lequel est tourné l'intérieur de l'angle. On reçoit les rayons réfractés sur un écran de papier blanc, et voici la belle image qu'on aperçoit.

Une bande lumineuse composée de sept magnifiques couleurs est étalée sur l'écran dans l'ordre suivant :

Violet, indigo, bleu, vert, jaune, orangé, rouge.

La position de ces couleurs montre que la déviation des rayons va en décroissant du violet au rouge.

Newton, qui a fait le premier cette admirable expérience, a appelé cette image le *spectre solaire*. On la répète ordinairement en optique avec un prisme de verre. Nous avons choisi le sel gemme à cause des rayons calorifiques que nous devons particulièrement étudier. Et, en effet, laissons pendant un certain temps un thermomètre très-délicat, tel qu'une pile thermo-électrique de petite dimension, successivement au milieu de chacune des sept couleurs du spectre; en partant du violet, nous le verrons s'échauffer, mais inégalement : à mesure qu'il s'approchera du rouge, il s'échauffera davantage. Dépassons maintenant le rouge, et éloignons progressivement le thermomètre dans la direction de la bande lumineuse, mais dans la région obscure, nous verrons que la chaleur est beaucoup plus grande que précédemment ; elle présente un maximum en un point situé un peu au delà du rouge, et décroît ensuite en restant appréciable jusqu'à une très-grande distance. Il y a donc dans les rayons solaires des rayons purement calorifiques qui sont moins déviés par le prisme que les rayons lumineux, et qui se distinguent les uns des autres par leur déviation et leur intensité.

La bande lumineuse composée de sept couleurs nous indique qu'il y a aussi des rayons lumineux qui se distinguent également par leur déviation et leur manière d'affecter nos yeux. Les plus déviés produisent la sensation du violet, puis viennent six groupes de rayons produisant d'autres sensations. Ces rayons lumineux sont en même temps calorifiques.

Pour compléter l'observation, il faut faire tomber successivement les rayons de chaque groupe, en les isolant à l'aide d'un écran percé d'un trou, sur un second prisme semblable au premier, et on reconnaît qu'ils ne subissent aucune modification nouvelle (fig. 30)[1]. Les rayons violets sont simplement déviés par le second prisme ; ils conservent leur manière d'être relativement à la couleur et à la chaleur, et il en est de même pour les autres rayons. On dit que les rayons sortis du premier prisme sont simples, et que les rayons venus du soleil sont composés de ces rayons simples : c'est en traversant le prisme qu'ils se séparent. Les divers rayons simples sont caractérisés par les déviations qu'ils subissent en tombant tous de la même manière sur un même prisme. Ceux qui sont plus déviés sont dits plus réfrangibles, ou doués d'une plus grande réfrangibilité que les autres. Ainsi la réfrangibilité va en décroissant du violet au rouge, et elle décroît encore dans les rayons purement calorifiques.

Des expériences délicates ont enfin démontré que si l'on soumet un rayon lumineux simple à toute sorte d'opérations qui changent son intensité lumineuse, il conserve un pouvoir échauffant qui subit exactement les mêmes changements. Il n'y a donc aucune raison pour supposer que le rayon lumineux soit sans cesse accompagné d'un rayon de chaleur distinct de lui. Il est beaucoup plus simple d'admettre que le même rayon est capable des deux sortes d'effets, chaleur et

[1] Voir la planche en couleurs, au frontispice.

lumière, et qu'il n'y a de distinction à faire que relativement à *nos sens*. On exprime par là seulement ce qu'on a observé.

Il nous reste à examiner comment la théorie des ondes rend compte de la séparation des rayons simples dont le mélange constitue les rayons solaires. Il suffit d'examiner ce qui se passe à la face du prisme par laquelle entrent les rayons ; car la face de sortie produit le même effet. La séparation a commencé à la première face, elle est simplement continuée à la seconde.

Prenons deux rayons, l'un violet, l'autre rouge, qui arrivent ensemble sur le prisme. Les ondes du premier sont plus courtes que celles du second. En entrant dans le prisme elles deviennent encore plus courtes et elles se propagent moins vite que dans l'air, parce que la matière du verre est plus dense que celle de l'air. *On démontre mathématiquement* que la diminution de ces ondes entraîne la déviation des rayons, et qu'elle les rapproche de la perpendiculaire à la face d'entrée. En outre, les ondes rouges se propagent plus vite dans la substance du prisme que les ondes violettes, parce qu'elles sont plus longues, et il en résulte que le rayon rouge est moins dévié que le rayon violet. Ce que nous disons de deux rayons s'applique à tous les autres. Voilà comment il peut se faire qu'ils se séparent par ordre de réfrangibilité.

On doit remarquer que, d'après cette explication, les diverses ondes ne se propagent pas avec la même vitesse dans la même substance transparente ; ce qui paraît contraire à ce que nous avons appris sur les ondes sonores : mais tout porte à croire que l'égalité de vitesse a lieu dans le vide ; dans les corps l'effet des molécules matérielles consiste à ralentir d'autant plus les ondes lumineuses ou calorifiques qu'elles sont plus courtes. L'analogie des ondes sonores et des ondes éthérées est donc complétée. D'ailleurs la propagation du son ne suit pas [ri]goureusement les lois que nous avons admises. Les expériences récentes de M. Regnault ont montré que la vitesse du son changeait avec la longueur d'onde, comme celle de la lumière.

C'est grâce aux efforts réunis des physiciens et des géomètres que l'on peut approfondir toutes ces questions ; et en indiquant les résultats déjà obtenus, nous avons voulu donner une idée de la puissance qu'acquiert l'esprit humain quand il sait appliquer le raisonnement mathématique aux lois qu'il a observées en étudiant les phénomènes naturels. Le mécanisme des corps se découvre ; les molécules apparaissent au physicien avec leurs mouvements harmonieux, de même que les mondes de l'espace céleste apparaissent à l'astronome qui sait pénétrer le mystère de ses profondeurs infinies.

4. TAMISAGE DES RAYONS.

Nous avons pris pour étudier la transmission un prisme de sel gemme. Si nous avions pris un prisme de verre, nous aurions observé un spectre solaire identique au précédent. Mais nous n'aurions pas trouvé les rayons de chaleur moins réfrangibles que le rouge, rayons que nous appellerons obscurs. Il faut conclure de cette observation que les rayons obscurs qui arrivent du soleil sont absorbés par le verre, et que les rayons lumineux sont seuls transmis. Si enfin nous prenons un prisme de verre coloré en rouge, par exemple, non-seulement les rayons obscurs sont arrêtés, mais encore une partie des rayons lumineux n'est pas transmise. Le spectre est incomplet ; on y voit très-bien la couleur rouge, mais le bleu manque ainsi que le violet. En général, la plupart des couleurs, à l'exception du rouge, sont pâles. Les rayons rouges passent donc seuls sans absorption, et les autres sont partiellement ou complétement absorbés. On peut même trouver certaines variétés de verre rouge qui ne laissent passer que les rayons de cette seule couleur. On dit que le rouge de ce verre est simple, tandis que le rouge du précédent est composé.

Il est maintenant aisé de se figurer l'immense variété des effets de la transmission à travers les corps.

Le sel gemme se laisse traverser par les rayons de toute espèce, quelle que soit son épaisseur. Le verre absorbe les rayons obscurs, ceux qui sont les moins réfrangibles, et laisse passer les rayons lumineux. Un verre coloré retient certains rayons lumineux, et sa couleur est déterminée par ceux qu'il transmet ; ainsi un verre bleu transmet surtout les rayons bleus, et un verre rouge transmet les rayons rouges.

Superposez deux plaques de la même substance : la chaleur qui rencontre la seconde, au sortant de la première, passe librement ; elle a été pour ainsi dire *tamisée*, suivant l'expression originale de M. Tyndall. En effet, superposez deux tamis semblables, et jetez sur le premier des grains de toute grosseur ; ceux qui auront traversé le tamis ne seront pas retenus par le second. C'est ainsi que si les rayons solaires rencontrent une lame de verre, la chaleur lumineuse est seule transmise ; tombant ensuite sur une seconde lame de verre, elle n'est plus arrêtée. Il semble que le second verre soit plus transparent que le premier ; mais la différence des effets est due à la différence des rayons et non à celle des verres.

Si les deux verres étaient différents, on aurait un tout autre effet. Superposez un verre bleu et un verre rouge ; les rayons solaires sont tamisés par le premier, qui ne laisse passer que les rayons bleus. Ces rayons sont ensuite absorbés par le verre rouge, de sorte que l'ensemble des deux verres transparents constitue un écran opaque.

Après l'expérience du spectre solaire, quand on a vu le prisme séparer les rayons simples qui composent les rayons solaires, on doit se demander pourquoi nos vitres n'opèrent pas cette séparation ; pourquoi la lumière blanche à l'entrée est encore blanche à la sortie.

Pour répondre à cette question, il faut remarquer que les faces d'entrée et de sortie sont des plans parallèles, tandis qu'elles forment dans le prisme un certain angle. C'est de là que vient la différence dans les deux modes de transmission.

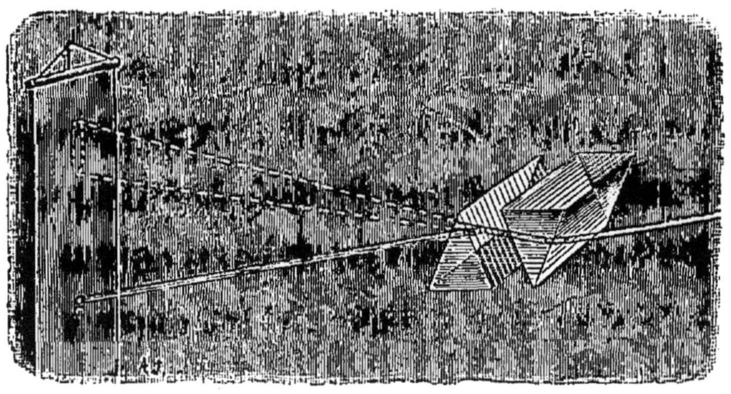

Fig. 31. — Prismes inverses.

Réunissons en effet deux prismes de verre égaux (fig. 31), ce qui constitue une plaque à faces parallèles, et les rayons solaires la traverseront sans être décomposés; c'est que les rayons, après leur séparation dans le premier prisme, sont déviés en sens contraire par le second ; ils se rassemblent de nouveau et reforment à la sortie des rayons semblables et parallèles à ceux qui arrivaient du soleil.

Quoique la séparation n'ait pas lieu, l'absorption est la même qu'avec le prisme, avec cette différence que les rayons absorbables peuvent être complétement arrêtés par une plaque à faces parallèles assez épaisse, tandis que dans un prisme l'absorption n'est jamais complète près du sommet de l'angle, à cause de sa faible épaisseur. Aussi les expériences relatives à la transmission et à l'absorption se font-elles toujours avec des plaques.

Pour résumer ce que nous venons d'apprendre sur le rayonnement de la chaleur, nous dirons :

Les rayons solaires sont composés d'une infinité de rayons simples, qui se distinguent les uns des autres par leur réfrangibilité, si l'on veut exprimer simplement les faits, ou par leur longueur d'onde, si l'on veut employer le langage hypothétique de la théorie dynamique. Quand ils arrivent sur un corps, une partie est réfléchie, une partie peut être transmise ; le reste est absorbé et sert à échauffer le corps.

5. INFLUENCE DE LA TEMPÉRATURE SUR L'ÉMISSION.

Il y a à distinguer la quantité des rayons émis par une source de chaleur et leur qualité. Occupons-nous d'abord de la quantité. Plus la température de la source est élevée, plus la quantité de chaleur émise est grande, pourvu qu'on suppose le corps vers lequel le rayonnement a lieu maintenu à une température constante inférieure à celle de la source. Si au contraire la température de ce corps s'élève en restant toujours inférieure à celle de la source qui ne varie pas, la quantité de chaleur émise par la source vers le corps diminue ; elle cesse d'exister lorsque l'un et l'autre sont à la même température. Elle change de sens enfin lorsque le corps est plus chaud que la source ; c'est-à-dire le corps émet à son tour la chaleur ; il devient lui-même une véritable source. Ainsi actuellement le soleil nous envoie de la chaleur, parce que sa température est beaucoup plus élevée que celle de notre globe ; mais si la terre pouvait acquérir une température plus élevée que celle du soleil, ce serait elle à son tour qui échaufferait cet astre. Ce qui détermine l'émission de la chaleur par un corps est donc la présence d'un corps à une température inférieure à la sienne. Par exemple, on a reconnu que les espaces célestes sont à une température de 200 degrés environ au-dessous de zéro ; la terre est donc une source de chaleur relativement à ces espaces ; elle rayonne vers eux incessamment de la chaleur. Vienne un nuage dans une direction donnée, la température du nuage est loin d'être aussi basse ; conséquemment la terre enverra dans cette direction moins de rayons que si le nuage n'existait pas.

Ces principes expliquent certains phénomènes dans lesquels le froid semble se réfléchir comme la chaleur. Ils conduiraient, si l'on n'y prenait garde, à admettre l'existence de rayons de froid, distincts des rayons de chaleur ; il faut rejeter cette distinction.

Prenons nos deux miroirs métalliques, disposés comme le montre la figure 24, et, au lieu de charbons, mettons des morceaux de glace dans la grille à l'un des foyers. A l'autre foyer disposons le réservoir d'un thermomètre très-sensible. Nous verrons ce dernier se refroidir, tandis qu'en supprimant les miroirs, il n'y a pas d'effet appréciable. Voici l'explication de cette expérience.

C'est le thermomètre qui joue le rôle de source de chaleur par rapport à la glace. Les rayons qu'il peut envoyer vers elle sont, outre ceux qui arrivent directement, et qui sont insensibles à cause de la distance, ceux qui tombent sur le miroir voisin du thermomètre, puis sont réfléchis vers l'autre miroir, d'où enfin ils sont renvoyés par réflexion sur la glace. Mais, comme il n'y a pas dans le thermomètre de cause qui répare la perte de chaleur, sa température s'abaisse. Il est vrai que les corps placés dans la chambre autour de l'appareil, devenant alors plus chauds que le thermomètre, rayonnent vers lui et tendent à réparer cette perte; mais c'est seulement quand sa température est assez basse que la compensation peut s'établir entre la chaleur perdue et la chaleur gagnée par le thermomètre ; alors il reste stationnaire, et sa température est un peu plus élevée que celle de la glace, parce qu'une portion de sa surface est soumise au rayonnement de la chambre qui est par hypothèse à une température supérieure à zéro.

6. INFLUENCE DE LA NATURE DE LA SOURCE SUR L'ÉMISSION. — CORRÉLATION ENTRE L'ÉMISSION ET L'ABSORPTION.

Il reste à considérer la qualité des rayons émis par la source. Il y a d'abord les sources obscures, telles qu'une plaque de métal chauffée à 400 degrés ou un vase plein d'eau bouillante ; de pareilles sources émettent des rayons obscurs qui traversent le sel gemme, mais qui sont arrêtés par le verre. Il y a ensuite les sources lumineuses qui envoient des rayons obscurs mêlés de rayons lumineux ; ces derniers sont transmis par le verre, tandis que les premiers sont arrêtés. La composition des rayons émis dépend donc de la nature de la source et avec elle changent les propriétés de ces rayons. C'est surtout la couche superficielle des corps servant de source de chaleur qui modifie leur émission. Prenons un cube de cuivre plein d'eau et faisons bouillir cette eau au moyen d'une lampe à alcool (fig. 32), les quatre faces du cube sont à la température de l'eau bouillante; mais elles diffèrent par l'état de leurs surfaces extérieures. La première est noircie à la fumée: la seconde est blanchie à la céruse; la troisième est en cuivre dépoli, et la quatrième en cuivre poli. Tournons du côté d'un thermomètre successivement chacune des faces du cube, en ayant soin d'empêcher par un écran le rayonnement de la lampe vers le thermomètre ; celui-ci sera échauffé inégalement par les diverses faces, et si nous suivons l'ordre indiqué, nous verrons l'échauffement diminuer. Le noir de fumée permet la plus forte émission ; le polissage rend au contraire l'émission très-faible. La différence d'émission suivant l'état de la surface se constate, sans appareil de physique, par la comparaison d'un poêle de fonte à surface rugueuse avec un poêle de fer bien poli. Le premier échauffe plus les corps voisins que le second. Et encore, mettez le même poids d'eau bouillante dans deux vases de cuivre dont l'un est bien poli et l'autre recouvert de noir de fumée, vous verrez le premier se refroidir moins vite que le second, et vous en conclurez que l'émission par la surface noire est plus grande que par la surface polie.

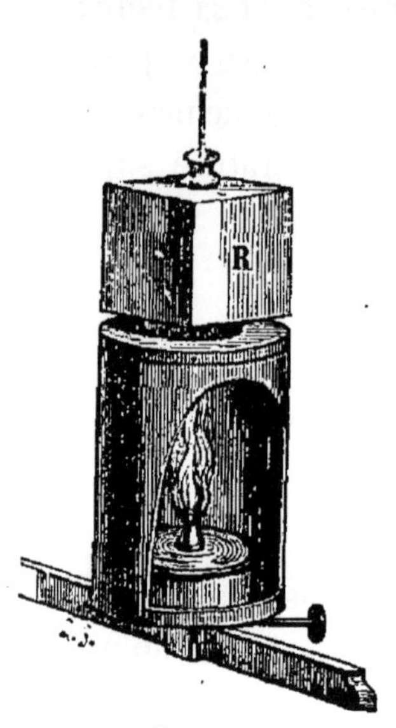

Fig. 32.
Cube de Leslie.

Inversement, si vous mettez devant le feu les mêmes vases pleins d'eau froide, celui qui est noirci s'échauffera plus vite que l'autre. Vous en conclurez que l'absorption de la chaleur est plus grande par le premier que par le second, de sorte que vous êtes conduits à penser que les corps les plus absorbants sont aussi ceux qui émettent le plus facilement la chaleur. Cette corrélation entre l'émission et l'absorption est en effet établie par de nombreuses expériences, et elle s'applique non-seulement à la quantité de chaleur, mais encore à sa qualité. Ainsi lorsqu'une substance émet tel groupe de rayons, caractérisé par leur réfrangibilité, ce sont justement ces rayons qu'elle a la faculté d'absorber. Nous devons admettre, d'après notre théorie de l'identité de la chaleur et de la lumière, que la même loi régit l'absorption et l'émission de la lumière, et c'est en effet ce qui a été vérifié dans les expériences modernes faites sur le spectre solaire. Voici un exemple. Mettez du sodium dans la vive lumière que l'électricité d'une pile produit entre deux charbons et qu'on appelle arc voltaïque (fig. 33). La vapeur de sodium va devenir source de lumière, et elle émettra en abondance certains rayons jaunes d'une intensité toute particulière ; en faisant passer les rayons de cette lumière à travers un prisme, on a un spectre qui présente une raie jaune caractéristique. Au lieu de mettre le sodium dans l'arc voltaïque, réduisez-le en vapeur à quelque distance, de sorte que les rayons qui vont former le spectre soient obligés de traverser cette vapeur, et le spectre prendra l'aspect de la figure 34 [1]. Les rayons jaunes sont absorbés par la vapeur, et à leur place dans le spectre, nous avons une bande noire, indiquant l'absence de ces rayons. Telle est l'expérience fondamentale qui a conduit les physiciens à créer une méthode d'observation, à l'aide de laquelle on peut reconnaître, d'après le spectre d'une flamme, soit la nature des vapeurs qui s'y trouvent, soit la nature des substances que les rayons émis par une flamme ont traversées avant de former le spectre. C'est par cette méthode que MM. Kirchhoff et Bunsen ont trouvé que l'atmosphère du soleil contient du fer, du magnésium, du sodium, du calcium et quelques autres métaux.

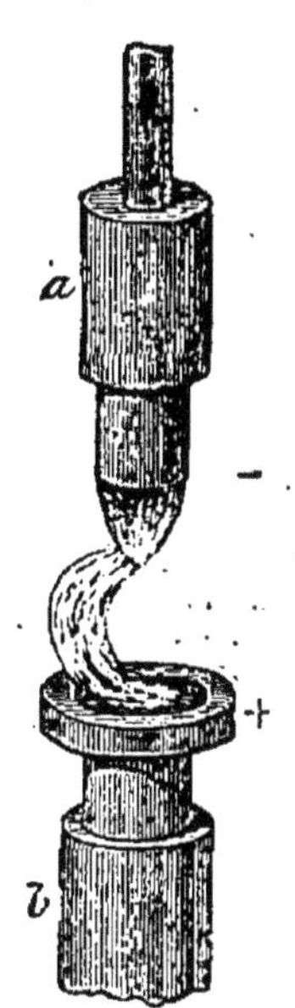

Fig. 33.
Arc voltaïque.

[1] Voir la planche en couleurs, au frontispice.

7. INFLUENCE DE LA DISTANCE SUR LA CHALEUR RAYONNANTE.

Quand on étudie la chaleur émise d'une source vers un corps, il y a encore à tenir compte de la distance. Si le corps s'éloigne de la source à une distance successivement double, triple, etc., la chaleur émise vers lui est quatre fois, neuf fois, etc., plus petite. La raison de cette loi est la même que pour le son, dont l'intensité suit la même loi. Le corps reçoit une certaine quantité de rayons sur la partie de sa surface qui est tournée vers la source. Imaginons une sphère creuse, dont le centre serait à la source, et dont la surface passerait par le corps. On peut, pour simplifier, supposer que celui-ci a la forme d'une plaque posée sur la surface de la sphère, et que la totalité de la sphère a une superficie mille fois plus grande que la portion de la plaque tournée vers la source. La sphère recevra donc mille fois plus de rayons que le corps.

Prenons maintenant une sphère concentrique d'un rayon double et plaçons sur elle le corps. La surface de cette nouvelle sphère sera quatre mille fois celle du corps ; or le même nombre de rayons arrivera sur la grande sphère et sur la petite; la grande sphère recevra quatre mille fois plus de rayons que le corps; donc ce dernier en recevra quatre fois moins que précédemment. Ainsi notre loi se trouve démontrée par ce raisonnement.

8. APPLICATIONS DIVERSES DES PRINCIPES PRÉCÉDENTS. — LA ROSÉE. LA VAPEUR D'EAU ATMOSPHÉRIQUE.

Les lois du rayonnement expliquent un grand nombre de faits que nous pouvons observer journellement.

Notre corps est soumis, pendant le jour, à l'action échauffante du soleil et, pendant la nuit, à l'action refroidissante des espaces célestes. Il ne peut passer brusquement d'une chaleur excessive à un froid intense, sans qu'il y ait danger pour notre santé ; aussi la nature met-elle à notre disposition toute sorte de moyens préservatifs. Au nègre qui vit dans les régions brûlées par le soleil, elle donne une peau noire, afin que l'émission abondante de sa chaleur propre le refroidisse. D'un autre côté, comme l'absorption des rayons solaires pourrait être trop forte et empêcher le bénéfice de cette émission, une sueur huileuse lubrifie la peau, afin que les rayons soient fortement réfléchis à sa surface. L'homme d'ailleurs trouve par son intelligence les ressources qui lui sont nécessaires. L'Arabe s'enveloppe de laine blanche pour parcourir le désert, loin de tout ombrage. C'est qu'en effet cette étoffe absorbe moins que tout autre les rayons solaires; elle les réfléchit dans tous les sens, elle les diffuse. Chez nous l'usage du linge blanc a pour effet de conserver la chaleur de notre corps, parce qu'elle est réfléchie intérieurement par les parties du linge qui ne sont séparées de la peau que par une couche d'air. Nos vêtements noirs sont en général nuisibles parce qu'au soleil ils absorbent fortement sa chaleur, et qu'à l'ombre ils émettent au contraire celle de notre corps ; ils contribuent donc à rendre brusque le changement de température, au lieu de le retarder. Les vêtements blancs conviennent mieux, étant susceptibles d'une absorption et d'une émission assez faibles.

C'est pour empêcher l'émission que la nature donne aux animaux des régions polaires un pelage blanc ; et dans les autres régions où l'hiver est rigoureux, elle blanchit le pelage pendant cette saison seulement.

Bien souvent nous trouvons à appliquer dans la vie ces règles bien simples.

Pour préserver un corps du rayonnement de la chaleur, donnez-lui une surface polie, métallique, si cela est possible. M. Tyndall cite un très-curieux exemple de ce moyen de préservation. Une planche de bois, sur laquelle étaient inscrits des caractères d'or, avait été soumise au rayonnement d'un grand feu ; le bois était carbonisé partout autour des lettres, mais il était intact au-dessous d'elles. C'est qu'en effet les rayons de chaleur avaient été absorbés par le bois nu, et réfléchis par la dorure.

Au contraire, pour augmenter l'absorption de la chaleur rayonnante, donnez au corps une surface noire. C'est pour cela que les jardiniers peignent en noir les murs des espaliers, afin que les rayons solaires soient absorbés, et que le mur échauffé rayonne ensuite vers les fruits ; ceux-ci reçoivent ainsi à la fois cette chaleur et celle qui arrive directement du soleil.

Nous utilisons fréquemment la propriété que possède le verre d'absorber les rayons obscurs, et de laisser passer les rayons lumineux. Dans les fonderies, les ouvriers regardent la coulée de métal incandescent à travers des plaques de verre. Il n'y a que les rayons lumineux qui atteignent leurs yeux, et ils sont les moins ardents. Ce sont surtout les paupières qu'il faut ainsi préserver ; l'œil lui-même est moins exposé, car ses liquides arrêtent les rayons obscurs, et empêchent le fond de l'œil d'être brûlé. Dans nos jardins, la cloche de verre qui recouvre une jeune pousse a pour but d'augmenter son échauffement au soleil. Les rayons lumineux qui ont passé à travers le verre sont absorbés par la terre et par la plante ; celles-ci n'émettent que des rayons obscurs qui ne peuvent traverser la cloche. L'air confiné autour de la pousse peut donc atteindre une température supérieure à celle de l'air extérieur. La même chose se passe dans nos serres, à travers le vitrage exposé au soleil.

Si nous voulons prendre des exemples sur un plus grand théâtre, nous n'avons qu'à jeter un coup d'œil sur notre globe, en l'envisageant soit comme corps rayonnant, soit comme corps absorbant.

Pendant la nuit, les corps terrestres perdent peu à peu la chaleur qu'ils ont reçue du soleil pendant le jour. Si le ciel est nuageux, les rayons émis par la surface de la terre sont absorbés par les nuages qui sont plus froids, et cette émission est d'autant moindre que la température des nuages est moins basse. Si le ciel est entièrement découvert, l'émission de la chaleur terrestre est beaucoup plus intense, parce que la température des espaces célestes est excessivement basse; mais elle n'est pas la même pour tous les corps. Les eaux émettent plus de chaleur que la terre nue ou couverte de verdure; parmi divers corps placés sur le sol, les uns rayonnent moins que les autres, suivant leur nature et leur exposition. Ceux, par exemple, auxquels une partie du ciel est cachée par des murs, par des arbres, par des élévations de terrain, par des abris quelconques, ont une émission plus faible que si ces abris n'existaient pas. Avec la même exposition, le rayonnement des métaux est inférieur à celui des pierres, et ce dernier est inférieur à celui des parties vertes des végétaux. Évidemment plus le rayonnement d'un corps est grand, plus sa température s'abaisse. On voit donc que pendant la nuit le refroidissement des corps terrestres est très-inégal.

L'atmosphère est formée principalement d'air, mélange d'oxygène, d'azote et d'eau à l'état de gaz transparent et invisible, qu'il ne faut pas confondre avec les brouillards, qui sont formés d'eau liquide condensée en petites gouttelettes visibles. L'atmosphère absorbe peu de chaleur obscure, et conséquemment son émission est très-faible; elle conserve donc à partir d'une certaine hauteur, une température supérieure à celle du sol; mais près du sol elle se refroidit au con tact des corps terrestres, et sa vapeur d'eau se condense sur la surface même de ces corps, quand leur température est assez basse. De là la rosée que nous voyons pendant les belles nuits d'été inégalement déposée sur les corps, suivant leur nature et leur exposition. Un morceau de fer posé sur une pierre dans une prairie restera sec, tandis que la pierre sera un peu humide, et que l'herbe sera couverte de rosée. Au printemps, la température du jour étant moins élevée que pendant l'été, le refroidissement nocturne peut abaisser au-dessous de zéro la température de certains corps terrestres, tels que les parties vertes, les jeunes pousses des plantes; l'eau qu'elles contiennent se solidifie en brisant les tissus, et les plantes gèlent. Ce phénomène s'appelle la gelée blanche. La rosée ne se dépose plus alors à l'état de gouttelettes liquides, mais à l'état d'aiguilles de glace, qui forment le givre.

Au Bengale, où la température diurne est très-élevée, on peut pourtant obtenir de la glace par le rayonnement nocturne, en ayant recours à quelques artifices. On remplit de paille, corps mauvais conducteur de la chaleur, des fossés peu profonds, et on dispose sur cette paille des vases plats et découverts, qui contiennent de l'eau purgée d'air par l'ébullition. L'eau a une émission assez forte ; la paille la préserve contre la chaleur du sol, et la glace se forme. On a remarqué que les nuits les plus propices à la production de la glace sont celles pendant lesquelles il y a peu de rosée, le ciel étant d'ailleurs pur et sans nuages. Évidemment, s'il y a peu de rosée, c'est que l'atmosphère est peu humide. Donc l'absence de la vapeur d'eau dans l'air favorise le rayonnement nocturne. On sait, en effet, depuis les recherches de M. Tyndall, que la vapeur d'eau absorbe plus de chaleur que l'air sec avec lequel elle est mélangée. Les rayons émis par la terre traversent donc plus librement l'air sec que l'air humide, et le refroidissement nocturne augmente avec la sécheresse de l'air.

Les gelées blanches du printemps sont fatales aux cultivateurs; et ignorant leurs véritables causes, ils ont souvent accusé les astres d'exercer sur la terre une influence qu'ils ne peuvent avoir. Comme la gelée blanche a lieu quand l'air est très-pur et très-sec, la lune brille dans le ciel du plus vif éclat, et elle attire naturellement notre attention; mais il n'y a pas plus de raisons pour lui attribuer une action refroidissante qu'une action putréfiante, comme on l'a aussi fait, parce qu'on voyait les substances animales se putréfier plus rapidement dans ces mêmes circonstances : on ne remarquait pas que ces substances se couvrent abondamment de rosée, et que c'est l'eau qui cause la putréfaction. Bien loin de refroidir la terre, la lune lui envoie par réflexion la chaleur du soleil, comme l'a reconnu Melloni à l'aide d'instruments très-délicats.

Maintenant que la gelée blanche est expliquée par le rayonnement, on comprend bien l'effet des abris, tels que les minces paillassons avec lesquels les jardiniers protégent les plantes délicates, et celui des nuages de fumée dont on recouvre les vignes, en allumant des feux de matières résineuses à une heure déjà avancée de la nuit, au moment où la température peut atteindre zéro. Cette pratique, qui devrait se répandre par toute la France, est connue et mise en usage depuis longtemps dans plusieurs pays, particulièrement au Pérou.

Les corps qui se refroidissent le plus pendant la nuit sont aussi réchauffés le plus fortement pendant le jour, dès que les rayons solaires les atteignent. Les végétaux paraissent faire exception; mais il faut observer que l'eau qu'ils contiennent s'évapore, et que l'évaporation consomme de la chaleur, qui ne peut alors servir à élever la température. La terre sèche exposée au soleil peut acquérir 20 à 40 degrés de plus que l'air, et les corps noirs prennent un excès de température encore plus grand; ces faits montrent bien la corrélation qui existe entre l'émission et l'absorption de la chaleur.

En hiver, les rayons solaires déterminent la fusion partielle de la neige qui couvre la terre; cette fusion empêche la température du sol de s'élever, et donne au sol une humidité favorable aux plantes qu'il renferme. La fusion est très-lente, à cause de la faible absorption des rayons. Pour s'en convaincre, il suffit de jeter sur la neige de la poussière de charbon; la fusion devient rapide autour de chaque grain de ce charbon, parce qu'il absorbe beaucoup de chaleur, et la traînée de poussière est bientôt dessinée sur la neige par un sillon profond. La neige absorbe mieux les rayons obscurs que les rayons lumineux : voilà pourquoi elle fond plus vite sous les arbres. Quand les arbres ont été échauffés par les rayons solaires, ils rayonnent à leur tour de la chaleur obscure vers la neige qui est à leur pied.

Le rôle préservateur de la neige se retrouve la nuit, quand le ciel est limpide. Le tapis blanc qui couvre nos champs rayonne faiblement vers les espaces célestes; sa température s'abaisse peu au-dessous de zéro, et il empêche les plantes enfouies dans la terre d'être trop vivement refroidies.

Nous aurons souvent encore l'occasion d'admirer le rôle physique de l'eau à la surface de la terre. Mais nous ne devons le considérer en ce moment qu'au point de vue de la chaleur rayonnante, et nous terminerons ce chapitre par quelques observations sur la vapeur d'eau atmosphérique destinées à jeter un nouveau jour sur la physique du globe.

Rappelons que d'après les expériences de M. Tyndall, la vapeur d'eau atmosphérique absorbe et émet beaucoup plus de chaleur que l'air sec qui la contient.

Au fond d'une vallée, là où coule une rivière, l'air est nécessairement plus humide que sur les plateaux élevés et sur les montagnes. Le soir, après un beau jour d'été, lorsque le soleil disparaît derrière les collines, la vallée est plongée dans l'obscurité et privée des rayons solaires avant les sommités environnantes. L'air humide qu'elle contient commence aussitôt à rayonner vers les espaces célestes, et la vapeur d'eau surtout rend ce rayonnement très-intense. De là un refroidissement brusque, et la condensation de la vapeur en petites gouttes imperceptibles qui tombent comme une pluie fine, sans qu'il y ait aucun nuage. C'est le serein.

A mesure qu'on s'élève dans les pays de montagnes, on rencontre des couches d'air plus sèches, et elles absorbent moins les rayons solaires. Le voyageur qui parcourt au soleil les glaciers des Alpes éprouve les effets de cette faible absorption. Les pieds sur la glace, il ressent dans tout son corps une chaleur insupportable. Les rayons solaires traversent librement l'atmosphère sèche, et sont absorbés par les vêtements qui deviennent brûlants. Mais l'air est froid, justement parce qu'il n'y a pas assez de vapeur pour retenir la chaleur, et quand le voyageur se met à l'ombre il ressent le froid excessif de cet air. On comprend aisément d'après cela pourquoi les miroirs et les verres ardents sont plus puissants sur les montagnes, ou plus généralement dans une atmosphère sèche.

La sécheresse de l'air est donc favorable à l'échauffement des corps terrestres pendant le jour, et à leur refroidissement pendant la nuit. Aussi les contrées les plus sèches sont celles où la température subit les plus fortes variations. Au Sahara, le sable est brûlant, l'atmosphère est de feu pendant le jour et le froid de la nuit est excessif; la glace s'y forme même. On trouve dans le récit d'un voyage exécuté récemment en Asie et en Océanie, par le comte Henry Russel-Killough [1] les plus curieux détails sur les températures ex-

[1] Paris, Librairie Hachette, 1864.

cessives de la Sibérie, du Thibet et de l'Australie, contrées où la sécheresse est très-grande à certaines époques de l'année.

Un jour à Kaïnsk, en Sibérie, la température descendit en 4 heures de zéro à 15 degrés au-dessous; quelques jours après, le mercure du thermomètre rentra complétement dans la boule, qui parut à moitié vide, et pourtant si le niveau s'était arrêté au bas du tube, il y aurait eu déjà 35 degrés au-dessous de zéro; ce jour-là l'eau-de-vie gela sous le foin et les fourrures; « tout cela, dit l'auteur, se passait sous le plus éblouissant soleil; il n'y a pas de nuages possibles à une température où toute vapeur devient pierre, et où le sang s'arrête dans les veines. »

En Australie, l'excursion diurne du thermomètre atteint quelquefois 50 degrés. Notre voyageur a observé 49 degrés à l'ombre, et 64 au soleil. « La mortalité, dit-il, surtout chez les enfants, devint alarmante; les oiseaux tombaient des arbres, foudroyés, pendant que d'autres se laissaient prendre à la main, ou venaient se désaltérer dans les théières à l'intérieur des maisons. Les plantes furent calcinées au point de tomber, lorsqu'on les touchait, comme la cendre d'un cigare. » Le capitaine Sturt a observé dans le centre de l'Australie, 54 degrés à l'ombre et 71 au soleil.

CHAPITRE V

DE LA CONDUCTIBILITÉ DES CORPS POUR LA CHALEUR

I. DES CORPS BONS CONDUCTEURS.

Lorsque l'on soumet une portion seulement d'un corps à l'action d'une source de chaleur, cette portion échauffe progressivement le reste du corps. Cette propagation de la chaleur dans l'intérieur d'un corps est lente, et en cela elle diffère beaucoup du rayonnement qui a été étudié dans le chapitre précédent. Cette propriété des corps de transmettre la chaleur de proche en proche dans leur intérieur a été appelée *conductibilité*.

On s'explique facilement la conductibilité, en regardant chaque molécule de l'intérieur du corps comme soumise à l'action échauffante des molécules plus chaudes qu'elle, et à l'action refroidissante des molécules plus froides. La molécule est en équilibre quand ces deux actions contraires, qui suivent les lois du rayonnement, se compensent exactement. Les molécules placées à la surface du corps sont en outre soumises à l'action des corps extérieurs, et ici il faut distinguer deux sortes d'actions, le rayonnement entre la surface et les objets éloignés, puis le passage de la chaleur de la surface aux objets qui la touchent, ou réciproquement, suivant que la surface est plus chaude ou plus froide que ces objets. Ce passage est un phénomène de conductibilité, parce qu'il s'effectue de molécule à molécule ; il diffère de la conductibilité intérieure en ce que les molécules mises en jeu sont de nature différente ; on le distingue en l'appelant conductibilité extérieure. Lorsqu'un corps est échauffé par une source en un de ses points, le rayonnement et la conductibilité déterminent une

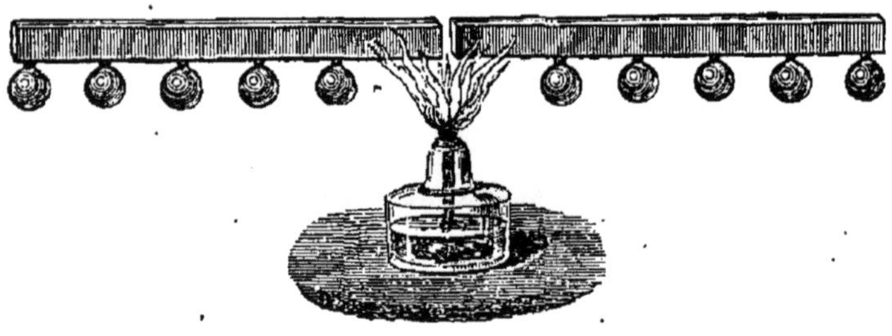

Fig. 35. — Conductibilité des corps solides.

action refroidissante, et chaque point du corps prend une température stationnaire, quand cette action compense exactement l'action échauffante de la source.

Voici un procédé très-simple pour montrer la conductibilité des corps solides.

On place deux barres de mêmes dimensions, mais de substances différentes, bout à bout comme le montre la figure 35, et on y fait adhérer avec de la cire des billes de bois. On chauffe ensuite avec une lampe à esprit-de-vin le point de jonction des deux barres. Or, quand une bille tombe, c'est que la cire qui la retenait est fondue ; c'est que la température de fusion de la cire est atteinte au point de la barre qui correspond à la bille. Si l'une des barres est en fer, l'autre en cuivre, on observe que le nombre des billes tombées est plus grand pour le cuivre que pour le fer; donc la chaleur se propage plus loin dans le cuivre. On dit que le cuivre est meilleur conducteur que le fer.

On peut comparer la conductibilité d'un grand nombre de substances, en ajustant des tiges égales de ces substances sur une face verticale d'une auge en métal (fig. 36). Toutes ces tiges étant enduites de cire, on remplit l'auge d'eau bouillante, et on voit la cire fondre plus ou moins loin de l'auge, suivant la conductibilité. On peut aussi ranger les corps par ordre de conductibilité décroissante.

ARGENT.
CUIVRE.
OR.
LAITON.
ÉTAIN.
FER.
PLOMB.
PLATINE.
BISMUTH.

Une observation journalière nous permet de reconnaître la grande conductibilité de l'argent. Plongez dans le même vase d'eau chaude une cuiller d'argent et une cuiller d'étain ou de fer, vous trouverez que le manche de la première s'échauffe plus fortement que l'autre.

Dans les expériences sur la conductibilité, il faut avoir soin de ne pas confondre l'intensité de l'échauffement avec sa rapidité. La conductibilité seule détermine la première, tandis que la seconde est un effet complexe de la conductibilité et d'une autre propriété des corps que nous étudierons bientôt. Ainsi, le bismuth est moins conducteur que le fer, et pourtant avec l'appareil de la figure 36, nous verrions la cire fondre plus vite sur le bismuth que sur le fer ; nous disons que le bismuth est moins conducteur parce que la cire qui le recouvre fond moins loin, et que par conséquent la quantité de chaleur conduite est moindre. La même remarque s'applique à notre première expérience. C'est la distance du point d'où la dernière bille se détache à l'extrémité chauffée qu'il faut observer, et non la rapidité des chutes successives.

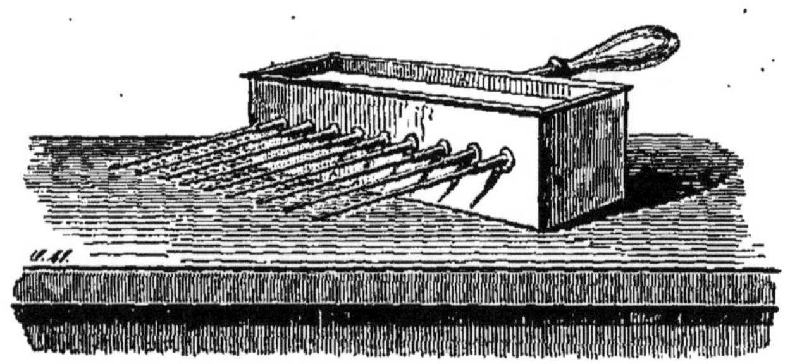

Fig. 36. — Appareil d'Ingenhouz.

Voici une autre expérience qui peut paraître paradoxale au premier abord, et qui reproduit le même phénomène sous une autre forme.

Plaçons sur le couvercle d'un vase plein d'eau bouillante, deux petits cylindres pleins, dont l'un est en fer et l'autre en bismuth ; ils ont la même dimension et leurs bases supérieures sont enduites de cire (fig. 37). La chaleur du vase se propagera peu à peu dans nos cylindres, arrivera à la cire et la fera fondre. C'est sur le bismuth que la fusion commence, et pourtant nous disons que le bismuth conduit moins bien que le fer. Oui ; mais nous ne disons pas qu'il conduit moins vite. Nous verrons plus tard que, pour élever du même nombre de degrés des poids égaux de ces deux substances, il faut environ quatre fois plus de chaleur pour le fer que pour le bismuth. Pour que la température de fusion de la cire soit atteinte sur les bases supérieures de nos deux cylindres, il faut donc que le fer ait transmis plus de chaleur que le bismuth. Imaginons 1 gramme de matière sur chaque base ; le gramme de fer devra recevoir quatre fois plus de chaleur que le gramme de bismuth, avant que la fusion commence. Voilà pourquoi il met plus de temps à s'échauffer.

Les corps qui conduisent bien la chaleur, comme les mé-

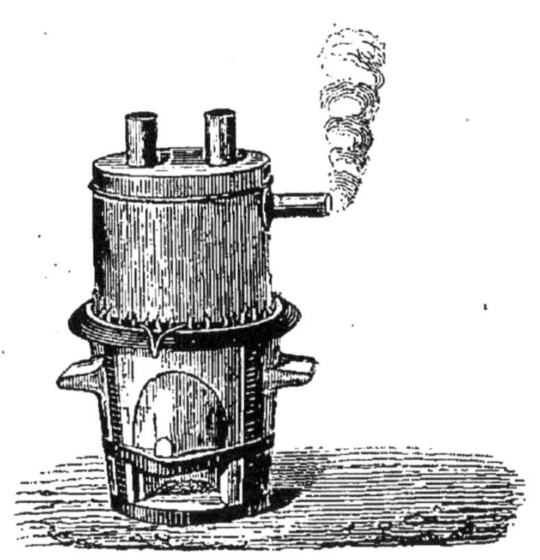

Fig. 37. — Conductibilité du fer et du bismuth.

taux, paraissent froids au toucher. C'est que la main qui les touche ayant une températurure plus élevée, qui provient de la chaleur naturelle du sang, leur cède de la chaleur par conductibilité, et comme elle se propage aisément dans leur intérieur, la perte de chaleur que subit la main est sans cesse renouvelée et devient très-sensible. Mais ce ne sont pas toujours les meilleurs conducteurs qui paraissent les plus froids au toucher. L'effet tient à la rapidité de la propagation comme à la conductibilité, et il est aussi complexe que le précédent.

Néanmoins les grandes différences de conductibilité sont reconnues par le simple contact de la main. Ainsi le bois paraît moins froid que le marbre ; le marbre paraît moins froid qu'un métal ; l'ordre que nous suivons est bien celui de la conductibilité croissante de ces trois sortes de substances. On suppose que les trois corps sont touchés après qu'ils ont séjourné quelque temps dans la même chambre, pour prendre sa température.

Le même raisonnement s'applique encore à cette autre expérience. Sur un cylindre construit moitié en cuivre, moitié en bois, on enroule une feuille de papier (fig. 38), et on plonge la surface blanche dans une flamme pendant quelques instants. La séparation des deux moitiés apparaît bientôt : la partie du papier qui couvre le bois est charbonnée ; celle qui couvre le cuivre est restée blanche. C'est que le cuivre, bon conducteur, enlève la chaleur au papier à mesure qu'elle arrive de la flamme, tandis que le bois la laisse s'accumuler au même point.

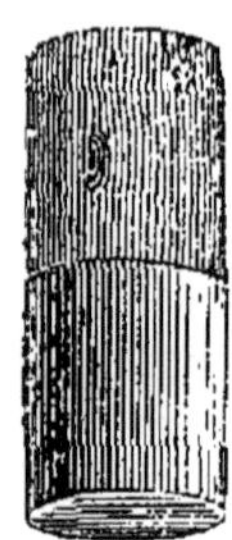

Fig. 38. Double cylindre cuivre-bois.

Nous trouvons encore un très-curieux exemple de conductibilité dans une propriété des toiles métalliques qui a donné lieu à une application philanthropique de la plus grande importance.

Si l'on pose une toile métallique (fig. 39) sur la flamme d'un bec de gaz, la flamme ne traverse pas la toile ; la couche extérieure de cette flamme, qui est la plus chaude, comme nous l'avons vu dans la chapitre III, rougit la toile, et le cercle de feu qu'elle trace est une nouvelle démonstration de la constitution de la flamme. Aucune combustion n'a lieu au-dessus de la toile ; pourtant le gaz combustible traverse les mailles et nous pouvons le prouver de deux manières ; d'abord en approchant une allumette enflammée au-dessus de la toile, nous verrons le gaz brûler; et encore en éteignant complétement le bec de gaz, replaçant la toile, nous pouvons allumer au-dessus sans que la flamme se propage au-dessous. La toile de métal intercepte donc la chaleur seule; elle refroidit assez le gaz en ignition pour que la combustion commencée d'un côté ne puisse avoir lieu de l'autre. Ce re-

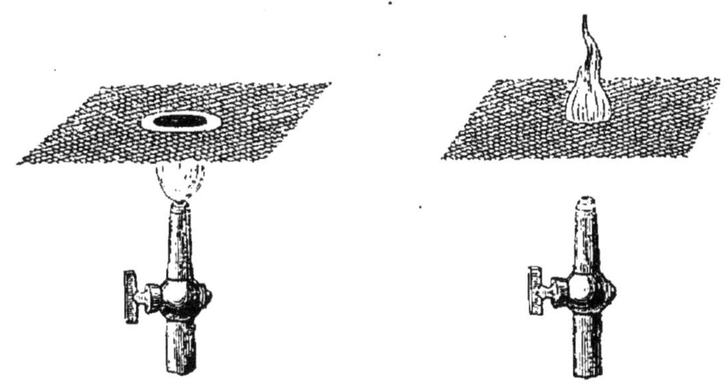

Fig. 39. — Propriété des toiles métalliques.

froidissement est dû à la conductibilité des fils de cuivre qui composent la toile, exactement comme dans l'expérience précédente.

C'est sur cette propriété des toiles de métal qu'est fondée la lampe de sûreté, inventée par le célèbre chimiste anglais Davy, pour préserver les ouvriers employés à l'extraction de la houille des terribles accidents auxquels les expose le dégagement du grisou. Chaque coup de pioche qui détache un bloc de houille met en liberté une certaine quantité de cette substance, gaz formé de carbone et d'hydrogène, qui existe naturellement dans les interstices de la houille. Comme la mine est toujours à une assez grande profondeur dans la terre, on l'exploite en y creusant des galeries, et par conséquent le grisou y séjourne en se mêlant à l'air atmosphérique. Vienne une flamme au milieu de ce mélange, il y a explosion par suite de la combinaison du carbone et de l'hydrogène avec l'oxygène de l'air. Les malheureux mineurs peuvent être brûlés par la flamme ou tués par l'ébranlement qui accompagne l'explosion ; ceux qui échappent à ces deux causes de mort, sont souvent asphyxiés par le gaz acide carbonique qui remplit les galeries après la combustion. Il faut donc, avant tout, aérer convenablement les mines, faire circuler dans les galeries des masses considérables d'air qui entraînent le grisou au dehors à mesure qu'il se dégage, et enfin donner aux ouvriers un moyen d'être avertis de sa présence dès qu'il y a danger.

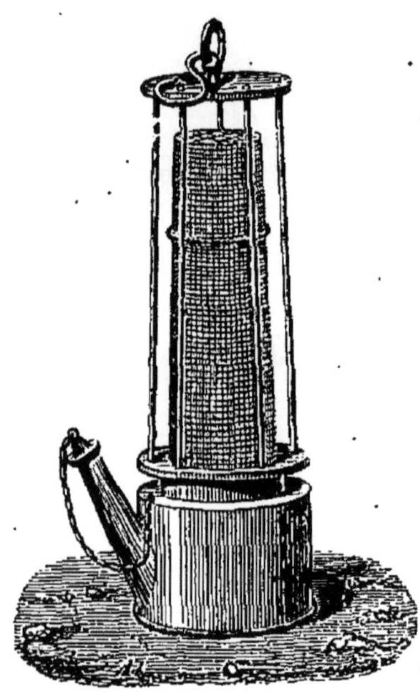

Fig. 40. — Lampe de Davy.

Or, enveloppez la flamme d'une lampe à l'huile (fig. 40) d'un fourreau de toile métallique. Qu'arrivera-t-il quand cette lampe brûlera au milieu du grisou ? Le gaz combustible entrera dans la lampe par les mailles de la toile, et y brûlera au contact de la flamme de l'huile ; celle-ci s'allongera donc, pâlira, en remplissant tout l'intérieur de l'appareil. Mais cette flamme ne pourra pas sortir, si les mailles de la toile sont assez serrées, et s'il n'y a pas de trous résultant de l'usure. Le mineur averti devra s'empresser de quitter la galerie, mais avec précaution, sans agiter brusquement la lampe ; car quelques parcelles incandescentes pourraient traverser la toile sans que celle-ci ait eu le temps de les refroidir ; la flamme intérieure sortirait mécaniquement et l'explosion aurait lieu.

Le problème est donc bien résolu ; malheureusement l'emploi de la lampe de Davy exige de la part des ouvriers des précautions et de l'intelligence. Le mauvais entretien la rend plus dangereuse. Quelques fils sont-ils déjà usés par l'oxydation, la flamme grossie par le grisou achèvera leur destruction, la toile sera trouée et il y aura explosion. Aussi les accidents ne sont pas toujours évités. Aujourd'hui la lampe électrique dans le vide doit partout remplacer la lampe de Davy. Mais nous n'avons pas à la décrire dans ce livre.

2. DES CORPS MAUVAIS CONDUCTEURS.

Jusqu'à présent nous nous sommes occupés surtout des corps solides bons conducteurs de la chaleur. Les pierres, le verre, le bois, les tissus animaux et végétaux sont de mauvais conducteurs : la chaleur s'y propage très-difficilement. Quand on emploie ces substances à l'état de poussières ou de fibres, on peut même arrêter complètement la chaleur ; ce qui tient à ce que d'une part la division mécanique détruit la continuité moléculaire, qui est nécessaire à la conductibilité, et d'autre part elle interpose entre les parcelles du corps solide de petites couches d'air qui conduisent très-peu la chaleur. Par exemple, en mettant dans le creux de sa main des fibres d'amiante, espèce minérale que l'on trouve dans la nature, on peut tenir impunément un boulet de fer rougi au feu. Les artilleurs transportent les boulets chauffés au rouge dans des brouettes de bois remplies de sable sec. De même on conserve la glace dans de la sciure de bois ; aux États-Unis on la charge dans les navires en blocs de 100 kilogr., en l'entourant de cette poussière et on la porte dans les pays chauds. Ainsi, en 1851, on a exporté plus de 50 000 tonneaux de glace, et on a dépensé pour cela 70 000 francs de sciure de bois. Malgré ces précautions, une partie de la glace fond dans le voyage; de Boston à Calcutta, les quatre cinquièmes sont fondus, parce qu'il y a un très-long trajet et de fortes chaleurs.

Fig. 41. — Glacière.

La construction des glacières utilise la faible conductibilité de la brique. Ce sont des fosses profondes (fig. 41) tapissées de briques qui empêchent la chaleur du sol de pénétrer jusqu'à la glace qu'on y entasse en hiver. Le toit est recouvert de paille pour intercepter la chaleur solaire, et des arbres sont plantés autour pour que leur feuillage forme un second abri.

Il faut encore éviter la circulation de l'air à travers les interstices de la glace, et pour cela on a soin de jeter de l'eau dans la fosse pendant l'hiver, afin qu'en se congelant, elle réunisse tous les morceaux de glace en une seule masse. Quand la belle saison arrive, la glace fond peu à peu, mais très-lentement, et l'eau qu'elle produit se rend dans un puisard par une grille disposée au fond de la fosse.

C'est encore à cause de leur faible conductibilité qu'on emploie les briques dans la construction des poêles, tels que ceux que l'on rencontre dans les contrées du nord. On profite de la propriété qu'elles ont de se refroidir très-lentement, après avoir été fortement échauffées. On allume le feu seulement le matin, et, quand tout le combustible est transformé en charbons ardents, on ferme les ouvertures ; la chaleur est faiblement rayonnée par la surface extérieure du poêle, qui est recouvert de faïence vernie, et elle suffit pour compenser la perte de chaleur qui se fait par les murs de la chambre. Les murs en briques sont aussi les meilleurs ; ceux qui sont construits en pierres doivent être plus épais, parce que la pierre conduit mieux la chaleur que la brique. Un excellent mur consisterait en une double cloison en bois, remplie de sciure de bois. Il faut remarquer que de tels murs sont aussi bons pour les pays chauds que pour les pays froids ; car ils empêchent la chaleur du dehors d'entrer dans les maisons, si on a soin de tenir fermées toutes les ouvertures pendant le jour.

Comme exemple des effets singuliers qui s'expliquent par la conductibilité, M. Tyndall cite un bateau à vapeur qui fut presque entièrement perdu dans les circonstances suivantes. Dans un voyage en mer, il arriva que la chaudière de la machine se recouvrit intérieurement d'une couche épaisse de matières terreuses provenant de l'eau. Des dépôts de ce genre ont toujours lieu sur les parois des vases dans lesquels on fait bouillir de l'eau ordinaire, parce qu'elle contient en solution plusieurs substances provenant des couches du sol qu'elle a rencontrées. Dans la chaudière dont il s'agit, on avait laissé accumuler ces dépôts outre mesure. Or ils sont très-mauvais conducteurs; la chaleur du foyer les traversait donc difficilement, et pour obtenir toute la vapeur nécessaire au fonctionnement de la machine, il fallait augmenter l'ardeur du feu, brûler plus de charbon. La provision fut bientôt épuisée, avant que le navire fût arrivé au port; il fallut alors brûler le pont et tout le bois qu'on put trouver dans le bâtiment. On découvrit au retour la cause de cette dépense inusitée de combustible.

Les tissus d'origine organique sont les corps solides qui conduisent le moins bien la chaleur; aussi beaucoup d'animaux et de végétaux peuvent résister à des changements brusques de température, grâce à la perfection de leur vêtement naturel. Nous-mêmes, nous essayons d'imiter la nature dans nos habillements. Le vêtement de laine empêche notre corps de perdre sa chaleur en hiver et de prendre en été celle des corps extérieurs, et il convient mieux que le vêtement de coton, parce qu'il est encore moins conducteur que ce dernier. Les tissus de nos vêtements sont toujours formés de substances qui ont servi à couvrir des végétaux ou des animaux. Les animaux dont le sang est chaud ont surtout besoin d'une protection plus grande; car la perte de chaleur d'un corps croît avec l'excès de sa température sur celle de l'espace environnant. Aussi voyons-nous les quadrupèdes des pays froids revêtus d'une fourrure épaisse, et les oiseaux d'un plumage encore plus efficace que la fourrure. Nous retrouvons dans ces vêtements naturels la division mécanique d'un corps mauvais conducteur poussée à l'infini. Les mille filaments qui constituent le poil ou la plume opposent le plus grand obstacle à la transmission de la chaleur. Quant aux animaux aériens ou aquatiques dont le corps possède une température très-peu supérieure à celle du milieu qu'ils habitent, ils n'ont pas besoin de vêtements, et l'activité de leurs fonctions vitales varie avec la température du milieu, de telle sorte que la température de leur corps subit les mêmes changements. Ce sont les animaux à sang froid ; le froid les engourdit, parce que leur activité vitale diminue avec la température ; la chaleur, au contraire, les ranime, parce que leur activité vitale augmente pour maintenir leur corps suffisamment chaud.

Les liquides conduisent la chaleur comme les solides. Mais la conductibilité se complique habituellement d'un autre phénomène qu'on appelle la convection.

3. CONVECTION DE LA CHALEUR DANS LES LIQUIDES ET LES GAZ.

Considérons un vase de verre, plein d'eau, et chauffé par le fond (fig. 42). On a disséminé dans cette eau de la sciure de bois de chêne, qui a à peu près la même densité qu'elle. On voit les parcelles de sciure monter dans l'axe du vase, et descendre le long des parois. Quelle est la cause de ce mouvement, de cette sorte de circulation continue? L'eau échauffée au fond devient plus légère; elle s'élève donc en entraînant la sciure. Arrivée à la surface elle a déjà été refroidie par le contact des couches moins chaudes qu'elle a traversées, elle est encore refroidie par le contact de l'air et par le rayonnement ; les parois du vase sont aussi refroidies par les deux dernières causes, de sorte que l'eau qui les touche est plus lourde que l'eau des parties centrales ; cette eau plus lourde tombe donc au fond, où elle s'échauffe pour remonter le long de l'axe, et ainsi de suite ; les parcelles de bois suivent les mouvements de l'eau et les rendent visibles.

La convection consiste dans ce déplacement des couches liquides inégalement chaudes, et elle a pour résultat de répartir rapidement la chaleur dans toute la masse, lors même que le liquide est très-mauvais conducteur. Car les parties chaudes échauffent les parties froides en les rencontrant, et le mélange s'effectue sans cesse tant que le vase est sur le feu. Si l'on veut observer la conductibilité seule, il faut éviter le transport de la chaleur par convection, et pour cela on n'a qu'à chauffer le liquide par le haut; c'est ce qu'a fait Despretz en disposant à la surface du liquide une boîte en métal dans laquelle passait un courant d'eau chaude. Cette boîte constituait une source de chaleur qui échauffait la colonne liquide de haut en bas. La première couche en s'échauffant devenait plus légère; elle restait donc à la surface ; elle échauffait par conductibilité la seconde couche située au-dessous; mais celle-ci ne pouvant pas s'échauffer assez pour devenir plus légère que la première conservait sa place, échauffait la troisième couche, et ainsi de suite. Des thermomètres disposés horizontalement le long du vase (fig. 43) indiquaient, au bout d'un temps assez long, des températures décroissantes de haut en bas. Donc les liquides conduisent la chaleur ; mais ils sont en général peu conducteurs. L'eau surtout a une très-faible conductibilité ; et on l'a niée pendant longtemps, faute d'avoir fait des expériences assez précises. Ainsi, en mettant

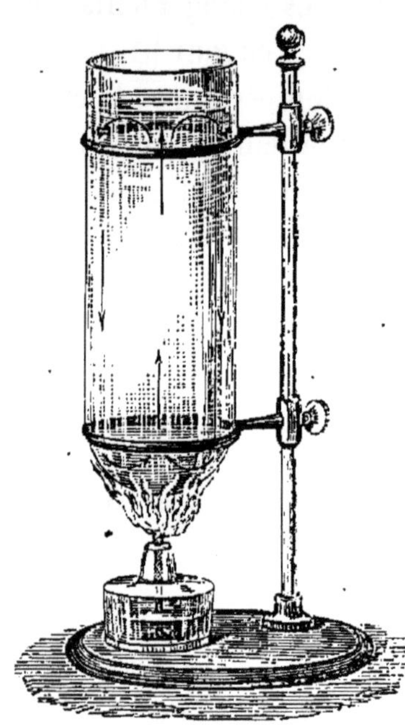
Fig. 42. — Convection dans l'eau.

de l'eau dans un tube de verre, avec de la glace au fond (fig. 44) on peut faire bouillir l'eau à la surface sans que la glace fonde. Mais cela prouve seulement que l'eau conduit très-peu, et non qu'elle ne conduit pas du tout la chaleur.

Fig. 43. — Appareil pour la conductibilité des liquides.

Dans les gaz, la convection est beaucoup plus difficile à éviter que dans les liquides. Des courants s'établissent, non pas seulement dans le sens vertical, à cause de l'inégale densité des parties chaudes et des parties froides, mais encore dans tous les sens, à cause de l'expansibilité des gaz par la chaleur. Dans toutes les expériences qui ont été faites sur ces fluides, on peut attribuer les effets produits à la fois à la conductibilité et à la convection. Il n'en est pas moins fort intéressant de voir les effets que produisent les différents gaz.

Nous avons appris dans le chapitre III qu'un fil de métal qui réunissait la plaque de cuivre située à une des extrémités d'une pile à la plaque de zinc située à l'autre extrémité était échauffé par suite de ce mouvement intérieur émané de la

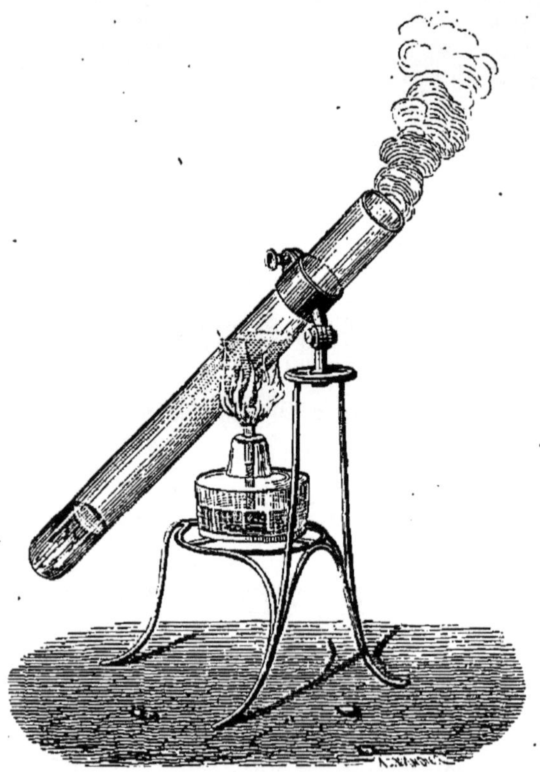

Fig. 44. — Eau bouillant au-dessus de la glace.

pile, qu'on appelle le courant électrique; si le fil est remplacé par une suite de parties métalliques parmi lesquelles est un fil de platine suffisamment fin, ce dernier peut être chauffé au rouge. Un gros tube de verre contient le fil fin dans son axe, à l'aide de tiges de cuivre qui traversent des bouchons adaptés aux extrémités du tube (fig. 45). En outre, chacun de ces bouchons porte un tube de verre plus petit. Ces tubes étant ouverts, l'air remplit naturellement l'appareil, enveloppe le fil et le refroidit. Ce qui le prouve, c'est que si nous fermons l'un des petits tubes et si nous enlevons l'air par l'autre à l'aide d'une machine pneumatique, nous verrons l'incandescence du fil fin augmenter.

Maintenant ouvrons de nouveau les petits tubes, et adaptons à l'un d'eux une vessie pleine de gaz hydrogène : en pressant la vessie nous introduisons ce gaz autour du fil ; nous voyons aussitôt le fil cesser d'être incandescent. Donc l'hydrogène refroidit beaucoup plus que l'air les corps chauds qu'il touche.

On pense que la conductibilité est dans cette expérience la principale cause de la différence observée entre les actions de l'air et de l'hydrogène, et que ce dernier est le meilleur conducteur de tous les gaz. Le contact du fil incandescent avec le gaz produit le même effet que si on le touchait dans toute sa longueur avec un métal.

Quand on rend la convection très-faible, l'air propage très-mal la chaleur, ce qui prouve qu'il est peu conducteur.

Cette propriété de l'air contribue à l'efficacité des fourrures et des vêtements.

L'air qui remplit tous les interstices de leurs filaments y forme une couche stagnante qui arrête la chaleur. Si on les comprimait fortement pour en chasser cet

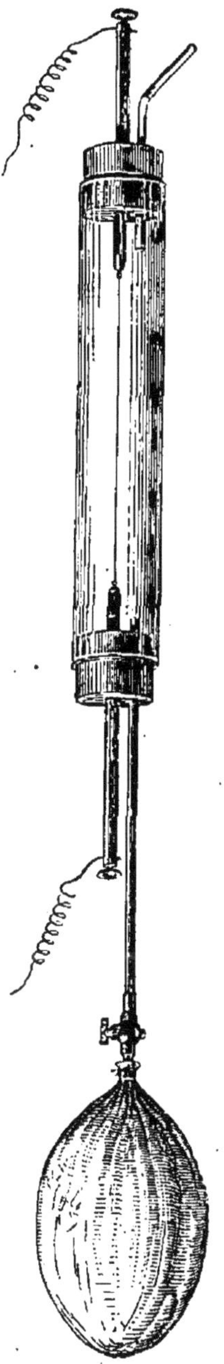

Fig. 45. — Appareil pour montrer le pouvoir refroidissant des gaz.

air, on augmenterait leur conductibilité. Si cet air n'était pas stagnant, s'il pouvait se renouveler, il transporterait la chaleur par convection et le vêtement perdrait encore son efficacité. Voilà pourquoi les fourrures sont plus chaudes quand leur poil est tourné en dedans.

Les doubles fenêtres usitées dans les pays froids et dans nos serres chaudes sont une application de ces principes. Il y a entre les deux vitrages une mince couche d'air qui ne peut se renouveler, et dans laquelle les courants sont très-faibles ; elle agit donc comme un corps mauvais conducteur empêchant la chaleur de la chambre ou de la serre de sortir par conductibilité. La chaleur ne peut pas non plus sortir par rayonnement, parce que le verre ne laisse pas passer les rayons obscurs. Quand aux rayons solaires qui sont d'une autre nature, ils entrent librement, et contribuent à l'élévation de la température intérieure.

Un célèbre physicien de Genève, Saussure, avait construit une caisse en bois, noircie à l'intérieur, et dont l'une des faces était formée par trois lames de verre séparées par de minces couches d'air. En mettant dans la caisse un vase d'eau et exposant la face vitrée aux rayons solaires, il pouvait faire bouillir l'eau. L'explication de cette curieuse expérience résume ce que nous avons appris sur le rayonnement et sur la conductibilité. La chaleur du soleil traverse les vitres, et les couches d'air interposées par rayonnement ; elle est fortement absorbée par les parois noires. Devenue chaleur obscure, elle ne peut plus traverser par rayonnement le vitrage ; elle est donc entièrement employée à échauffer l'air et l'eau que contient la caisse. Les parois de bois fortement échauffées à l'intérieur conservent une température élevée, à cause de leur mauvaise conductibilité, qui les rend insensibles à l'action refroidissante des corps environnants. Enfin, la paroi vitrée se comporte de la même manière, à cause des trois couches d'air qui y restent en stagnation.

4. EFFETS DE LA CONVECTION DANS L'OCÉAN. — COURANTS MARINS.

La conductibilité joue un certain rôle dans la physique du globe. C'est surtout la convection dans les eaux de l'Océan et dans l'atmosphère qui opère la distribution de la chaleur solaire sur la terre. D'immenses courants s'établissent au sein des mers, et y entretiennent un certain ordre de température, dont les lois sont encore peu connues. D'autres courants agitent les couches de l'air à toutes les hauteurs ; ce sont les vents qui vont tour à tour apporter sur nos continents la sécheresse ou l'humidité, suivant des lois dont un bien petit nombre a pu être observé.

Pour comprendre comment la chaleur peut déterminer les courants marins, imaginons notre globe environné d'eau de toutes parts et examinons l'action des rayons solaires sur cet immense océan. A l'équateur, ces rayons arrivent vers midi, dans une direction peu écartée de la verticale ; à mesure qu'on considère des points plus rapprochés des pôles, ils s'écartent davantage de cette direction, et vers les pôles ils rasent la surface du globe presque horizontalement. Leur action échauffante diminue donc de l'équateur au pôle. Par suite, les couches d'eau superficielles des régions équatoriales ont une température plus élevée que celles des régions polaires. Celles-ci descendent donc au fond de l'Océan, et forment des courants inférieurs qui marchent des pôles vers l'équateur. Les masses d'eau ainsi transportées s'échauffent progressivement, et, quand elles arrivent à l'équateur, elles remontent à la surface, acquièrent leur plus haute température, et retournent vers les pôles en formant les courants supérieurs. Il y aurait donc dans l'enveloppe liquide du globe une circulation incessante qu'indiquent les flèches dessinées sur la figure 46.

Considérons maintenant la terre avec ses continents et ses mers. La forme des côtes et leur température propre modifient les courants qui doivent s'établir entre les pôles et l'équateur. Dans les mers qui sont presque entièrement environnées de continents, ces courants ne peuvent exister, et l'action locale des rayons solaires règle seul leur température : c'est ainsi que la Méditerranée est plus chaude que l'Océan, que les eaux de la mer des Indes, ne trouvant pas dans leur partie septentrionale d'issue vers le pôle nord, s'y échauffent considérablement, et contribuent à rendre si intenses dans ces contrées les chaleurs de l'été. Mais dans l'océan Atlantique et dans l'océan Pacifique, qui s'étendent d'un pôle à l'autre, les courants marins peuvent se former et les voyageurs ont constaté leur existence. L'amiral Duperrey et le lieutenant de vaisseau américain Maury les ont étudiés, et leurs découvertes ont conduit à une application fort importante. Le navire qui veut, par exemple, aller d'Amérique en Europe, n'a qu'à se placer dans un courant régnant dans cette direction entre les deux continents, et il effectuera le trajet dans un temps beaucoup plus court que s'il choisissait une autre route.

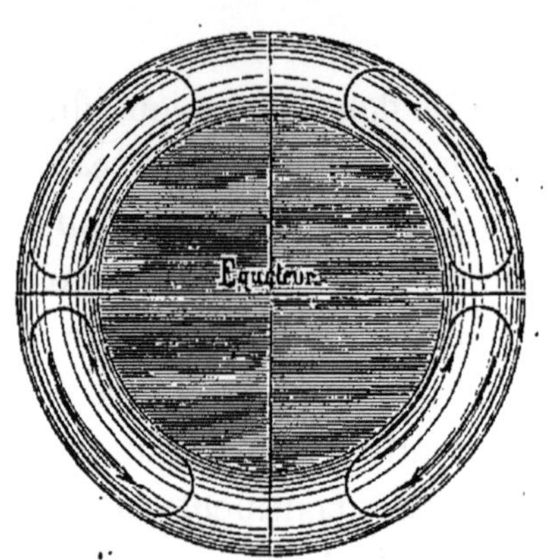

Fig. 46. — Théorie des courants marins.

On voit, sur la figure 47, les grands courants qui sont parfaitement connus. L'un des plus importants pour nous, à cause de son influence sur le climat de l'Europe occidentale, est le Gulf-stream qui porte vers les côtes de l'Angleterre, de la France et de l'Espagne des masses considérables d'eau échauffées sous le soleil brûlant de l'Amérique centrale. Pour bien comprendre ce courant, il faut suivre les flèches tracées sur la figure. On remarque dans l'océan Atlantique deux immenses tourbillonnements juxtaposés et situés l'un au-dessous de l'équateur, l'autre au-dessus.

Le premier est formé par un courant venant, du pôle austral, refroidir la côte occidentale de l'Afrique, remontant jusqu'à l'équateur, où il acquiert une température élevée, puis se divisant en deux branches, dont l'une descend le long des côtes de la Patagonie pour fermer le circuit, et dont l'autre remonte le long des côtes du Chili pour entrer dans le second tourbillonnement. C'est cette dernière branche qui, en se réfléchissant dans le golfe du Mexique, devient le Gulf-stream. A la sortie du golfe, il possède une vitesse de 2 mètres par seconde, et une température de 27 degrés. Il se dirige vers le nord, puis vers Terre-Neuve, il tourne brusquement vers l'est, et se bifurque ; la branche descendante baigne les côtes de l'Angleterre, où elle entretient une température modérée, et va rejoindre, sans s'écarter beaucoup des côtes de la France et de l'Espagne, les régions équatoriales, où le circuit est achevé. Quant à la branche ascendante, elle remonte vers le nord en adoucissant le climat de l'Irlande et de la Norwége. La circulation complète du Gulf-stream présente un trajet de plus de trois mille lieues parcouru en trois ans. Sa température s'élève à 28 degrés dans le voisinage de l'équateur, et vers les États-Unis elle est de 18 degrés, tandis qu'à la même distance de l'équateur, mais hors du courant, l'eau de la mer ne présente que 14 degrés.

On conçoit aisément la variété des effets que de tels courants peuvent produire. Ceux qui arrivent des pôles charrient des glaces, qui fondent en s'approchant des contrées chaudes; ailleurs ce sont des arbres, des graines, des œufs, des débris de toute espèce qui sont transportés d'un continent à l'autre, et par là les plus curieuses émigrations sont expliquées. L'homme lui-même trouve sa route tracée sur l'Océan, et il suffit de jeter les yeux sur la carte de la figure 47, pour être convaincu que jamais les naturels des îles de la mer du Sud n'ont pu aborder en Amérique avec leurs pirogues; un immense courant est en effet dirigé à travers l'océan Pacifique de l'est à l'ouest, constituant un obstacle infranchissable pour de tels navires.

Sans nous arrêter à décrire tous ces effets, nous devons porter notre attention sur la répartition de la chaleur. Le Pérou, par exemple, et le Brésil sont bien différemment situés quant aux courants marins. Le premier est soumis à l'action refroidissante d'un courant venu du pôle austral; aussi, bien que voisin de l'équateur, il jouit sur le bord de la mer d'une température modérée, les habitants ont pu y cultiver le sol sans recourir aux esclaves, et les mœurs sont restées douces. Le second, au contraire, est soumis à l'action échauffante du courant équatorial de l'Atlantique; les chaleurs excessives ont amené les Portugais à avoir recours aux esclaves africains pour la culture de la terre.

Les courants marins ne dépendent pas uniquement de l'action des rayons solaires sur les eaux: ils ont aussi des rapports intimes avec les vents, la rotation diurne de la terre, et diverses circonstances; ce qui rend bien difficile l'établissement des lois qui les régissent. Cette étude est néanmoins assez avancée pour qu'elle puisse conduire les navigateurs à de brillantes découvertes en géographie. Sans doute il n'y a plus de nouveau monde à découvrir : l'homme a parcouru en tous sens la surface du globe, et pourtant il reste à pénétrer le mystère des régions polaires. Bien souvent de hardis marins

CARTE DES COURANTS MARINS

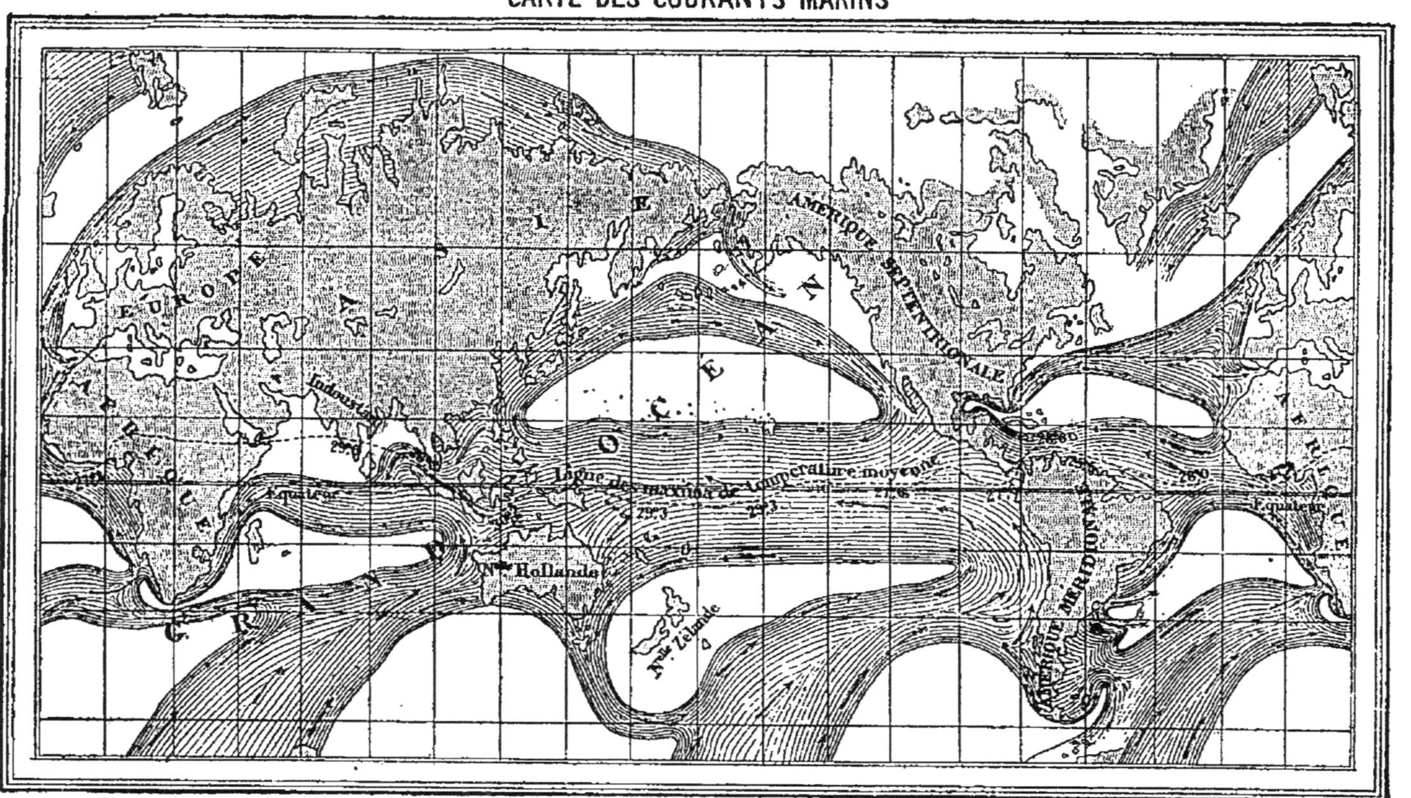

Fig. 47.

se sont engagés au milieu des glaces pour conquérir quelque terre nouvelle, et bien souvent la mort est venue mettre fin à leurs souffrances.

Les glaces s'étendent-elles jusqu'aux pôles mêmes ? devons-nous croire que ces régions sont d'immenses plaines de glace où nul être animé ne peut vivre ?

Essayons de résoudre cette importante question. Des voyageurs nous ont appris que, vers les pôles, des courants marins descendent à la surface de l'Océan, vers l'équateur : ce sont eux qui charrient les glaces. Nous verrons dans le chapitre suivant pourquoi les courants d'eau glacée sont superficiels. Mais alors l'eau qui quitte les pôles doit être remplacée par de l'eau moins froide remontant de l'équateur, et il doit y avoir dans les profondeurs des mers glaciales d'immenses courants sous-marins portant la chaleur aux pôles. Il n'est donc pas impossible que les régions polaires consistent en mers habitables, environnées de toute part d'une couronne de glaces éternelles ; ces glaces fondant en dessous et se renouvelant en dessus par la condensation des vapeurs des mers qu'elles entourent, il y aurait une compensation perpétuelle entre ces deux effets inverses, et une loi d'équilibre concordant avec celle qui régit les courants des régions équatoriales. La distribution de la chaleur dans les eaux terrestres serait effectuée par deux systèmes de circulation, comme l'indique la *figure* 48, dans laquelle on a représenté une couche d'eau uniforme environnant le globe.

Cette prévision de la théorie a été vérifiée en 1853 : après deux ans de fatigues infinies et au milieu des plus grands périls, le docteur Kane, de Philadelphie, a découvert au pôle nord une mer habitée par des animaux que l'on trouve ordinairement dans les régions tempérées. Un brouillard épais la couvrait de toutes parts ; il était le résultat du froid de l'atmosphère et de la chaleur des eaux. Malheureusement l'exploration ne put être prolongée assez longtemps; les voyageurs épuisés durent rejoindre leur patrie, et Kane est mort, en 1857, des suites des longues souffrances qu'il avait endurées, après avoir fait connaître sa découverte, et tracé aux géographes la route qu'ils devront suivre pour la compléter.

Aujourd'hui de nouvelles excursions au pôle nord sont

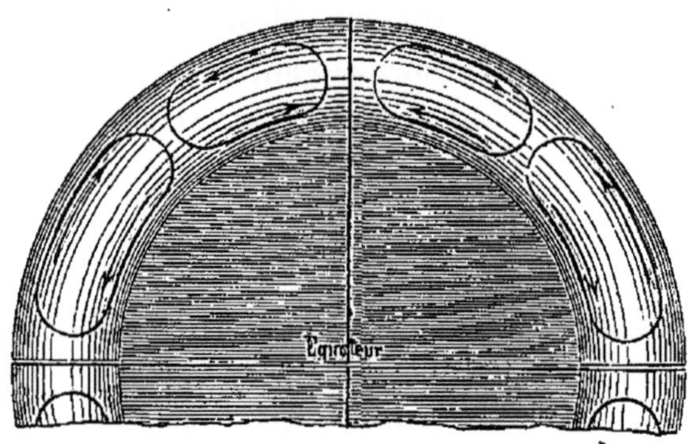

Fig. 48. — Théorie des courants polaires.

projetées, de sorte que nous pouvons espérer que la découverte du docteur Kane sera confirmée. Trois hardis voyageurs vont explorer par des voies différentes les glaces polaires. Sherard Osborn doit suivre la route déjà tracée par Kane à travers le détroit de Davis; c'est le projet anglais. Augustus Petermann doit suivre le Gulf-stream au nord de l'océan Atlantique et franchir les glaces entre le Spitzberg et la Nouvelle-Zemble; c'est le projet allemand. Enfin un Français, Gustave Lambert, suivra une nouvelle route par le détroit de Behring. Une souscription nationale a été ouverte en faveur de cette grande entreprise, et nous faisons tous nos vœux pour le succès de notre compatriote. Un grand intérêt est engagé dans cette rivalité de trois nations; la France ne restera pas en arrière, quand il s'agit des conquêtes pacifiques de la science.

5. EFFETS DE LA CONVECTION DANS L'ATMOSPHÈRE. — VENTS.

Il nous reste à examiner les effets de la convection de la chaleur dans l'atmosphère, effets plus complexes, peut-être, que ceux de l'Océan, mais au milieu desquels il est néanmoins possible de démêler une loi générale.

Prenons le cas le plus simple. Supposons-nous placés sur le bord de la mer, après une belle journée ; la nuit arrive et le soleil cesse de nous échauffer. Le rayonnement vers les espaces célestes succède à l'absorption des rayons solaires. Pendant le jour la surface de la mer s'échauffait plus que celle du sol, parce que la chaleur pénétrait dans ses profondeurs. Pendant la nuit la mer se refroidira plus lentement que le sol, parce que les couches profondes viendront sans cesse remplacer les couches superficielles soumises au rayonnement nocturne. L'air situé au-dessus de la mer ralentira encore son refroidissement, parce qu'il est humide, et que la vapeur d'eau absorbe les rayons de chaleur obscure ; cet air sera donc plus chaud que celui qui couvre la terre, parce qu'il recevra la chaleur de la mer par conductibilité et par rayonnement. Or l'air chaud et humide est plus léger que l'air froid et sec ; l'air de la mer doit donc s'élever, et l'air de la terre descendre afin d'occuper sa place, en glissant à la surface du rivage vers la mer. De là un vent qu'on appelle la brise du soir et qui dure tant qu'il y a une différence de température assez grande entre la terre et la mer, et tant que l'atmosphère n'est pas troublée par des vents dus à d'autres causes ; c'est cette brise du soir que le marin utilise pour sortir du port.

Le matin, quand le soleil apparaît, le même phénomène se produit, mais dans le sens inverse. C'est la terre qui s'échauffe plus vite que la mer et la brise vient de la mer ; elle ramène les navires au port.

On explique de la même manière les brises de montagnes. Le soir, on sent dans la vallée un vent qui descend du sommet des montagnes, parce que c'est au sommet que le refroidissement est le plus intense. Le matin le vent change de sens, parce que le sommet s'échauffe au soleil avant le fond de la vallée.

Étendons notre raisonnement à de grandes étendues de pays et de grandes masses d'air, nous aurons l'explication des moussons, vents qui règnent dans certaines contrées pendant six mois dans un sens, et six mois dans le sens opposé. Par exemple, dans la Méditerranée, le vent vient habituellement du nord pendant l'été, et du sud pendant l'hiver. Nous laissons de côté les vents accidentels qui viennent troubler l'atmosphère. La mousson d'été est produite par l'échauffement du désert du Sahara, et celle d'hiver par son refroidissement, tandis que la mer et les côtes méridionales de l'Europe conservent à peu près la même température. C'est à ces moussons qu'on doit l'inégalité de la durée du trajet entre Toulon et Alger, suivant qu'on va dans un sens ou dans le sens opposé. Comme l'échauffement du désert est plus intense que son refroidissement, la mousson du nord est plus forte que celle du sud, et un navire à voile qui fait régulièrement la traversée dans les deux sens, pendant toute une année, met en moyenne plus de temps pour les voyages d'Alger à Toulon que pour les voyages inverses.

Considérons maintenant la terre entière, et, comme nous l'avons fait pour les courants marins, réduisons-la à une surface liquide, enveloppée d'une couche d'air. C'est à l'équateur que l'échauffement de la surface liquide est le plus grand. Les couches d'air équatoriales seront donc les plus légères, soit à cause de leur température, soit à cause de leur humidité qui croît avec la température. Si la terre était immobile, ces couches, en s'éloignant de la surface, seraient remplacées par des couches plus froides venant des pôles, et il s'établirait un système circulatoire représenté par la figure 46. Dans l'hémisphère boréal, on aurait perpétuellement un vent du nord, et dans l'hémisphère austral, un vent du sud ; les deux vents se rencontrant à l'équateur avec des vitesses égales et contraires, s'y détruiraient, et il y aurait une région de calme tout le long de l'équateur.

Mais la terre tourne autour de son axe en un jour. La vitesse des différents points de sa surface décroît de l'équateur au pôle, où elle est nulle. Donc à mesure qu'une masse d'air polaire descend vers l'équateur, elle rencontre une surface qui va plus vite qu'elle vers l'est. Examinons ce qui doit en résulter.

Supposons que nous soyons sur cette surface ; elle nous entraîne vers l'est, et l'air qui nous enveloppe en venant du pôle se meut aussi dans la même direction, mais moins vite que nous. Nous le traverserons donc en le déplaçant, et la résistance qu'il nous opposera sera exactement la même que celle d'un vent venant de l'est.

Donc si cet air possède à la fois ce mouvement d'entraînement vers l'est, moins rapide que le nôtre, et un mouvement du pôle nord vers l'équateur, sa résistance sera celle d'un vent nord-est.

Voilà comment la rotation diurne de la terre doit modifier le mouvement circulatoire des masses d'air atmosphérique dû à la convection de la chaleur. Dans l'hémisphère boréal, on doit avoir un vent nord-est ; dans l'hémisphère austral, un vent sud-est par la même raison ; et le long de l'équateur, un vent d'est résultant de la combinaison des deux précédents.

Au lieu du cas idéal de la terre liquide, considérons la terre avec ses continents et ses mers, qui, dans la région équatoriale, en couvrent la plus grande partie ; la même cause de vents existera ; mais une foule de complications surgiront de l'irrégularité de la surface, et les vents indiqués par notre raisonnement n'existeront pas toujours. On les appelle vents alizés. Ils ont été observés pour la première fois par Christophe Colomb ; ils poussaient son navire vers l'Amérique, et on raconte que ses compagnons en furent épouvantés, parce qu'ils craignirent de ne pouvoir revenir sur leurs pas. C'est à l'illustre Halley qu'on doit l'explication de ces vents.

Si les vents alizés peuvent être constatés à la surface du globe, il paraît plus difficile de vérifier l'existence des vents supérieurs, qui, régnant dans les hautes régions de l'atmosphère de l'équateur vers les pôles, complètent le mouvement circulatoire. Leur direction doit être inverse de celle des vents inférieurs, c'est-à-dire sud-ouest dans l'hémisphère boréal et nord-ouest dans l'hémisphère austral. Ce sont les matières pulvérulentes que ces vents peuvent transporter d'une contrée à une autre qui démontrent leur existence. En voici un curieux exemple.

Au printemps et à l'automne, on recueille souvent en France et en Italie une pluie de poussière, dans laquelle le microscope décèle des débris organiques venant de l'Amérique centrale. Là sont des marais, qui se dessèchent à ces époques, et que balayent des tourbillons de vent très-violents. Ils soulèvent la poussière du sol jusqu'à la hauteur du vent alizé supérieur, qui, venant du sud-ouest, la transporte vers le nord-est, en Europe, dans l'espace d'un mois environ.

Citons encore le transport des cendres d'un volcan du Guatemala, effectué en 1855 de l'ouest à l'est, vers la Jamaïque, et qui fut si intense, que le pays resta plongé dans l'obscurité pendant plusieurs jours.

Nous conclurons de toutes ces observations que si la convection de la chaleur dans la partie fluide de notre globe n'est pas la seule cause des courants marins et atmosphériques, elle est au moins leur cause principale. C'est seulement après avoir bien défini sa manière d'agir qu'on doit essayer de trouver les autres causes ; on entre alors dans le domaine de la météorologie.

CHAPITRE VI

DU CHANGEMENT DE VOLUME DES CORPS

I. ACTION DE LA CHALEUR SUR LES GAZ. — CHALEUR SENSIBLE. — TRAVAIL EXTÉRIEUR.

Prenons une vessie renfermant de l'air et bien close, et approchons-la du feu ; nous la verrons grossir peu à peu, se gonfler. Pourtant la quantité d'air qu'elle contient reste la même ; car il n'y a aucune communication possible entre l'intérieur et l'atmosphère. En même temps elle s'échauffe, et si nous attachions son col autour du tube d'un thermomètre (fig. 49), en plaçant la boule au centre, nous verrions que la température de l'air intérieur s'élève. Éloignons la vessie du feu ; elle se dégonflera d'elle-même, se refroidira et reprendra son état primitif. Ainsi en absorbant la chaleur, l'air de la vessie a subi deux modifications, une élévation de température, et un accroissement de volume. En perdant de la chaleur, il subit au contraire un abaissement de température et une diminution de volume. Le changement de température se conçoit aisément : il n'est autre chose que la manifestation de la propriété que tout corps possède d'être échauffé ou refroidi, de changer son état calorifique en absorbant ou en dégageant de la chaleur *sensible*, et nous emploierons toujours cette épithète pour désigner la chaleur appréciable à l'aide du thermomètre. Mais le changement de volume est une opération d'une autre nature et que nous allons étudier.

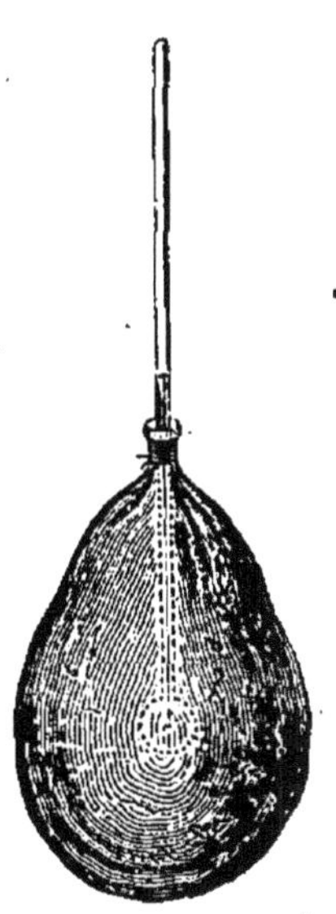

Fig. 49. Dilatation de l'air sous une pression constante.

La vessie est pressée intérieurement par l'air qu'elle renferme, et extérieurement par l'atmosphère. Comme elle est très-flexible et non élastique, nous devons admettre que les deux pressions se font équilibre. Quand on l'échauffe, la pression intérieure s'accroît un peu ; la vessie se gonfle jusqu'à ce que l'équilibre de pression soit rétabli, et si l'échauffement continue, ces variations se succèdent graduellement sans que la pression intérieure dépasse sensiblement celle de l'atmosphère ; on suppose que la vessie est très-flexible et incomplétement gonflée. On dit que l'air contenu dans la vessie est échauffé sous une pression constante, égale à la pression atmosphérique. Or ce gonflement graduel de la vessie produit le refoulement de l'atmosphère. Chaque portion de la surface égale à un centimètre carré reçoit une pression d'un kilogramme environ. Si elle est déplacée d'un centimètre, on a un travail mécanique égal à celui qu'on produit en élevant un poids d'un kilogramme à une hauteur d'un centimètre. Le refoulement de l'atmosphère par toute la surface de la vessie est donc un effet mécanique mesurable en kilogrammètres, et d'après le principe de l'équivalence de la chaleur et du travail établi dans le chapitre premier, cette production de travail correspond à la dépense d'une certaine quantité de chaleur.

De là une première règle : Quand un gaz est échauffé sous une pression constante, une partie de la chaleur qu'il prend à la source est conservée dans le gaz à l'état sensible, et sert à élever la température ; une autre partie est réellement dépensée, détruite comme chaleur et transformée en travail mécanique.

Comme les molécules des gaz ne paraissent être soumises à aucune attraction mutuelle, leur écartement s'effectue sans dépense de force appréciable. Il n'y a donc pas à chercher dans ces corps un troisième mode d'action de la chaleur.

Le refroidissement de notre vessie est une opération inverse de la précédente ; la chaleur sensible du gaz passe dans les corps voisins en conservant son état ; l'atmosphère ramenant la vessie à son volume primitif agit comme une force comprimante, et il y a un travail mécanique dépensé qui est transformé en chaleur : cette chaleur passe avec la précédente dans les corps environnants.

Les montgolfières nous offrent un exemple de l'échauffement d'un gaz sous une pression constante, et égale à celle de l'atmosphère. C'est à Avignon, en décembre 1782, que fut faite la première expérience par Joseph et Étienne Montgolfier. Ils avaient construit un globe de toile, doublé de papier, et ayant un diamètre de 35 pieds : une large ouverture était ménagée vers le bas, de sorte qu'en allumant au-dessous un grand feu, ils gonflèrent le globe avec l'air chaud, et ils le virent s'élever avec une force de 500 kilogrammes. Dans une seconde expérience faite à Annonay l'année suivante, on suspendit une corbeille en fil de fer au-dessous de l'ouverture du ballon, et on y plaça le combustible de manière à entretenir le feu pendant l'ascension. On put ainsi élever l'appareil à

2000 mètres. Un plus grand ballon fit une ascension à Versailles devant la cour, et cette fois il emporta une cage contenant quelques animaux, lesquels revinrent à terre sains et saufs. Ce fut après ces premiers essais que deux hommes

Fig. 50. — Montgolfière de Versailles.

osèrent s'aventurer dans les régions jusqu'alors inexplorées de l'atmosphère, et créèrent un art nouveau, celui de la navigation aérienne. Ce sont le marquis d'Arlandes et Pilatre de Rozier, qui, le 20 novembre 1783, partirent du château de la Muette, et planèrent pour la première fois en montgolfière au-dessus de Paris (fig. 50). Leur succès détermina de toutes parts des entreprises semblables; Charles substitua le gaz hydrogène à l'air chaud, et l'audace devint si grande que Pilatre de Rozier et Romain voulurent traverser la Manche à travers les airs. Ils eurent la malheureuse idée de réunir deux ballons, l'un à hydrogène, l'autre à air chaud, et d'attacher celui-ci au-dessous du premier. A peine étaient-ils partis de Boulogne, le feu prit à l'appareil; à cause de la combustibilité du gaz hydrogène, il fut détruit en un instant, et les voyageurs furent précipités sur le rivage. On voit leur tombe au village de Vimille, près de Boulogne. Cette catastrophe n'a pas empèché le nombre des aéronautes de s'accroître sans cesse, et aujourd'hui les ballons sont fort employés, soit pour des promenades d'agrément, soit pour des excursions scientifiques, soit pour des reconnaissances en temps de guerre. Récemment, on a vu à Paris la plus grande montgolfière qui ait été construite. On l'appelait *l'Aigle*; mais sa manœuvre était tellement difficile, qu'il a fallu la remettre à l'étude après les premiers essais.

Quelle est la force qui fait monter les ballons? est-ce la chaleur? Évidemment non, puisqu'on peut les gonfler avec du gaz hydrogène, qui reste froid. Dans les montgolfières la chaleur a pour effet de rendre plus léger l'air qu'elles contiennent, et c'est la pression de l'air environnant qui cause l'ascension. L'aérostat prèt à partir est au milieu de l'air froid qui l'environne comme un bouchon de liége que l'on maintiendrait au fond d'un vase plein d'eau. Dès qu'on cesse de retenir le bouchon, il remonte à la surface.

Un phénomène analogue se passe journellement dans nos cheminées, et produit le tirage qui entretient un courant d'air sur les charbons. Les gaz qui remplissent la cheminée sont dilatés par la chaleur, et ils pèsent moins que le même volume d'air froid. Celui-ci descend donc de tous côtés et fait monter la colonne chaude. Cet air froid doit entrer par les ouvertures de la chambre : s'il n'y avait pas d'ouvertures suffisantes, il descendrait par la cheminée même, à côté des gaz chauds qui s'élèvent, et il y aurait deux courants contraires, l'un ascendant, l'autre descendant. Ce dernier entraînerait de la fumée, et par conséquent il fumerait dans la chambre. C'est pour éviter cela qu'on dispose autour du foyer des ventouses, par lesquelles l'air extérieur est introduit sans passer par les portes et les fenêtres.

Tous les déplacements de couches que nous avons étudiés dans le chapitre V, soit dans l'Océan, soit dans l'atmosphère, et qui distribuent la chaleur par convection, sont dus à la même cause, la dilatation par la chaleur.

Il existe une autre manière d'échauffer un gaz, dans laquelle la chaleur n'est employée à aucun effet mécanique. Elle consiste à placer le gaz dans un réservoir résistant, dont le volume reste invariable pendant l'échauffement. En réalité, il est impossible de chauffer un gaz dans un réservoir sans échauffer aussi celui-ci, et sans changer son volume ; mais le *changement de volume d'un réservoir solide* par l'effet de la chaleur est tellement petit qu'on peut le regarder comme négligeable.

Voici un appareil à l'aide duquel nous pouvons étudier les phénomènes qui se passent, quand on chauffe un gaz sans que son volume puisse changer notablement (fig. 51). Un grand ballon de verre contenant de l'air et une petite couche d'un liquide non volatil, tel que l'huile, est fermé par un bouchon que traversent un tube de verre *très-étroit* et un thermomètre. Le tube de verre est vertical et son extrémité inférieure est plongée dans le liquide. Quand on chauffe le ballon, on voit immédiatement le thermomètre monter et en même temps l'huile s'élever dans le tube. On conclut de cette observation que la force élastique de l'air contenu dans le ballon est augmentée en même temps que sa chaleur sensible, et on mesure l'augmentation de force élastique par la hauteur de la colonne liquide soulevée. Quant au volume de cet air, il s'est accru du volume de l'huile élevée dans le tube, et de celui qui correspond à la dilatation du ballon de verre, quantités qui sont l'une et l'autre fort petites et négligeables. Nous avons donc démontré la propriété suivante des gaz : lorsqu'un gaz est chauffé sans que son volume change, *sa force élastique croît en même temps que sa température.*

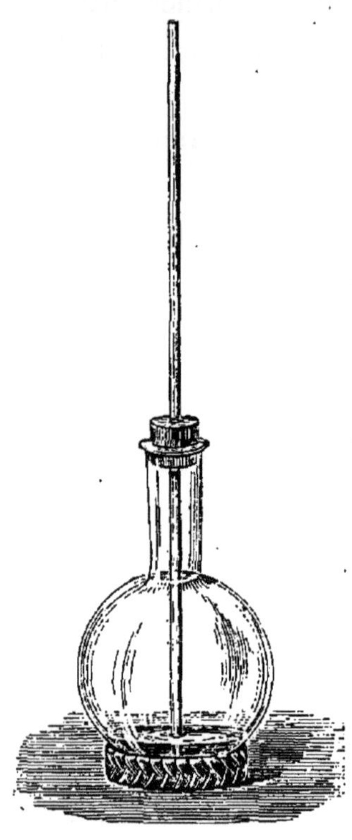

Fig. 51. — Échauffement d'un gaz sous un volume constant.

Le plus souvent cet accroissement de force élastique n'est pas aussi visible que dans l'expérience précédente. Prenons, par exemple, le petit appareil de la fig. 1, qui est formé d'une boule creuse de cuivre portée par un petit chariot. Bouchons fortement la boule et allumons la lampe à alcool située au-dessous. L'air qui est naturellement dans cette boule se trouve emprisonné et chauffé sous un volume à peu près invariable. Il presse de toutes parts les parois de sa prison; mais elles résistent et rien ne manifeste cette pression. Dès que la température atteindra 272 degrés environ, chaque centimètre carré de la paroi interne sera pressé de dedans en dehors par une force supérieure à 2 kilogrammes, tandis que sur la même étendue prise à la surface externe, l'atmosphère n'exerce qu'une pression de 1 kilogr. Si le bouchon a une section de 1 centimètre carré, il sera donc soumis à cet instant à une force de 1 kilogr. dirigée de dedans en dehors; et par conséquent, s'il n'est pas trop fortement serré dans l'orifice, il sera lancé. Alors aura lieu le recul du chariot, que nous avons déjà expliqué. Si le bouchon est plus fortement serré, la température devra être élevée davantage; la force élastique s'accroîtra, et pourra devenir assez grande pour faire sauter le bouchon. Nous aurons la preuve de cet accroissement dans la vivacité du recul, qui est d'autant plus grande que l'explosion a lieu à une température plus élevée.

Cette expérience nous explique les explosions qui se produisent dans un grand nombre de circonstances. Le plus souvent ce sont des substances inflammables qui sont enfermées avec de l'air dans un espace clos. Quand on y met le feu, il y a combinaison chimique et dégagement de chaleur et de lumière, le mélange est fortement échauffé sans pouvoir se dilater; sa force élastique augmente rapidement et finit par surmonter la résistance des parois. Lorsque celles-ci cèdent, les gaz se précipitent au dehors avec violence; et l'ébranlement qu'ils occasionnent est la cause du bruit que nous entendons.

L'explosion peut d'ailleurs avoir lieu sans l'intervention de l'air, par exemple avec la poudre, parce que les substances qui la composent se transforment en gaz, comme il a été dit dans le chapitre Ier.

Tant que le gaz est échauffé, sans changer de volume, en restant confiné dans un espace clos, la chaleur est seulement employée à donner à ses molécules une activité particulière, qui a pour manifestation un accroissement de force élastique et de chaleur sensible; mais il ne faut pas croire que l'accroissement de la force élastique soit un travail mécanique qui consomme de la chaleur. La chaleur ne produit qu'un seul effet, qui est l'élévation de la température, et il n'y a pas de travail, parce qu'il n'y a, dans la modification que subit le gaz, aucune masse déplacée par une force. Dire que le gaz échauffé presse les parois du vase avec une plus grande énergie que le gaz froid, c'est dire que la chaleur qu'il acquiert augmente son expansibilité; il n'y pas ici, comme dans l'échauffement d'un gaz sous une pression constante, une résistance vaincue. La chaleur sensible fournie à la masse gazeuse lui confère une propriété expansive, qui peut servir à mesurer cette chaleur aussi bien que son action sur le thermomètre. On peut dire que l'expansibilité et la température dans un gaz sont deux formes de la chaleur sensible qu'il possède.

Nous conclurons donc une seconde règle, relative à l'échauffement du gaz :

Quand un gaz est échauffé sous un volume constant, toute la chaleur qu'il prend à la source est conservée dans le gaz à l'état sensible, et sert à élever sa température : cette élévation de température est accompagnée d'un accroissement de pression sur les parois, laquelle est équilibrée par leur résistance.

Réciproquement quand un gaz est refroidi, en conservant le même volume, il perd une partie de sa chaleur sensible, et elle passe dans les corps extérieurs ; la température et la pression s'abaissent simultanément.

De nos deux règles nous pouvons tirer la conséquence suivante :

Si l'on veut, par exemple, porter de zéro à 272 degrés la température d'un kilogramme d'air, on doit consommer une plus grande quantité de chaleur, si l'air se dilate en conservant la même pression, que s'il reste confiné dans un volume invariable ; car, dans le premier cas, il y a de la chaleur dépensée pour produire un travail mécanique qui n'existe pas dans le second.

En effet, les expériences d'un grand nombre de physiciens confirment cette conséquence.

Le plus souvent les gaz sont échauffés dans des circonstances telles, qu'il y a simultanément changement de volume et de pression. La quantité de chaleur qu'ils consomment alors dépend à la fois de l'élévation de leur température et du travail mécanique mis en jeu. Elle varie donc avec ce travail, toutes choses égales d'ailleurs. Un kilogramme de gaz consomme en passant d'une température à une autre plus élevée, et réciproquement dégage en revenant à la température inférieure, des quantités de chaleur différentes, suivant les effets mécaniques qui ont lieu. Quand le volume augmente, il y a un travail mécanique produit, et une disparition de chaleur ; quand il diminue, il y a un travail dépensé et une apparition de chaleur. Nous avons énoncé la relation entre la chaleur et le travail, quand nous nous sommes occupés de l'équivalent mécanique de la chaleur.

Le principe précédent explique comment la machine à air produit du travail en détruisant de la chaleur. Dans la période de dilatation, l'air contenu dans la machine produit un travail ; dans la période de contraction, ce même air dépense un travail moindre que le précédent : la différence de ces deux travaux est le bénéfice que l'on utilise à l'aide des outils. De plus, dans la première période, il y a consommation de chaleur, et dans la deuxième dégagement d'une quantité de chaleur moindre que la précédente ; la différence de ces quantités de chaleur est anéantie, ou plutôt transformée en travail.

2. ACTION DE LA CHALEUR SUR LES SOLIDES ET LES LIQUIDES. — GRANDEUR DES FORCES MOLÉCULAIRES. — TRAVAIL INTÉRIEUR.

L'action de la chaleur sur les corps solides ou liquides est plus compliquée que son action sur les gaz, parce que les molécules sont liées entre elles par des forces considérables. Imaginons une masse de fer échauffée au milieu de l'atmosphère ; elle se dilate et produit un premier travail mécanique analogue à celui de la vessie pleine d'air, dont il a été question au commencement de ce chapitre. Un décimètre cube de cette substance, porté de 0 à 100 degrés, prend un accroissement de volume de 4 cent. cubes à peine : si cette masse de fer a la forme cubique, chaque arête s'allonge de 12 centièmes de millimètre environ. L'atmosphère exerce sur chacune des six faces du cube une pression de 103 kilogr. ; c'est une résistance extérieure que la chaleur doit surmonter pour dilater le corps. Le travail total produit est six fois 103 kilogr., déplacés de 6 centièmes de millimètre, quantité moindre qu'un dixième de kilogrammètre. Comme nous savons qu'une calorie équivaut à 425 kilogrammètres, nous devons conclure que la chaleur consommée par le travail mécanique de l'atmosphère, dans le phénomène que nous considérons, est très-petite et négligeable. Mais nous allons trouver un second genre de travail qui n'existait pas dans les gaz.

Portons notre attention sur les forces moléculaires ; celles-ci sont énormes dans les solides et les liquides ; et, pour s'en convaincre, il suffit de faire quelques observations très-simples.

Il résulte des expériences qui ont été faites sur l'élasticité des corps solides, que, pour allonger de 12 centièmes de millimètre l'arête d'un cube de fer ayant un décimètre de côté, il faudrait exercer sur lui une traction de 250,000 kilogr. environ. Telle est la force extérieure qui serait capable de surmonter la résistance des forces moléculaires.

Or, ce que ferait cet énorme effort mécanique, la chaleur le fait naturellement ; en même temps, la température du cube de fer est portée de 0 à 100 degrés. La chaleur agit donc sur les molécules du fer comme une véritable force, les écarte en surmontant leur résistance, et opère un travail *intérieur*, susceptible d'être évalué en kilogrammètres. Chaque fois que 425 kilogrammètres sont ainsi produits dans l'intérieur du corps, une calorie est dépensée, sans qu'il soit possible de la retrouver dans la chaleur sensible que possède le corps.

Nous avons une autre preuve de la grandeur des forces moléculaires dans les efforts mécaniques énormes que développent la dilatation et la contraction des corps solides et liquides, lorsqu'ils éprouvent un changement de température.

Pour cercler une roue de voiture le charron fait chauffer le cercle de fer, afin de le dilater ; il y introduit alors la roue très-facilement, et il laisse refroidir : le cercle se contracte et serre le contour de la roue avec une grande force.

Les rails des chemins de fer ne se touchent pas ; ils sont toujours séparés les uns des autres par un petit intervalle, afin qu'ils aient la liberté de se dilater librement ; sans cette précaution ils se courberaient pendant les chaleurs de l'été. En effet, si les rails étaient contigus, sur une longueur de 100 kilomètres l'allongement total de l'hiver à l'été serait de 70 mètres, et, à cause des points d'attache qui les fixent au sol, ils ne pourraient subir un tel changement sans se déformer.

C'est encore la force de dilatation ou de contraction qui amène la rupture des corps mauvais conducteurs de la chaleur, quand ils sont soumis à un changement brusque de température. Par exemple, si vous touchez du verre avec un morceau de fer rougi au feu, le verre se brise. C'est parce que les parties touchées se dilatent rapidement, et que les parties voisines restant froides font obstacle à la dilatation ; elles sont brusquement repoussées dans tous les sens et se séparent les unes des autres. Le même effet aurait lieu si vous touchiez le verre avec un corps excessivement froid ; il se briserait encore ; mais cette fois la cause de la rupture serait la contraction brusque des parties touchées. On utilise la possibilité de rompre du verre froid par le contact d'un corps très-chaud pour découper des vases de verre. On fait avec une lime un trait sur le vase, et on y applique un charbon incandescent; la rupture a lieu dans le sens du trait : on promène ensuite le charbon en avant de la fente, dans la direction que l'on veut donner à la découpure et la fente se continue régulièrement dans cette direction, si le verre ne présente pas d'irrégularités de structure.

Pour observer la force de dilatation dans les liquides, il suffit de remplir un vase résistant du liquide sur lequel on veut opérer; de le boucher hermétiquement, et de le chauffer ; le vase sera brisé, si le bouchon ferme bien.

Prenons un vase de fer, de la capacité d'un litre ; remplissons-le d'eau, et fermons-le avec un bouchon à vis, puis portons-le à 100 degrés. Le vase doit se dilater de 4 centimètres cubes à peine, et l'eau de 43 centimètres cubes, environ dix fois plus que le vase. Cette eau exercera donc sur l'enveloppe de fer une énorme pression qui la déformera, qui commencera par l'agrandir, et finira par la briser si elle n'est pas assez résistante.

Une très-curieuse application de la force de contraction des solides a été faite par l'architecte Molard au Conservatoire des arts et métiers, à Paris. Dans une galerie voûtée du rez-de-chaussée les murs avaient été écartés par la poussée de la voûte, et on pouvait craindre un écroulement. Molard disposa des barres de fer parallèles (fig. 52), traversant les murs, et portant aux deux bouts des écrous à vis. Il fit chauffer les barres sur toute leur longueur, et serrer fortement les écrous; puis il laissa refroidir. Les barres de fer en se raccourcissant lentement rapprochèrent sans secousse les murs l'un de l'autre. On recommença la même opération plusieurs fois, jusqu'à ce que les murs fussent rétablis dans la verticalité, et on laissa les barres en place pour les maintenir : on peut les voir encore aujourd'hui en visitant le Conservatoire.

Il est excessivement utile de connaître les lois de la dilatation des métaux, aujourd'hui qu'ils sont très-employés comme matériaux de construction, et on peut se demander si cet emploi n'est pas vicieux, si nos maisons modernes à charpente de

Fig. 52. — Redressement d'une voûte au Conservatoire des arts et métiers.

fer ne sont pas sujettes à s'écrouler par les simples changements de température. Les toitures en zinc ou en plomb, construites avec des feuilles soudées les unes aux autres, se boursouflent en été, parce que leur *dilatation* est gênée par les points d'attache ; elles se déchirent en hiver parce que la contraction est empêchée. Il faut donc superposer les feuilles de métal, comme les tuiles, pour qu'elles puissent éprouver librement le changement de leurs dimensions. Les tuyaux de conduite qui sont exposés à l'air ne doivent pas non plus être soudés sur une trop grande longueur. On a vu des barres de fer briser par leur dilatation des pierres résistantes dans lesquelles elles étaient scellées. Les pierres même, quoique leur dilatabilité ne soit pas très-grande, se séparent quelquefois les unes des autres par les grands froids, et se resserrent fortement quand il fait chaud; dans les ponts, il en résulte un abaissement ou une élévation de la voûte. Ce sont surtout les ponts en fil de fer qui présentent les plus grands changements de courbure : une chaîne de pont suspendu de 100 mètres de longueur subit dans une année une variation de 7 centimètres. Il faut que l'on tienne compte de tous ces effets dans la construction des édifices, et que l'on évite surtout d'associer des matériaux très-inégalement dilatables : car c'est l'inégale dilatation qui entraîne des mouvements irréguliers capables d'occasionner des ruptures. Heureusement la fonte, la pierre, les briques, ont à peu près la même dilatabilité, comme l'a reconnu M. Adie, d'Edimbourg, et il n'y a pas lieu de s'effrayer de la substitution de la fonte au bois dans la construction de nos maisons, si l'on n'a égard qu'aux effets de la chaleur : nous laissons ici de côté toutes les autres considérations.

Après avoir constaté par toutes ces observations la puissance des forces moléculaires qui existent dans les corps solides ou liquides, nous conclurons que la chaleur, en surmontant la résistance de ces forces, produit un travail mécanique intérieur, et qu'elle est partiellement dépensée, anéantie dans cette opération ; de là la règle suivante.

Lorsqu'on chauffe un corps solide ou liquide, et qu'il se dilate en surmontant une résistance extérieure, telle que l'atmosphère, la chaleur consommée se divise en trois parties : la première est dépensée pour produire un travail extérieur ; la seconde est dépensée pour produire un travail intérieur ; la troisième passe dans le corps en restant à l'état de chaleur sensible, et a pour effet l'élévation de la température.

Si le même corps échauffé est ensuite refroidi, la chaleur qu'il dégage provient des trois opérations précédentes effectuées en sens inverse : une partie est créée par les résistances extérieures, lorsqu'elles pressent le corps à sa surface, et le compriment peu à peu ; une autre partie est créée par les forces moléculaires, lorsqu'elles rapprochent les molécules les unes des autres, et les replacent dans leurs positions primitives ; le reste de la chaleur dégagée est la chaleur sensible du corps, qui se propage au dehors en même temps que la température s'abaisse. Dans la première opération, il y a un travail mécanique extérieur dépensé ; et dans la seconde, un travail intérieur.

C'est l'existence du travail intérieur qui établit une différence essentielle entre les gaz et les solides ou les liquides. Le plus souvent ces derniers corps ne sont pas soumis à d'autres pressions extérieures que celle de l'atmosphère, et alors le travail extérieur est négligeable : on envisage seulement la chaleur correspondant au travail intérieur, qu'on peut appeler chaleur de dilatation, et la chaleur sensible.

Nous allons voir maintenant comment on peut mesurer la dilatation des corps. Pour atteindre ce but, on a dû imaginer des instruments délicats et extrêmement sensibles.

3. COMMENT ON MESURE LA DILATATION DES CORPS. — MAXIMUM DE DENSITÉ DE L'EAU.

Pour les gaz l'instrument le plus simple a la forme du thermomètre de Galilée (fig. 6 A). En pesant le mercure qui peut remplir la boule et celui qui occupe dans le tube une division, on calcule par une proportion combien de fois la boule contient la capacité d'une division. Lorsque ensuite on a introduit le gaz dans la boule, et qu'on a mis une petite colonne de mercure dans le tube pour séparer le gaz de l'atmosphère, on sait aisément combien de divisions correspondent au volume occupé par le gaz. Quand on met la boule dans de l'eau à côté d'un thermomètre, et qu'on chauffe, on voit la petite colonne de mercure se déplacer, et le nombre de divisions qu'elle parcourt mesure la dilatation, tandis que le thermomètre indique de combien de degrés la température est élevée. C'est ainsi qu'on reconnaît la loi de Gay-Lussac : pour chaque degré, le volume d'un gaz quelconque s'accroît de $\frac{1}{272}$ de sa valeur primitive.

Le même appareil peut servir pour les liquides. On n'a qu'à remplir la boule du liquide, comme s'il s'agissait de construire un thermomètre, et à suivre la même marche que pour un gaz.

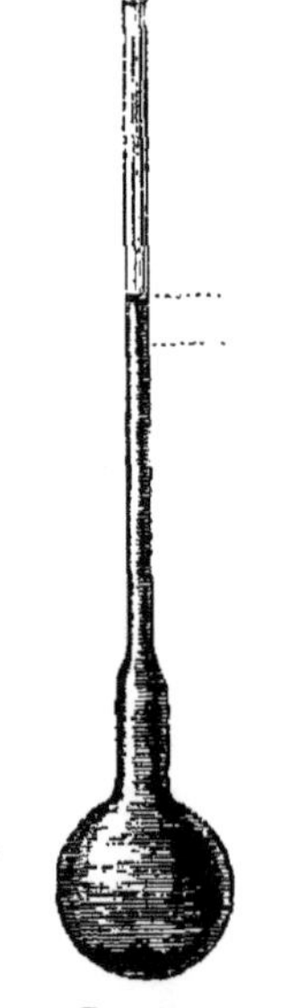

Fig. 53. Dilatation apparente des liquides.

Il y a dans tous les cas à tenir compte de la dilatation du verre, qui fait paraître trop petit l'accroissement de volume du gaz ou du liquide contenu dans la boule, comme on peut s'en convaincre en faisant l'expérience suivante.

On prend un ballon de verre, au col duquel est soudé un tube divisé, et on le remplit d'alcool coloré en rouge, de manière à former une sorte de gros thermomètre (fig. 53). Quand on plonge le ballon dans l'eau bouillante, on voit immédiatement le niveau baisser. Ce n'est que plus tard qu'il monte, pour s'élever de plus en plus.

Voici l'explication de cette expérience. L'enveloppe de verre est échauffée avant le liquide ; elle se dilate donc, et le niveau descend. Peu à peu le liquide s'échauffe à son tour, et il se dilate plus que l'enveloppe ; son niveau monte alors, et dépasse sa position primitive.

C'est en ayant égard à cet effet de l'enveloppe, que l'on a mesuré le *coefficient de dilatation* des divers liquides, c'est-à-dire la quantité dont s'accroît l'unité de volume quand on élève la température d'un degré, et on a trouvé qu'ils n'avaient *pas le même coefficient. Ainsi* l'alcool se dilate plus que l'eau, l'éther plus que l'alcool.

Remarquons qu'un corps quelconque que l'on a dilaté en le chauffant se contracte suivant la même loi dans l'opération inverse du refroidissement, c'est-à-dire qu'il reprend toujours le même volume en passant par la même température.

L'eau présente un phénomène particulier qui trouve une importante application dans la nature.

Prenons un gros thermomètre à eau, semblable au précédent et, le plongeant dans de l'eau à 8 degrés, attendons qu'il ait cette température ; nous verrons le niveau s'arrêter à une certaine division du tube que nous noterons. Mettons ensuite de petits morceaux de glace dans le bain pour le refroidir ; le niveau de l'eau va descendre dans le tube, à mesure que la température s'abaisse ; bientôt, vers 4 degrés, il paraîtra stationnaire, puis il remontera et quand le bain sera à zéro, le niveau sera revenu à peu près à sa position primitive. Ainsi l'eau renfermée dans notre gros thermomètre possède le plus petit volume possible à 4 degrés.

Nous conclurons de là que l'eau chauffée à partir de zéro commence par se contracter, atteint son plus petit volume à la température de 4 degrés, puis se dilate ensuite de plus en plus jusqu'à ce qu'elle entre en ébullition.

Il y a donc plus d'eau dans un litre à 4 degrés, que dans un litre à toute autre température : ce que l'on exprime en disant que l'eau a un maximum de densité à 4 degrés. C'est à cause de cette particularité qu'on a pris pour le kilogramme le poids d'un litre d'eau à cette température déterminée, et non pas à une température quelconque.

Le célèbre physicien de Genève, Saussure, a reconnu que la température du fond des lacs profonds est toujours de 4 degrés en toutes saisons : nous en connaissons maintenant la raison. Pendant les nuits d'automne la surface de l'eau des lacs se refroidit ; lorsque la première couche est à 4 degrés, elle est le plus dense possible, et tombe, tandis que la seconde couche vient prendre sa place. Celle-ci atteint à son tour 4 degrés et tombe aussi, pour être remplacée par la troisième, et ainsi de suite. Il y a donc un courant descendant de particules d'eau à 4 degrés, et un courant descendant de particules plus chaudes, de sorte que la température décroît progressivement de la surface au fond, où elle est de 4 degrés exactement. Lorsque pendant le jour le soleil envoie ses rayons sur le lac, les couches superficielles s'échauffant deviennent moins denses, et restent à leur place; de plus elles absorbent la chaleur solaire et l'empêchent d'atteindre les couches situées au fond. A mesure que la saison s'avance, le refroidissement nocturne devient prédominant, et il y a un moment où la température est 4 degrés dans toute l'épaisseur du lac. Arrive l'hiver : les couches de la surface se refroidissent au-dessous de 4 degrés ; elles deviennent moins denses et conservent encore leur position. La température croît de la surface, où elle peut être zéro, jusqu'au fond, où elle reste toujours 4 degrés. Quand la surface est à zéro, l'eau qui s'y trouve se congèle lentement, de petites aiguilles de glace se forment, et flottent, parce qu'elles sont moins denses que l'eau ; ballottées par le vent, elles grossissent en congelant l'eau qui les touche ; elles deviennent des glaçons qui se soudent les uns aux autres et bientôt une nappe de glace couvre le lac. Elle préserve du refroidissement les couches inférieures, et leur température se maintient pendant tout l'hiver. Quand les chaleurs reviennent, la glace fond; tant que l'eau produite est à zéro, elle reste à la surface ; ce n'est qu'après un échauffement prolongé qu'elle atteint 4 degrés, de sorte qu'au printemps, il y a un moment où cette température règne de nouveau dans toute l'étendue du lac. En été, les couches superficielles sont plus chaudes, et si le lac est assez profond, elles empêchent la chaleur solaire de pénétrer jusqu'au fond. Quant à l'échauffement par conductibilité, il est excessivement faible, parce que l'eau conduit mal la chaleur. En résumé, grâce au maximum de densité, la chaleur est comme emmagasinée au fond des lacs et des mers. Elle y entretient la vie d'une infinité d'êtres, animaux et végétaux, qui n'ont à redouter ni les grandes chaleurs, ni les froids excessifs. Là encore nous rencontrons un ordre admirable, et le fait qui pouvait au premier abord paraître une anomalie, devient le principe d'une grande loi terrestre.

Y a-t-il une jouissance plus pure que celle de l'homme, qui, après avoir habitué son esprit à la lecture du livre de la nature, est admis à contempler ses beautés? Le voyageur éprouve cette jouissance, lorsqu'en face d'un grand spectacle qu'il est allé chercher au prix de mille fatigues, il recherche les causes des effets merveilleux qu'il contemple et élève assez haut sa pensée pour découvrir la loi dictée par le Créateur. Et quand il a saisi cette loi, il n'y a plus pour lui de détails inutiles ; il trouve dans le moindre fait qui échappe au voyageur oisif une vérification de la justesse de son raisonnement. C'est ainsi que Rumfort, parcourant les glaciers des Alpes, s'arrête devant une cavité naturelle, semblable à un petit puits creusé dans la glace. Il aperçoit une pierre au fond de l'eau qui remplit cette cavité, et voici qu'il explique comment ce puits a été creusé. La pierre se trouvait d'abord sur la glace ; échauffée par les rayons solaires qu'il absorbe mieux que la glace, elle en a fait fondre une petite quantité autour d'elle. L'eau provenant de la fusion a été ensuite échauffée à 4 degrés; elle est tombée au fond de la cavité naissante. Là elle a fait fondre une nouvelle quantité de glace autour d'elle en cédant de la chaleur, ce qui a agrandi la cavité. Devenue alors moins dense, elle est remontée à la surface, a été de nouveau échauffée à 4 degrés par le soleil, puis elle est retombée au fond pour continuer son œuvre et ainsi de suite. Le puits a été progressivement creusé par cette circulation d'eau prenant en haut de la chaleur au soleil, et portant en bas cette chaleur à la glace. Quant à la pierre, elle est restée au fond, comme un simple témoin des circonstances qui ont déterminé le creusement du puits.

Nous avons encore à nous occuper des moyens de rendre mesurable la dilatation des solides. Elle est si faible, qu'il faut des instruments spéciaux pour la mesurer. Ainsi nous avons dit qu'un décimètre de fer s'allonge environ de 12 centièmes de millimètre, quand on le chauffe de zéro à 100 degrés : voici comment on peut apprécier exactement une si petite quantité.

Une tige de fer de 1 mètre est placée dans une grande cuve; l'une de ses extrémités vient butter contre un obstacle fixe, tandis que l'autre est appuyée sur la petite branche d'un levier vertical (fig. 54). La grande branche du levier est cent fois plus grande que celle de la petite, et sa pointe est à côté d'une règle horizontale divisée. On met de la glace autour de la barre de fer, et on note la division de la règle, qui se trouve sur le prolongement du levier. On ôte ensuite la glace, on met de l'eau, on la fait bouillir en plaçant du feu sous la cuve. La barre de fer est ainsi chauffée à 100 degrés, elle pousse le levier et la pointe s'avance de 12 centimètres sur la règle horizontale. Évidemment la dilatation de la barre de fer est cent fois moindre, c'est-à-dire qu'elle a pour mesure

12 dixièmes de millimètre. On reconnaît aisément avec cet appareil qu'elle est cent fois moindre pour un degré ; on dit que le coefficient de dilatation linéaire du fer est 12 millioniémes de la longueur à zéro.

Si on remplace le fer par une barre d'une autre substance,

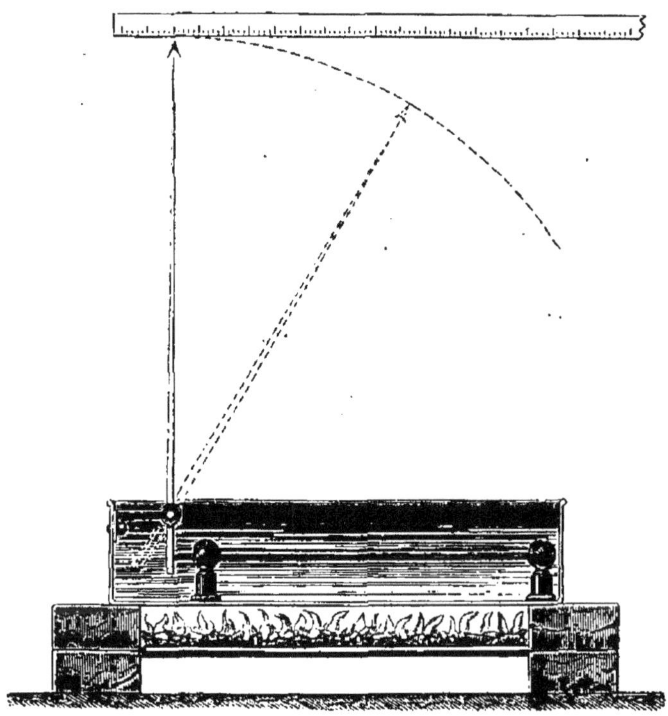

Fig. 54. — Appareil pour mesurer la dilatation des solides.

on trouve une autre valeur, et chaque substance a son coefficient de dilatation particulier.

Il est bien facile de montrer l'inégale dilatabilité de deux métaux, en formant une barre droite avec une lame de cuivre et une lame de fer, par exemple, clouées l'une à l'autre (fig. 55). Quand on chauffe cette barre, elle se courbe d'elle-même, et le cuivre est du côté convexe. Il occupe donc une plus grande longueur que le fer. Quand on laisse refroidir, la barre redevient droite. Si enfin on l'expose à un froid très-vif, elle se courbe en sens contraire, et le cuivre se contractant plus que le fer est du côté concave. On conçoit qu'on ait pu construire des pyromètres fondés sur ce genre d'effet.

On peut calculer l'accroissement de volume d'un corps so-

Fig. 55. — Double lame (fer et cuivre).

lide quand on connaît l'accroissement de longueur que subit une tige de la même substance. Ainsi, une tige de fer de 1 décimètre s'allonge de 12 millionièmes de décimètre pour une élévation de température de 1 degré : 1 decimètre cube se dilatera pour 1 degré d'une quantité triple, à savoir : 36 millionièmes de décimètre cube, ou 36 millimètres cubes. On peut démontrer ce résultat par le raisonnement, et constater son exactitude par l'expérience, à l'aide d'appareils particuliers que nous ne décrirons pas ici.

4. EXPLICATION DE DIVERS PHÉNOMÈNES.

Parmi les effets de la dilatation des solides, il en est un très-curieux que tout le monde peut aisément observer.

Il a été découvert, en 1805, dans une fonderie de la Saxe, par M. Schwartz : un lingot d'argent très-chaud avait été posé sur une enclume froide, et il se mit à trembler en produisant un son musical. Ce phénomène fut observé de nou-

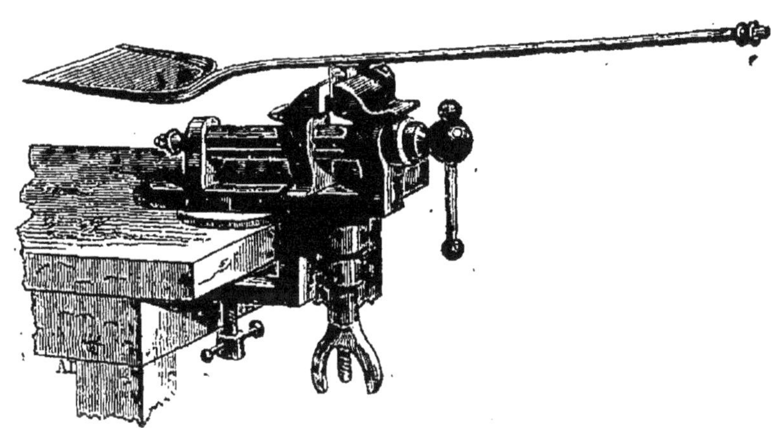

Fig. 56. — Expérience de Trevelyan.

veau, en 1829, par M. Trevelyan, en Angleterre, un jour qu'il avait appuyé sur une masse de plomb froide un fer à souder très-chaud. Voici une forme que M. Tyndall a donnée à cette expérience.

On fixe parallèlement dans un étau deux lames de plomb, en les séparant par un morceau de bois de 1 centimètre de largeur (fig. 56). Puis on chauffe une pelle à feu et on la pose en équilibre sur le bord d'une des lames. Elle oscille alors d'une lame à l'autre, et on entend un son, qui peut être très-pur si l'on soutient légèrement avec le doigt le manche de la pelle.

Expliquons ce phénomène.

Le plomb est chauffé en un de ses points par le contact de la pelle ; il se dilate en ce point, et un petit mamelon se forme brusquement en faisant basculer la pelle ; elle retombe sur la seconde lame, où le même effet est produit : la pelle revient donc sur la première et oscille tant qu'elle est assez chaude pour former un mamelon suffisant sur le plomb qu'elle touche. Cette oscillation est un mouvement vibratoire, qui se propage dans l'air jusqu'à notre oreille, et y détermine la sensation d'un son, s'il est assez rapide : le son est d'autant plus aigu que les oscillations se succèdent plus vite.

M. Gore a disposé une autre expérience qui s'explique de la même manière (fig. 57).

Deux rails de cuivre sont placés à une distance de 2 centimètres l'un de l'autre sur une planche de bois, et une boule creuse de cuivre peut rouler très-aisément sur ces rails. On attache à l'extrémité de chacun d'eux un fil de cuivre, et on fait aboutir les deux fils aux pôles d'une pile voltaïque. Le courant électrique passe par les rails et la boule de cuivre, et il échauffe fortement le rail au point qui touche la boule, parce qu'en ce point la résistance au passage du courant est très-grande. Un mamelon se forme donc, et la boule est soulevée : elle cesse d'être en équilibre, elle vibre d'abord un peu, puis un nouveau mamelon se formant à chaque nouveau point de contact, elle se met à rouler.

Tous les corps solides se dilatent-ils par la chaleur ? Nous avons vu l'eau se contracter quand on la chauffe de zéro à 4 degrés, et il est naturel de penser qu'il peut bien y avoir des substances solides qui se comportent d'une manière analogue. En effet, le bois, certaines terres argileuses se contractent par la chaleur. Mais cela tient à l'eau interposée entre leurs particules, laquelle s'évapore quand elle est chauffée, et permet aux particules de se rapprocher ; les solides de ce genre ont des pores assez grands pour qu'ils puissent contenir beaucoup d'eau. Leur contraction par la chaleur ne ressemble donc pas à celle de l'eau à zéro. Dans ces dernières années, on a découvert en Angleterre que le caoutchouc vulcanisé se contracte réellement par l'action de la chaleur sur ses molécules, lorsqu'il est fortement tendu et qu'il possède toute son

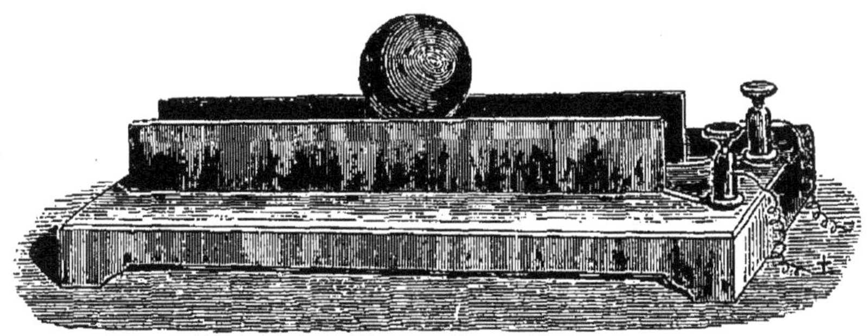

Fig. 57. — Expérience de Gore.

élasticité. Cette propriété tient évidemment à la disposition des molécules, qui peut être telle que la chaleur les rapproche les unes des autres, en les dérangeant et en surmontant les forces intérieures qui les unissent. Le caoutchouc ordinaire non tendu a ses molécules autrement disposées que le caoutchouc tendu ; il n'est donc pas étonnant qu'en subissant le même échauffement, le premier se dilate, tandis que l'autre se contracte ; cela résulte de l'arrangement différent de leurs molécules.

Récemment M. Fizeau a reconnu que plusieurs substances cristallisées se contractent en s'échauffant à partir de certaines températures, et ont comme l'eau un maximum de densité.

Il nous reste à reconnaître une dernière propriété des

corps relativement au changement de leur température, propriété que nous avons déjà signalée en étudiant la conductibilité.

5. DE LA CHALEUR SPÉCIFIQUE.

Pratiquez deux cavités dans un gros bloc de glace. Mettez dans l'une 80 grammes d'eau à 100 degrés, et dans l'autre 80 grammes de cuivre aussi à 100 degrés. Vous trouverez au bout de quelque temps que la glace fondue par l'eau chaude pèse 100 grammes, tandis que celle qui a été fondue par le cuivre pèse dix fois moins.

Ainsi le cuivre, en s'abaissant du même nombre de degrés qu'un égal poids d'eau, dégage dix fois moins de chaleur. Réciproquement nous dirons, qu'en s'échauffant du même nombre de degrés, il consomme dix fois moins de chaleur qu'un égal poids d'eau.

Si l'on fait une expérience semblable en versant dans une cavité de glace 80 grammes d'eau à 50 degrés (au lieu de 100 degrés), on trouverait 50 grammes de glace fondue seulement (au lieu de 100 grammes), de sorte que la quantité de chaleur dégagée par un certain poids d'eau, s'abaissant de 100 degrés à zéro, est double de celle qui est dégagée par le même poids d'eau s'abaissant de 50 degrés à zéro. On dit que cette quantité de chaleur est proportionnelle à l'abaissement de température, et il en est de même quand on renverse le sens de l'opération, et qu'on considère la chaleur qui correspond à une élévation de température.

Il résulte de ce raisonnement que si nous appelons calorie la chaleur nécessaire pour élever de zéro à 1 degré 1 kilogr. d'eau, il faudra 2 calories pour l'élever de zéro à 2 degrés,

100 calories pour l'élever de zéro à 100 degrés. Maintenant, si au lieu de 1 kilogr. on prend 80 grammes, on n'aura besoin que de 8 calories. Telle est la chaleur dégagée par l'eau chaude dans notre première expérience. Quant au cuivre, il n'a dégagé que 8 dixièmes de calorie; par conséquent, 1 kilogr. de cuivre exige, pour être chauffé de zéro à 1 degré, un dixième de calorie. C'est cette quantité qu'on appelle *capacité pour la chaleur* ou *chaleur spécifique du cuivre.*

Si on opérait avec un corps autre que le cuivre, on trouverait semblablement sa chaleur spécifique, et chaque substance a la sienne propre.

L'eau est de tous les corps solides ou liquides celui qui exige le plus de chaleur pour éprouver, sous le même poids, une élévation donnée de température; c'est là une nouvelle propriété à ajouter à celles que nous avons déjà reconnues dans cette substance merveilleuse.

L'eau nous est déjà apparue comme un immense réservoir de la chaleur solaire, chargé de conserver cette chaleur et de la distribuer à la surface de la terre Or, parmi tous les corps de la nature, c'est l'eau qui en dégageant une quantité donnée de chaleur éprouve le plus petit abaissement de température. Les courants marins, en portant la chaleur équatoriale dans les régions moins chaudes, se refroidissent moins que des courants de tout autre liquide, de sorte qu'ils conviennent le mieux pour adoucir le climat de ces régions. Par exemple, avec un océan de mercure, l'abaissement de température correspondant à un même dégagement de chaleur serait 33 fois plus grand qu'avec notre océan d'eau.

Deux célèbres physiciens français, Dulong et Petit, ont découvert un lien remarquable entre la capacité des corps pour la chaleur et leur constitution chimique. La loi qu'ils ont formulée a jeté un jour nouveau sur la structure intime de la matière, et devra contribuer puissamment à nous la faire connaître. C'est par l'indication de cette loi que nous terminerons ce chapitre.

La chimie conduit à ce résultat qu'un atome de plomb pèse autant que trois atomes de zinc environ. Or la capacité du plomb pour la chaleur est le tiers de celle du zinc. Il est impossible qu'il n'y ait pas une grande loi qui règle ainsi ces quantités, vu que les autres corps simples présentent des rapports analogues. Imaginons qu'un atome de plomb exige autant de chaleur qu'un atome de zinc pour subir une élévation donnée de température, et nous aurons l'explication de la loi. En effet, trois atomes de zinc exigeront une quantité de chaleur triple de la précédente, et comme ils pèsent autant qu'un atome de plomb, le zinc exigera trois fois plus de chaleur que le plomb, à égalité de poids. Nous conclurons donc que la chaleur spécifique de l'atome d'un corps simple quelconque est une quantité constante.

CHAPITRE VII

DE LA FUSION ET DE LA SOLIDIFICATIO

I. LOI DE LA TEMPÉRATURE. — CHALEUR CONSOMMÉE DANS LA FUSION ET CHALEUR PRODUITE DANS LA SOLIDIFICATION.

Nous avons déjà appris dans le chapitre II qu'un thermomètre plongé dans de la glace que l'on chauffe reste stationnaire pendant toute la durée de la fusion, et, d'après la définition du mot température, nous disons que la température de fusion de la glace est constante. Cette propriété appartient à tous les corps solides qui peuvent fondre par l'action de la chaleur. Faisons chauffer du soufre dans un ballon de verre (fig. 58), et plaçons-y la boule d'un thermomètre à mercure. Nous verrons le niveau du mercure s'élever graduellement jusqu'au numéro 110 de l'échelle, et la fusion commencer alors. Dès ce moment, le niveau restera fixe jusqu'à ce que tout le soufre forme une masse liquide. Il ne continuera à monter qu'après la fusion complète. On dit que la température de fusion du soufre est de 110 degrés.

Inversement prenons le soufre liquide à 120 degrés, et laissons-le se refroidir. Nous verrons d'abord le niveau du mercure s'abaisser dans le thermomètre, puis s'arrêter à 110 degrés ; alors apparaîtront des aiguilles solides à la surface du liquide, et sur les parois du vase qui le contient. Le soufre redevient solide, et sa température reste constante pendant la solidification, cette température est la même que celle de la fusion. Ce n'est qu'après la solidification complète que le thermomètre recommencera à descendre.

Fig. 58. — Soufre fondant dans un ballon.

Un grand nombre de substances présentent le même phénomène; seulement chacune d'elles a sa température propre de fusion ou de solidification. Ainsi la cire d'abeilles fond à 62 degrés, l'étain à 235, le plomb à 332, l'or à 1200.

Il y a des substances infusibles; les unes, comme le charbon, résistent aux plus hautes températures connues ; on dit qu'elles sont réfractaires ; les autres, comme la céruse, le marbre, le bois, sont décomposées par l'action de la chaleur, parce qu'elles sont formées d'atomes faiblement unis entre eux. Le nombre des premières diminue à mesure que le progrès de la science permet d'atteindre des températures de plus en plus élevées; quant aux secondes, c'est en cherchant à empêcher la séparation de leurs atomes par une compression énergique qu'on peut arriver à en faire fondre quelques-unes. Ainsi on a réussi avec le marbre, en enfermant cette substance dans un canon de fusil hermétiquement fermé par un bouchon à vis. Lorsqu'on échauffe le marbre dans ces conditions, il commence par éprouver une décomposition partielle; du gaz acide cabonique s'en dégage, et de la chaux reste. Le gaz se trouvant emprisonné dans le canon de fusil exerce une pression sur le marbre non altéré, et maintient l'union de ses éléments; celui-ci peut alors fondre. Quand on a prolongé assez longtemps l'opération, on laisse refroidir l'appareil, on l'ouvre et on trouve sur le résidu solide des traces de fusion.

Quand on veut opérer la solidification d'un liquide par le refroidissement, on n'a qu'une seule difficulté à surmonter : c'est celle de produire un froid assez énergique. Aussi le nombre des liquides, qu'on n'a pas encore pu solidifier par le refroidissement diminue-t-il, à mesure que les moyens de produire le froid se perfectionnent. Le mercure se solidifie à 40 degrés et le protoxyde d'azote à 100 degrés au-dessous de zéro. Nous verrons dans le chapitre IX quels sont les procédés usités pour la production artificielle d'un froid aussi excessif. Parmi les liquides qui n'ont pu encore être solidifiés, nous citerons le sulfure de carbone, que l'on emploie beaucoup aujourd'hui dans la préparation industrielle du caoutchouc.

La fusion des corps solides n'est pas toujours brusque comme celle de la glace ou du soufre, qui deviennent très-fluides en fondant. Le verre, par exemple, est pâteux, quand sa température est assez élevée, et c'est dans cet état qu'il peut être façonné par les verriers, étiré en fils, soufflé, recourbé, en un mot travaillé d'une infinité de manières. De même, l'alcool excessivement refroidi, devient pâteux. L'état pâteux n'apparaît pas toujours dans le voisinage de la température de fusion; il résulte d'un arrangement particulier des molécules et peut se présenter à d'autres températures. C'est ce qui arrive pour le soufre, qui est pâteux vers 200 degrés.

Appliquons notre attention au phénomène principal que nous venons d'observer, à savoir, à la constance de la température de fusion et de solidification, et cherchons à nous rendre compte du rôle de la chaleur dans ces opérations.

Quand un solide fond, ses molécules sont évidemment séparées les unes des autres par l'action de la chaleur qui provient des corps voisins. Comme ces molécules étaient liées entre elles par des forces intérieures, la résistance de ces forces a dû être surmontée ; de là un travail intérieur produit et de la chaleur dépensée. De ce que la température reste constante, nous devons conclure que la chaleur qui arrive au corps en fusion n'y entre pas à l'état de chaleur sensible, mais qu'elle est transformée en travail mécanique. Ce travail est seulement intérieur, si aucune pression extérieure n'agit sur la surface du corps de manière à gêner le changement de volume qui accompagne toujours la fusion. Si au contraire une telle pression existe, celle de l'atmosphère par exemple, il faut tenir compte du travail extérieur ; mais habituellement il est très-faible en comparaison du travail intérieur, et on peut dire que ce dernier dépense presque la totalité de la chaleur prise au dehors. On appelle ordinairement *chaleur latente* toute la chaleur dépensée ; mais comme une telle expression, créée autrefois par les partisans du calorique, peut laisser croire que cette chaleur existe réellement, cachée dans le corps ; il vaut mieux l'appeler simplement *chaleur de fusion.*

Dans l'opération inverse, dans la solidification, la constance de la température s'explique dès lors très-aisément. Les molécules liquides que l'on refroidit cessent d'être séparées les unes des autres par la chaleur, dès que leur température atteint celle de fusion ; les forces intérieures, cessant d'être vaincues, reprennent leur empire et reconstituent le corps solide. Or elles dépensent du travail ; donc de la chaleur est créée, et c'est cette chaleur qui en se dégageant peu à peu empêche la chaleur sensible du corps de diminuer et par suite la température de s'abaisser. Il doit y avoir lors de la solidification une quantité de chaleur dégagée égale à la chaleur dépensée pendant la fusion, le travail extérieur étant négligé. Tentons quelques expériences pour vérifier l'exactitude de notre raisonnement.

Nous connaissons déjà la chaleur de fusion de la glace; pour fondre 1 kilogr. de glace à zéro, il faut verser sur la glace 1 kilogr. d'eau à 79 degrés. Cette eau est refroidie à mesure que la glace fond, et elle atteint la température de zéro, à partir de laquelle elle cesse d'agir. A chaque degré d'abaissement de température, elle dégage une calorie; la chaleur totale consommée par la fusion de 1 kilogr. de glace s'élève donc à 79 calories. On arriverait au même résultat en versant 79 kilogr. d'eau à 1 degré.

On peut faire une expérience semblable avec la cire qui fond à 62 degrés. Prenons une grande quantité de cire d'abeilles maintenue à cette même température à l'état solide, et versons sur cette cire 44 kilogr. d'eau à 63 degrés ; cette eau s'abaissera à 62 degrés, en dégageant 44 calories, et vous trouverez 1 kilogr. de cire fondue. Donc la chaleur de fusion de la cire est de 44 calories, un peu plus que la moitié de celle de la glace.

Il est aussi facile de prouver que la solidification est accompagnée d'un dégagement de chaleur. Le plomb fond à 332 degrés ; maintenons exactement à cette température 1 kilogr. du métal à l'état solide ; il suffit pour cela de cesser de le chauffer dès qu'il a atteint 332 degrés et de ne laisser agir le foyer que faiblement, pour empêcher seulement le plomb de se refroidir. Jetons ce plomb dans 1 kilogr. d'eau à zéro. Nous verrons la température de l'eau s'élever de 10 degrés. Donc le kilogramme de plomb en se refroidissant a dégagé 10 calories. Faisons une autre expérience avec 1 kilogr. de plomb *fondu* complétement à 332 degrés, jetons-le dans 10 kilogr. d'eau à zéro ; nous verrons la température s'élever à 15 degrés. Pourquoi ces 5 degrés de plus que dans la première expérience? Ces 5 degrés indiquent un dégagement de 5 calories qui n'avait pas eu lieu précédemment. C'est que le kilogramme de plomb, qui était fondu, a commencé par se solidifier au contact de l'eau froide, avant de se refroidir, et qu'il a dégagé une quantité de chaleur égale à celle qu'il avait prise au foyer pour fondre. La conclusion de cette double expérience est que la chaleur de fusion ou de solidification du plomb est de 5 calories, 16 fois moindre que celle de la glace.

Chaque substance fusible à sa chaleur de fusion qui lui est propre, et, ce qui est remarquable, c'est que la glace est encore celle qui exige le plus de chaleur pour fondre, de même qu'elle a la plus grande capacité pour la chaleur. Aussi lorsqu'en hiver la gelée arrive, le sol reçoit une provision de chaleur qui tempère l'action refroidissante de l'atmosphère et des espaces célestes, et qui empêche la température de s'abaisser rapidement au-dessous de zéro : car chaque kilogramme d'eau qui se congèle dégage 79 calories. Quand vient le dégel, l'eau reprend cette chaleur, et par là elle tempère l'action échauffante de l'atmosphère et du soleil ; elle empêche la température de s'élever rapidement au-dessus de zéro : nouvelle cause de la douceur du climat dans les régions où il y a beaucoup d'eau, qu'il faut ajouter à celles que nous connaissons déjà. Le froid et le chaud se succèdent moins brusquement ; il n'y a pas, comme dans les pays privés d'eau, tels que l'Asie centrale et l'Australie, des hivers et des étés excessifs. On peut dire que l'eau est le régulateur naturel de la chaleur à la surface de la terre.

La lenteur de la fusion de la glace est une conséquence de ce que cette substance a besoin de beaucoup de chaleur pour fondre. Aussi une couche de glace à la surface d'un corps est-elle un abri souvent très-efficace contre la chaleur : tant que la couche n'est pas complétement fondue, la température du corps ne peut s'élever au-dessus de zéro. Inversement une couche d'eau préserve contre le froid, à cause de la lenteur de la congélation. Enveloppez un corps de linges mouillés, et entretenez l'eau qui les imprègne, vous empêcherez le corps exposé à un froid très-vif de se refroidir au-dessous de zéro ; l'eau formera lentement de petits glaçons sur le linge, en dégageant sans cesse de la chaleur. C'est un moyen de préserver les substances organiques de la gelée pendant l'hiver.

On cite de curieux exemples de la lenteur avec laquelle la glace fond.

Dans l'hiver de 1740, on construisit à Saint-Pétersbourg avec les glaçons de la Néva un palais dans lequel on donna des fêtes. Évidemment une grande quantité de chaleur était accumulée dans l'intérieur, et elle fondait peu à peu la superficie des murs ; mais la fusion était très-lente, de sorte que les murs suffisamment épais résistèrent pendant longtemps. On fit aussi avec de la glace des canons de 4 pouces d'épaisseur, et on lança des boulets de fer, sans que les canons fussent fondus ou brisés par l'explosion de la poudre. En Sibérie, on se sert de plaques de glace pour les fenêtres ; leur surface intérieure ne fond même pas, parce que les couches extérieures sont très-froides, et qu'elles maintiennent la température au-dessous de zéro.

L'existence de la chaleur de fusion est suffisamment constatée par tous les faits que nous venons de rapporter. Nous avons à rechercher des preuves expérimentales du travail intérieur qui s'opère dans la fusion et dans la solidification.

2. TRAVAIL INTÉRIEUR. — LES CRISTAUX. — LES FLEURS DE LA GLACE.

Faites fondre du soufre dans un grand creuset en terre, puis laissez-le refroidir sans aucune agitation. Le refroidissement sera très-lent, et la température atteindra 110 degrés d'abord à la surface et sur les parois ; la partie centrale restera encore liquide, lorsque la solidification aura commencé. Vous verrez des aiguilles de soufre se former à la surface en se croisant dans toutes les directions. A ce moment, écartez les aiguilles qui sont au centre, et renversez le creuset ; la partie liquide s'écoulera et vous pourrez voir la couche solidifiée sur les parois ; elle présentera l'aspect de fines aiguilles jaunes et transparentes, toutes dirigées de la paroi vers le centre du creuset (fig. 59). On les appelle des cristaux de soufre, et, en étudiant avec soin leur forme, on a reconnu que chaque cristal est terminé par des faces planes disposées régulièrement.

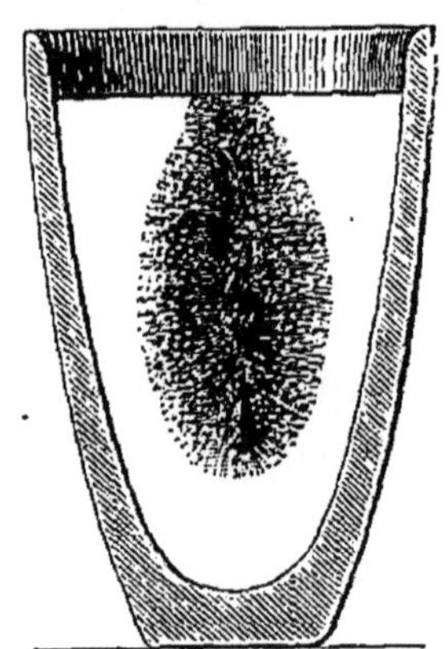

Fig. 59. — Cristallisation du soufre.

Une loi préside donc à l'arrangement des molécules ; lorsque la solidification a lieu, il y a des forces motrices qui amènent chaque molécule à une place déterminée. Or le mouvement d'une molécule, sous l'influence d'une force, est un travail mécanique *dépensé ;* et l'ensemble de tous les travaux moléculaires est ce que nous avons appelé le travail intérieur. Nous avons donc prouvé l'existence de ce travail, en l'arrêtant à temps, tandis qu'il s'exécutait, et en montrant l'état intérieur du corps à ce moment. Si nous avions laissé le soufre se refroidir entièrement, ce travail eût continué silencieusement, caché par la couche superficielle, et l'admirable structure que présente l'intérieur eût échappé à nos regards. Les forces moléculaires sont de grands architectes qui obéissent à la loi souveraine dictée par le Créateur.

Il n'est pas toujours facile de faire cristalliser les corps par fusion; et il faut attribuer notre insuccès à l'insuffisance de nos procédés. Bien souvent les cristaux sont très-petits et enchevêtrés, de telle sorte que la cassure ne présente aucun indice de cristallisation ; c'est ce qui arrive lorsque le liquide est agité pendant son refroidissement. Lorsque les cristaux sont assez gros, la cassure met à nu leurs facettes planes, miroitantes ; on dit qu'elle est cristalline.

C'est encore l'eau qui nous offre le plus bel exemple de la cristallisation avec tous ses détails. Lorsqu'on contemple les propriétés si variées de cette substance, ne pourrait-on pas penser que Dieu a voulu nous révéler par elle les mystères les plus cachés de la nature ?

Quand la température de l'air est très-basse, l'eau qu'il contient se rassemble en petits cristaux réguliers qui tantôt forment une fine poussière blanche, tantôt conservent une transparence si parfaite, qu'on ne peut les apercevoir, et qu'on est averti de leur présence seulement par la sensation qu'on éprouve en les recevant sur son visage ; ce dernier état de la glace a été signalé par MM. Barral et Bixio dans une ascension en ballon. Transportés dans des couches d'air plus humides, ces petits cristaux condensent de l'eau à leur surface, et grossissent en conservant leur régularité; peu à peu ils deviennent des flocons de neige, aux formes les plus variées. Le célèbre astronome Kepler est le premier qui ait étudié ces formes avec soin ; ce sont surtout les navigateurs qui ont pu en faire une étude complète, dans les régions polaires, où la neige tombe fréquemment et à différentes températures.

Scoresby a dessiné 96 formes de neige, et aujourd'hui on en connaît plusieurs centaines qui sont classées. Toutes présentent l'aspect d'étoiles à six rayons, avec des modifications symétriques par rapport au centre de l'étoile (fig. 60).

La congélation de l'eau à la surface de la terre suit la même loi ; mais les cristaux sont soudés les uns aux autres

Fig. 60. — Formes diverses de la neige.

pour former les glaçons, il est habituellement impossible de les discerner.

Voici une très-belle expérience de M. Tyndall, qui va nous faire assister à une sorte de dissection de la glace compacte, et nous mettre sous les yeux le travail intérieur qui s'exécute pendant la fusion. Nous avons vu comment l'édifice solide était construit ; nous allons maintenant le voir détruit régulièrement ; ses diverses parties vont être séparées dans l'ordre même suivant lequel elles avaient été assemblées : et le sens du travail sera seulement changé.

On prend une plaque de glace bien transparente, ayant deux faces naturellement parallèles ; ce sont celles qui étaient horizontales lorsque la plaque a été formée à la surface de l'eau; on les appelle plans de congélation. Avec un miroir on dirige horizontalement sur cette glace un faisceau de rayons solaires, et on dispose la plaque, de manière à ce que ses plans de congélation soient parallèles aux rayons, ou en d'autres termes que les rayons entrent par la tranche. On

Fig. 61. — Dissection de la glace par un faisceau solaire.

met ensuite sur le trajet du faisceau solaire une lentille convergente, à une place telle que le foyer se forme dans l'intérieur de la plaque, et on regarde ce qui se passe dans la glace avec une forte loupe (fig. 61). Voici ce qu'on observe :

A l'entrée des rayons, de petites étoiles à six branches, semblables à des fleurs, apparaissent très-rapprochées les unes des autres; on les suit jusqu'à deux centimètres de la face d'entrée; mais à cet endroit elles sont plus espacées : plus loin on en découvre d'autres encore plus espacées que les précédentes. On peut voir ces étoiles se former et se développer graduellement. C'est d'abord un point brillant, qui devient le centre d'une tache arrondie; puis naissent les rayons ; ceux-ci s'étendent peu à peu et leurs bords se découpent en feuilles de fougère (fig. 62).

Expliquons ce phénomène avec détail.

Le faisceau solaire apporte la chaleur au milieu de la glace ; les premières couches absorbent une partie des rayons calorifiques, et le faisceau en pénétrant plus avant est graduellement dépouillé des rayons absorbables par la glace. A partir d'une certaine profondeur, il cesse d'être échauffant. Nous retrouvons ici une propriété de la chaleur rayonnante que nous avons étudiée dans le chapitre IV. La glace doit donc être plus échauffée près du point d'entrée du faisceau qu'à une certaine distance de ce point.

Lorsqu'un point brillant apparaît, il est dû à la fusion de la glace qui commence ; à mesure que la fusion continue autour de ce point, il devient l'étoile. Chaque file de molécules se détache à son tour, et comme les molécules étaient arrangées par files régulières, distribuées dans trois directions principales, nous trouvons dans les rayons de l'étoile liquide l'indication de ces directions.

C'est suivant ces trois directions que les forces moléculaires cèdent le plus tôt a l'action de la chaleur ; comme si elles étaient celles où se concentre la lutte. Nous distinguons l'eau qui provient de la fusion, parce qu'elle réfléchit vers notre œil de la lumière ; et nous apercevons au centre de l'étoile un point d'aspect métallique parce qu'il est formé par un espace vide qui réfléchit abondamment la lumière.

Pourquoi ce vide? Nous savons déjà que la glace est moins dense que l'eau ; chaque étoile mesure un petit volume de glace qui a été fondu, et l'eau produite occupe un volume moindre. C'est ainsi que nous trouvons dans les détails de ce phénomène une foule d'utiles enseignements. La nature est une harmonie ; « la mission de la science, dit M. Tyndall,

Fig. 62. — Fleurs de glace.

est de purifier assez nos organes pour que nous puissions saisir ces accords. »

On peut rendre là formation des fleurs de la glace visible par un grand nombre de personnes à la fois. Il faut alors faire entrer le faisceau solaire dans la plaque de glace perpendiculairement aux plans de congélation, puis placer une lentille de l'autre côté de la plaque (fig. 65), afin de projeter sur un écran blanc l'image renversée de la glace. L'expérience se fait dans l'obscurité, et après quelques tâtonnements, on voit les étoiles se dessiner sur l'écran; elles se détachent légèrement ombrées sur un fond clair, parce que l'eau absorbe plus de lumière que la glace, et le vide est marqué par un point blanc, parce qu'il n'absorbe aucune lumière. On peut encore substituer aux rayons du soleil ceux de l'arc voltaïque ou d'un chalumeau de Drummond.

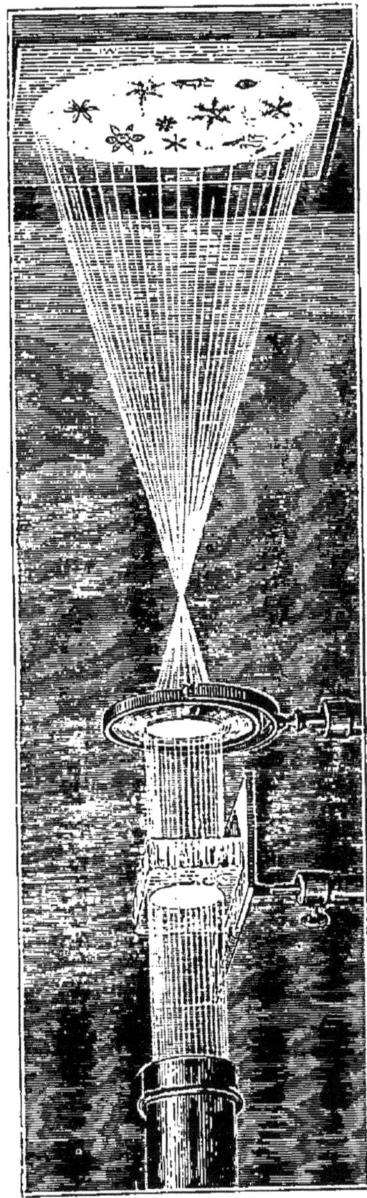

Fig. 65. — Projection des fleurs de la glace.

3. CHANGEMENT DE VOLUME ET TRAVAIL EXTÉRIEUR. — FORCE EXPANSIVE DE LA GLACE.

Le changement de volume qui accompagne la fusion résulte d'un arrangement nouveau que prennent les molécules sous l'action de la chaleur, et le sens de ce changement dépend de leur forme. Il n'y a pas de raison *a priori* pour penser qu'un corps en fondant doive augmenter de volume. C'est l'expérience qui décide cette question, et le raisonnement peut ensuite nous conduire à quelque conclusion relative à la forme des molécules.

Il nous suffit de remarquer que la glace flotte sur l'eau qui provient de sa fusion, pour que nous sachions qu'elle diminue de volume en fondant : car un corps qui flotte à la surface d'un liquide a une densité inférieure à celle du liquide, et par conséquent un certain poids de ce liquide occupe un volume plus petit que le même poids du corps. Par exemple, on a trouvé que 1 kilogramme d'eau à zéro occupe 1000 centimètres cubes environ, et que le même poids de glace à zéro occupe un volume plus grand que le précédent de 75 centimètres cubes.

La fusion du soufre nous offre un exemple de l'effet contraire. Les fragments solides de soufre non encore fondus restent au fond du liquide qui provient de la fusion ; donc ils sont plus denses que le liquide, et par conséquent le soufre se dilate en fondant.

Les autres corps fusibles se comportent; soit comme la glace : par exemple, le bismuth, la fonte ; soit comme le soufre ; et le nombre de ces derniers est très-grand.

Inversement, les liquides de la première espèce se dilatent en se solidifiant, et ceux de la seconde se contractent. Dans le moulage par fusion ce sont les premiers qui conviennent le mieux, parce qu'au moment de la solidification, le liquide en se dilatant remplit exactement toutes les cavités du moule, et que par suite il en reproduit très-fidèlement les détails.

C'est le sens du changement de volume qui détermine celui du travail extérieur, quand le corps reçoit une pression à sa surface. Nous avons négligé précédemment ce travail, lorsque le corps fondait dans l'atmosphère. Mais on peut le soumettre, à l'aide d'appareils convenables, à de très-fortes pressions, et alors le travail de ces pressions influe notablement sur la chaleur de fusion.

S'agit-il de la glace, il y a lors de la contraction une dépense de travail extérieur, et une création de chaleur. Cette chaleur est employée à fondre une partie du corps ; par conséquent, la chaleur qui doit venir du dehors ne sert qu'à fondre le reste ; elle est moindre que si la glace n'était pas comprimée. On peut dire que la glace comprimée fond plus facilement que la glace ordinaire, et on peut penser que la température de fusion n'est plus zéro. En effet l'expérience nous apprend que, si on comprime fortement de la glace, le thermomètre indique une température inférieure à zéro, quand elle est en fusion. M. Mousson l'a vue fondre à 18 degrés au-dessous de zéro sous une pression de plusieurs milliers d'atmosphères.

S'agit-il au contraire de la cire, qui fond ordinairement à 63 degrés en se dilatant, le travail extérieur est produit par la force expansive des molécules du corps, laquelle surmonte la pression extérieure, et ce travail consomme de la chaleur. Par conséquent, la chaleur venue du dehors sert en partie à ce travail, tandis que le reste est consommé par le travail intérieur. On peut dire que la cire comprimée fond plus difficilement que la cire ordinaire, et penser, d'après ce qui a été observé pour la glace, que la température de fusion est supérieure à 63 degrés. Ce fait a été vérifié par M. Bunsen.

On doit comprendre aisément ce qui se passe dans la solidification des liquides, lorsqu'on tient compte du travail extérieur. Il n'y a qu'à renverser le sens des effets.

Telle est la relation qu'on trouve entre les deux sortes de travail mécanique qui existent dans le passage de l'état solide à l'état liquide, et dans le passage inverse. Elle nous explique un grand nombre de phénomènes qui paraîtraient sans cela exceptionnels. La découverte de cette relation est un progrès immense fait dans l'étude de la constitution intime des corps.

Nous trouvons une nouvelle preuve de l'énergie des forces intérieures dans la puissance expansive que possèdent les corps solides ou liquides, au moment où ils passent d'un état à l'autre. Essayez de faire fondre du soufre dans un vase hermétiquement fermé et très-résistant, le vase sera brisé. Les molécules du soufre se trouvent entre deux forces contraires : la chaleur qui arrive du dehors et qui tend à les écarter les unes des autres; la résistance du vase qui s'oppose à cet écartement : c'est celle-ci qui est vaincue.

Les plus curieuses expériences de ce genre ont été faites avec l'eau, qui se dilate en se congelant. Remplissez d'eau un tube de fer forgé, solidement fermé par un bouchon à vis, et exposez-le à un froid très-vif. A mesure que l'eau perd de la chaleur, ses molécules changent de position et tendent à constituer la glace ; mais il leur faut pour cela un volume plus grand que la capacité du vase : elles pressent donc la paroi, et leur effort est tellement considérable que la paroi cède : le tube se fend dans toute sa longueur et l'on entend un craquement.

Le major d'artillerie William fit un jour, à Québec, l'expérience suivante : ayant rempli d'eau une bombe de 35 cenmètres de diamètre, il la ferma avec un bouchon de fer fortement enfoncé, et la laissa exposée à la gelée. Bientôt le bouchon fut lancé à plus de 100 mètres, et un cylindre de glace de 22 centimètres de long sortit par l'ouverture. Une autre fois le bouchon résista et la bombe fut fendue circulairement : une lame de glace sortit par la fente (fig. 64).

On voit, d'après cet exemple, combien les effets de la gelée peuvent être redoutables. En hiver les vases et les tuyaux de conduite remplis d'eau sont souvent brisés; la terre imbibée d'eau au moment de la gelée se gonfle et soulève les maisons ; certaines pierres poreuses se brisent quand l'eau qu'elles contiennent se congèle ; les arbres éclatent avec détonation, lorsque de grands froids surviennent, et que leurs vaisseaux sont remplis de séve. La gelée des plantes est une désorganisation dans laquelle on doit tenir compte de cet effet, bien qu'il semble, d'après certaines expériences faites sur des plantes aquatiques, que cet effet ne soit pas une cause nécessaire de leur destruction.

Fig. 64. — Force expansive de la glace.

L'eau en se congelant dans un vase ouvert peut en briser le fond. Voici comment s'explique ce fait. Pendant une forte gelée, la glace se forme à la surface de l'eau, et elle presse les parois comme un bouchon. L'eau située au-dessous se trouve ainsi confinée dans un espace clos, et quand elle se solidifie à son tour, elle presse le vase et le bouchon de glace; si celui-ci est assez résistant, c'est le fond du vase qui cède (fig. 65).

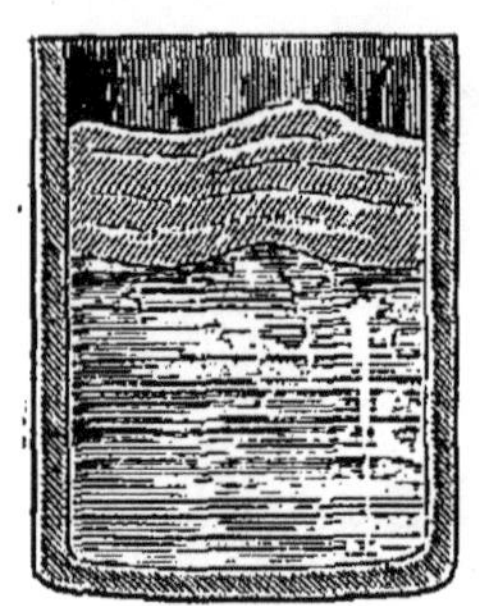

Fig. 65.
Congélation de l'eau dans un vase couvert.

Cette observation nous conduit à une autre expérience dans laquelle on montre que la cire fondue se contracte en se solidifiant. On verse de la cire fondue sur de l'eau contenue dans un vase cylindrique : la cire moins dense que l'eau reste à la surface, se solidifie par le refroidissement, et forme un gâteau moins large que le vase; ce gâteau n'adhère nullement aux parois, et sort de lui-même quand on renverse le vase.

Lorsqu'une petite couche d'eau gèle dans toute son épaisseur sur un sol qui présente quelques inégalités, on observe

Fig. 66. — Congélation de l'eau sur un sol inégal.

des proéminences au-dessus des parties plus profondes (fig. 66). C'est parce que la dilatation est d'autant plus grande que le volume d'eau considéré est plus grand lui-même, et que, de plus, l'eau en se solidifiant se dilate librement dans le sens vertical; c'est donc dans ce sens que doit se montrer une inégale augmentation d'épaisseur, proportionnelle à la profondeur de la couche.

Nous pourrions multiplier les exemples; ceux que nous venons de citer suffisent pour montrer quelle variété d'effets résulte du changement de volume qui accompagne la fusion et la solidification, et comment on peut les expliquer. Nous passerons à l'étude de nouvelles propriétés que possède la glace, et qui trouvent des applications très-remarquables.

4. LA REGÉLATION. — LES GLACIERS.

Ayez des morceaux de glace dans une assiette, et pressez avec les mains deux de ces morceaux l'un contre l'autre, ils se souderont fortement. Pressez contre l'un d'eux un troisième morceau, il se soudera à son tour, et ainsi de suite; vous pourrez rassembler ainsi tous les morceaux en une bande de glace, et donner à cette bande toutes les formes possibles. Chaque morceau de glace était en fusion à sa surface; au point de jonction de deux morceaux, il y a *regélation*. C'est M. Faraday, en Angleterre, qui a appelé sur ce phénomène l'attention des savants, et M. Tyndall en a fait une étude complète dans ces dernières années. Nous lui devons l'expérience suivante, qui présente de l'analogie avec la précédente.

On remplit de petits fragments de glace un moule en buis (fig. 67), et on soumet ce moule à une forte pression; on obtient un bloc de glace parfaitement continu et transparent, ayant la forme de la cavité du moule. En prenant des moules convenables, on peut façonner des lentilles, des sphères, des coupes, des statuettes de glace.

Il paraît naturel de chercher l'explication de cette dernière expérience dans les effets de la compression. Nous avons appris que la glace comprimée fond à une température inférieure à zéro ; par conséquent, si nous considérons deux fragments de glace à zéro pressés dans le moule, nous pouvons penser qu'au point de jonction il y a fusion, parce que la température de zéro est supérieure à celle à laquelle fond la glace quand elle est comprimée ; l'eau provenant de la fusion est

Fig. 67. — Moulage de la glace.

donc au-dessous de zéro; elle se répand dans les interstices des fragments, et, cessant d'y être comprimée, parce que les fragments ne transmettent pas la pression également dans tous les sens, elle redevient solide; la continuité est ainsi graduellement établie dans la masse. Les deux faits sur lesquels repose ce raisonnement sont vrais : l'eau à zéro fortement comprimée ne peut avoir l'état solide; l'eau au-dessous de zéro non comprimée ne peut avoir l'état liquide. Mais si ces faits jouent un rôle dans la regélation qui s'opère au milieu du moule, ils ne peuvent guère être invoqués dans la première expérience, où la pression était exercée par les mains, seulement pour assurer le contact; cette pression était évidemment incapable d'abaisser notablement la température de fusion.

Voici une observation de M. Tyndall, qui nous donnera une des causes principales de la regélation au simple contact. Il prit un morceau de glace, contenant des cellules naturelles dans lesquelles on distinguait une partie liquide, et une partie gazeuse qui se plaçait toujours au sommet de la

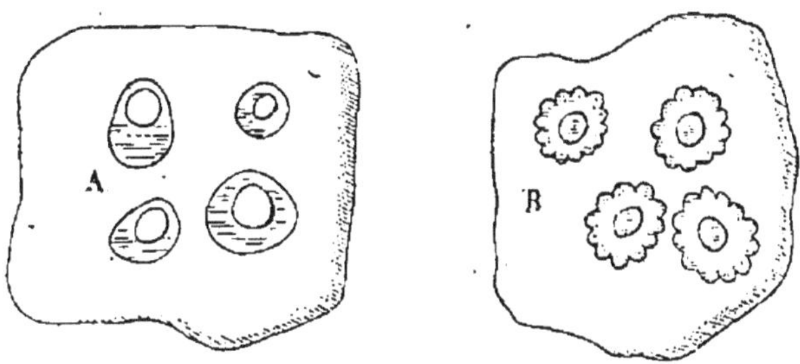

Fig. 68. — Cellules de la glace.

cellule (fig. 68, A). En plongeant le morceau de glace dans l'eau chaude, et le regardant fondre attentivement, M. Tyndall vit les cellules diminuer considérablement de volume, au moment où leur enveloppe de glace fondait, et abandonner chacune une petite bulle d'air, laquelle montait excessivement réduite à la surface de l'eau chaude. Il faut conclure de là que la partie liquide d'une cellule provient de la fusion de la glace qui entourait primitivement la bulle d'air; par sa contraction, elle a laissé un vide, dans lequel la petite bulle d'air est restée très-raréfiée.

Comment la fusion peut-elle être déterminée autour d'une bulle d'air, sans que les parties environnantes cessent d'être solides?

Pour résoudre cette question, M. Tyndall exposa à un froid très-vif un morceau de glace semblable au précédent : la partie liquide des cellules se congela, et la bulle d'air diminua de volume, ce qui confirmait les raisonnements précédents. Il plaça ensuite le morceau dans une chambre chaude et obscure : au bout de quelques heures, la partie liquide reparut dans les cellules. Donc la chaleur peut passer par conductibilité du dehors à l'intérieur de la glace, et faire fondre les parois des cellules.

Enfin, en exposant aux rayons de chaleur du feu un morceau de glace préparé comme le précédent, M. Tyndall vit la fusion s'opérer très-rapidement autour de chaque bulle d'air, et les parois des cellules prendre des formes dentelées, quelquefois très-belles dans les couches superficielles qui étaient rencontrées les premières par la chaleur rayonnante (fig. 68, B). Il ne put obtenir les mêmes effets avec la chaleur rayonnante obscure. La fusion peut donc être aussi déterminée dans l'intérieur de la glace par le rayonnement de la chaleur lumineuse.

Nous conclurons de ces expériences que la chaleur peut pénétrer dans l'intérieur d'un bloc de glace, soit par conductibilité, soit par rayonnement, et déterminer la fusion au contact des bulles d'air emprisonnées dans la masse, en laissant à l'état solide la glace environnante. Voici la raison de cette différence : les molécules situées dans d'autres molécules de glace sont moins libres dans leurs mouvements que celles qui sont au contact de l'air. Quand la chaleur arrive sur la surface extérieure du bloc de glace, une partie agit sur cette surface, et l'autre se propage jusqu'aux bulles d'air; c'est là seulement qu'elle produit son effet, exactement comme un choc exercé à l'extrémité d'une file de billes qui se touchent, lance la dernière bille située à l'autre extrémité, en laissant les billes intermédiaires en repos : chacune d'elles reçoit l'impulsion et la transmet à la bille suivante sans se déplacer, et la dernière seule entre en mouvement parce qu'elle ne rencontre pas d'obstacle. On exprimera le fait observé par M. Tyndall d'une manière générale en disant que la fusion d'un corps solide est plus aisée dans les parties superficielles et dans celles qui offrent des solutions de continuité, que dans celles qui sont tout à fait continues, comme si la température de fusion était moins élevée sur la surface du solide que dans son intérieur.

Appliquons cette remarque au phénomène de la regélation. Nous mettons en contact deux morceaux de glace : les deux surfaces, maintenant unies, exercent l'une sur l'autre une action coercitive qui s'oppose à la continuation de la fusion. Les molécules qu'elles contiennent perdent leur liberté en cessant d'être superficielles et devenant intérieures ; leur attraction mutuelle rétablit l'état solide, et elles demeurent soudées entre elles, tant qu'une chaleur suffisante ne les aura pas atteintes et portées à une certaine température supérieure à zéro. Les deux morceaux sont ainsi rassemblés en un seul bloc, et la fusion n'aura lieu en un point de la partie continue du bloc que quand la fusion aura atteint les parties voisines de ce point après avoir commencé à la superficie.

L'enfant qui pétrit une boule de neige répète l'expérience de la regélation. Les flocons de neige deviennent de petits glaçons qui se soudent les uns aux autres ; la main les brise, les change de place ; ils se soudent de nouveau, et voilà comment cette neige légère et délicate devient un corps dur et compacte, qui peut blesser l'enfant dans ses jeux.

Le voyageur qui visite les glaciers des Alpes rencontre une crevasse profonde : il amasse de la neige au bord du précipice ; il en fait un pont, puis il monte sur cette édifice improvisé, et s'avance lentement au-dessus de l'abime. La neige glacée fléchit sous son poids. Ici il y a rupture, là il y a regélation ; la masse comprimée devient rigide, et le passage peut s'effectuer sans danger.

Arrêtons-nous un instant devant le magnifique spectacle que nous présentent les neiges éternelles ; nous y trouverons l'exemple le plus grandiose des propriétés de la glace.

Au sommet des hautes montagnes, la vapeur d'eau de l'atmosphère se condense en neige, et leur crête en est sans cesse recouverte. Tantôt les masses neigeuses descendent en avalanches le long des pentes, avec un bruit de tonnerre, et remplissent les vallées ; tantôt elles glissent lentement et s'accumulent au bas des pentes, en se comprimant. L'air emprisonné dans les flocons de neige est peu à peu expulsé et la masse durcit ; devenue plus dense, elle pèse fortement sur les rochers, sur le fond des vallées supérieures, et descend graduellement vers les vallées inférieures. Mais alors elle atteint, en se réchauffant, la température de zéro, et commence à fondre. La *regélation* est opérée à partir de ce moment sur une immense étendue, parce que le fond de la vallée et les flancs de la montagne font obstacle au glissement de la glace. Sans cesse sollicitée par la pesanteur, elle se rompt en surmontant les obstacles ; de larges et profondes crevasses transversales résultent de sa rupture ; puis les blocs en se rejoignant se soudent entre eux. D'autres crevasses sont produites à d'autres places ; c'est ainsi que le glacier coule lentement dans la vallée avec une vitesse de 30 à 60 centimètres par jour, suivant la saison, entraînant çà et là des débris de rochers qui ont cédé à ses efforts. Arrivé assez bas, dans une région plus chaude, il fond à sa surface et dans ses profondeurs, et devient la source d'un fleuve. Un mouvement incessant amène de nouvelles masses de glace qui fondent graduellement, tandis que plus haut la neige qui tombe fréquemment compense cette fusion. Le glacier est donc au-dessous de la ligne des neiges perpétuelles, et au-dessus se trouve le *névé* qui l'alimente.

CHAPITRE VIII

DE L'ÉVAPORATION ET DE L'ÉBULLITION

I. VAPORISATION SUPERFICIELLE DES SOLIDES ET DES LIQUIDES.

Pendant longtemps on a admis que la glace était plastique comme l'argile détrempée par l'eau, pour expliquer comment le glacier descend peu à peu en se moulant en quelque sorte dans la vallée qu'il comble. Mais les expériences dont nous venons de parler donnent la véritable explication : la glace se brise en fragments, qui se soudent ensuite aux points où ils se touchent.

Certaines substances solides ou liquides sont volatiles : leur surface produit des vapeurs qui se répandent dans l'espace environnant, et dont les propriétés générales sont celles des gaz, à savoir l'expansibilité et la compressibilité. En vertu de la première, leurs particules tendent toujours à s'écarter les unes des autres ; en vertu de la seconde, elles se rapprochent très-facilement quand on les comprime, et occupent alors un moindre volume. Il faut quelquefois avoir recours à des expériences pour reconnaître le phénomène qui constitue l'évaporation. Nous ne pouvons l'observer dans les circonstances ordinaires que si la vapeur a quelque action caractéristique sur nos sens. Reprenons un exemple déjà indiqué dans le chapitre 1er : Vous tenez un morceau de camphre enfermé dans un flacon bien bouché; il vous est difficile de constater au premier coup d'œil sa volatilité. Mais débouchez le flacon; l'odeur spéciale de cette substance va se manifester, et vous en conclurez qu'il s'en est détaché des parcelles qui sont venues rencontrer l'organe de l'odorat, et y ont produit la sensation de l'odeur. Regardez le flacon plus attentivement, s'il est un peu grand, et si le morceau de camphre y est depuis longtemps, vous pourrez remarquer un léger dépôt de parcelles brillantes sur quelques parties de la paroi. Placez devant le feu le côté du flacon où se montre le dépôt; vous verrez bientôt ce dépôt disparaître et se reformer sur la paroi opposée qui est restée froide. Si la chaleur continue à agir, et atteint le morceau de camphre situé au fond du flacon, le dépôt augmentera sur la paroi froide; les parcelles brillantes deviendront de petits cristaux aux formes géométriques, et en même temps le morceau aura diminué de volume. Vous pourriez avec une balance vous assurer que ce morceau a perdu de son poids, et que sa perte est égale au poids des cristaux déposés sur la paroi. Vous auriez fait ainsi une véritable expérience de physique. Averti de l'existence d'une propriété du camphre par une simple observation, vous avez étudié cette propriété en modifiant les circonstances dans lesquelles se passe le phénomène, et vous avez ainsi découvert une de ses lois. Il vous reste à compléter votre étude par un raisonnement qui enchaîne les faits.

On peut dire que les particules du camphre ont été transportées sous l'influence de la chaleur, de la surface du morceau solide à la paroi du flacon. Elles ont commencé par être détachées de cette surface, séparées les unes des autres, lancées en quelque sorte dans toutes directions ; puis elles se sont rassemblées de nouveau en un point où la chaleur ne pouvait s'opposer à leur réunion, et elles ont reconstitué le camphre solide. Nous ne pouvons voir le transport des particules, à cause de leur excessive ténuité; mais nous avons constaté le résultat final de ce transport, et nous concluons :

La chaleur volatilise le camphre, l'amène à l'état de vapeur ou de gaz, invisible comme l'air ; le refroidissement ramène la vapeur de camphre à l'état solide. Nous retrouvons deux transformations inverses, analogues à la fusion et à la solidification des liquides.

En répétant le même genre d'expériences sur un grand nombre de solides, on arriverait à la même conclusion. Avec l'iode, substance brune d'une odeur particulière, on aurait une preuve de l'entière exactitude du raisonnement précédent, parce que la vapeur de cette substance est d'un magnifique violet. Si donc vous placez au fond du flacon un morceau d'iode et si vous l'approchez du feu, vous verrez les vapeurs violettes s'élever peu à peu dans tous les sens, remplir le flacon, et de petits cristaux bruns se former ensuite sur les parties froides de la paroi. Cessez de chauffer, la vapeur disparaîtra avec le temps, et vous n'aurez plus qu'une partie de l'iode restée au fond, et un dépôt cristallin recouvrant la paroi.

Ce sont surtout les liquides qui présentent les exemples les plus nombreux de vaporisation. Nous en avons cité déjà quelques-uns dans le chapitre premier, et nous nous proposons de faire dans celui-ci l'étude attentive de ce phénomène.

Mettons sur le feu une marmite pleine d'eau; bientôt nous remarquons un petit nuage de vapeur au-dessus de la surface. Le nuage n'est pas réellement de la vapeur : il est constitué par un grand nombre de petites gouttes d'eau que l'on peut rassembler en les recevant sur une lame de verre par exemple; elles forment alors sur cette lame une couche liquide. Le phénomène est analogue à celui que nous observions dans le flacon de camphre ou d'iode. Sous l'influence de la chaleur, les particules liquides situées à la surface de l'eau sont séparées les unes des autres; elles s'élèvent dans toutes les directions à l'état de gaz invisible, et se disséminent dans l'air. Mais en rencontrant les couches d'air qui sont froides à une certaine hauteur, elles se rassemblent de nouveau, parce que la chaleur ne s'oppose plus à leur union, et elles forment les petites gouttes que nous voyons avec l'apparence d'un léger nuage. Nous pouvons conclure de cette observation que la chaleur fait évaporer l'eau, et que, inversement, le froid fait condenser la vapeur.

Est-il nécessaire qu'un foyer de chaleur agisse sur un corps pour qu'il s'évapore, pour qu'il y ait séparation des molécules surperficielles? Les molécules ne font-elles que céder à la chaleur, à l'ennemie naturelle de la force qui les unit?

En poursuivant l'étude du phénomène précédent, nous trouverons la réponse à cette question.

Le petit nuage paraît persister au-dessus de notre eau chaude. Si l'atmosphère est tranquille, s'il n'y a pas de courants d'air dans la chambre, il s'agite faiblement, se déforme, disparaît en un point, reparaît en un autre; il ressemble à un corps léger et mobile, qui flotte dans l'air. Regardons-le avec un peu plus d'attention. En réalité, le nuage monte et disparaît et un nouveau nuage d'une forme différente apparaît à la place du premier. C'est un renouvellement continuel de gouttes d'eau à peu près à la même place, qui produit l'apparence d'un nuage persistant; en le contemplant de loin, nous étions le jouet d'une illusion d'optique, et nous voyons maintenant comment les choses se passent. En voici l'explication.

Lorsqu'une gouttelette d'eau a été formée par le refroidissement de la vapeur, elle monte un peu plus haut, entraînée par le courant d'air ascendant qui règne au-dessus de la marmite. Ce courant est dû à l'échauffement des couches d'air voisines de la surface de l'eau chaude, et au mélange de la vapeur avec ses couches, deux circonstances qui diminuent leur densité. Arrivée dans de nouvelles couches d'air plus sec, la gouttelette s'évapore, et se résout en gaz invisible qui se mêle de nouveau avec l'air ; elle semble donc disparaître. Moins l'air de la chambre est sec, plus la goutte s'élève avant de s'évaporer, et plus le petit nuage paraît épais. Si l'air était excessivement humide et très-calme, le nuage pourrait former une colonne de gouttelettes d'eau naissant sans cesse à la base, et montant lentement jusqu'au plafond de la chambre pour s'y condenser.

Nous devons donc penser que l'eau s'évapore d'elle-même dans l'air sec, sans qu'il y ait besoin de l'excitation de la chaleur, et nous sommes amenés à tenter quelques expériences qui confirment notre raisonnement. Ces expériences sont d'ailleurs indispensables pour que nous puissions généraliser notre conclusion en les étendant à tous les liquides volatils. L'observation que nous venons de faire sur l'eau ne serait pas possible sur tous les autres liquides : car les gouttelettes qui résultent de la liquéfaction d'une vapeur ne sont pas toujours visibles : pour qu'elles le soient, il faut le concours de circonstances complexes, et même la vapeur d'eau ne se précipite pas toujours en brouillard comme on l'a vu dans le chapitre IV à propos du serein.

2. FORCE ÉLASTIQUE DES VAPEURS. — MARMITE DE PAPIN.

Les caractères essentiels d'un gaz ou d'une vapeur sont l'expansibilité et la compressibilité. Nous devons donc penser qu'une substance volatile, introduite dans un réservoir vide d'air et de toute espèce de matière, remplira immédiatement ce réservoir ; c'est-à-dire que les molécules superficielles se sépareront sans obstacle, en vertu de leur force expansive naturelle, et iront choquer les parois : elles seront alors retenues et, ne pouvant s'écarter davantage les unes des autres, elles presseront ces parois. C'est ce mode d'évaporation qui est le plus simple, et il s'agit de le réaliser.

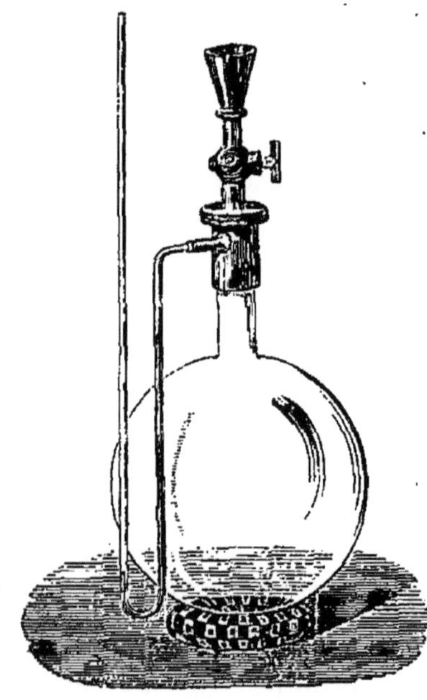

Fig. 69. — Appareil pour l'évaporation des liquides.

Nous pouvons nous servir d'un instrument représenté sur la fig. 69. C'est un réservoir de verre muni d'un robinet et d'un tube de verre recourbé à deux branches verticales. On met du mercure dans ce tube, et après avoir établi un tuyau de communication entre le robinet et la machine pneumatique, on enlève l'air naturellement contenu dans le réservoir. Le niveau du mercure dans la branche ouverte du tube se trouve alors à 76 centimètres environ au-dessus de l'autre niveau. C'est cette colonne de mercure qui fait équilibre à la pression atmosphérique, comme dans le baromètre.

Cela fait, on ajuste sur le robinet un entonnoir, que l'on remplit d'un liquide, d'éther par exemple. En ouvrant avec précaution le robinet, on fait entrer une certaine quantité de liquide, puis on le referme immédiatement. Supposons que la quantité d'éther introduite soit très-petite : aucune trace de liquide n'apparaîtra dans le réservoir ; tout se réduira en vapeur instantanément, et le sommet de la colônne de mercure s'établira, par exemple, à 60 centimètres au-dessus du niveau inférieur.

Évidemment le mercure a été refoulé par la vapeur d'éther, et la force élastique de cette vapeur est ainsi manifestée par un de ses effets. De plus, la mesure de cette force élastique est la diminution qu'a subie la colonne de mercure, à savoir 16 centimètres.

Si on introduit encore une petite quantité d'éther dans le réservoir, la température étant de 15 degrés, on verra la hauteur de la colonne de mercure diminuer, et on conclura que la force élastique de la vapeur a augmenté. Il n'y aura aucune trace de liquide, tant que la colonne de mercure sera supérieure à 41 centimètres. Mais dès qu'elle aura cette hauteur tout le liquide qu'on introduira par le robinet comme précédemment, tombera dans le réservoir sans se vaporiser. Il y a donc une certaine quantité d'éther qui est capable de *saturer* le réservoir en s'y vaporisant complétement, et la force élastique de la vapeur est la plus grande possible, quand elle est en présence d'un excès de son liquide. Dans l'exemple que nous avons pris, cette force élastique équivaut à la pression d'une colonne de mercure ayant 35 centimètres de hauteur, puisque dans le tube recourbé, la hauteur du mercure est descendue de 76 centimètres à 41.

On s'explique aisément comment le réservoir est saturé par une quantité limitée de vapeur, en considérant que les molécules superficielles d'un liquide volatil tendent à se séparer les unes des autres avec une certaine force qui est elle-même limitée. Lorsque la vapeur formée possède une force élastique assez grande, elle fait équilibre à la force de séparation des molécules situées à la surface de l'excès liquide; dès lors celles-ci restent à l'état liquide, et l'évaporation cesse.

L'expérience précédente peut être faite avec tous les liquides volatils, et les résultats ne diffèrent que par les hauteurs de mercure qui mesurent la force élastique de leurs vapeurs.

La quantité de vapeur que peut contenir un réservoir donné est évidemment proportionnelle à la capacité de ce réservoir; un réservoir de deux litres peut contenir deux fois plus de vapeur qu'un autre réservoir d'un litre. Lorsqu'on introduit le liquide au hasard dans un réservoir vide, il peut arriver trois cas : ou bien la quantité introduite sera exactement égale à celle qui doit saturer le réservoir, et alors tout le liquide se réduira en vapeur; ou bien elle sera plus petite, et alors l'espace ne sera pas saturé; ou enfin elle sera plus grande, et un excès de liquide non vaporisé restera dans le réservoir, qui d'ailleurs ne contiendra pas plus de vapeur que dans le premier cas. La force élastique de la vapeur est la même dans le premier et le troisième cas; elle est moindre dans le second. Aussi dit-on que la force élastique d'une vapeur a atteint son maximum, lorsque l'espace qui la contient est saturé, et on est certain que la saturation a lieu, quand on voit la vapeur en contact avec un excès de son liquide.

Pour un même liquide la force élastique maxima de la vapeur est d'autant plus grande que la température est plus haute. La quantité de vapeur qui peut saturer un espace donné suit la même loi. Nous avons supposé précédemment l'éther à 15 degrés; à 20 degrés, la différence des niveaux du mercure dans notre appareil eût été de 33 centimètres; à 40 degrés, le niveau du mercure eût été plus élevé dans la branche ouverte du tube que dans l'autre, de 15 centimètres; la pression de la vapeur est alors supérieure à celle de l'atmosphère. A 60 degrés, nous aurions eu 97 centimètres au lieu de 15, et ainsi de suite.

Quand les forces élastiques sont très-grandes, on compte combien de fois elles valent la pression d'une atmosphère, laquelle est capable de soutenir une colonne de mercure de 76 centimètres. Voici les forces élastiques de la vapeur d'eau mesurées par M. Regnault, dans de magnifiques expériences dont nous ne pouvons parler ici.

TABLE DES FORCES ÉLASTIQUES DE LA VAPEUR D'EAU SATURÉE

NOMBRES D'ATMOSPHÈRES.	TEMPÉRATURES.	NOMBRES D'ATMOSPHÈRES.	TEMPÉRATURES.
1	100°	11	185°
2	121	12	188
3	134	13	192
4	144	14	196
5	152	15	199
6	159	16	202
7	165	17	205
8	171	18	208
9	176	19	210
10	180	20	213

Nous trouvons une démonstration très-simple de cette propriété des vapeurs dans la marmite de Papin, imaginée par l'immortel inventeur de la machine à vapeur.

Elle se compose (fig. 70) d'un vase de bronze à parois très-épaisses, que l'on peut fermer hermétiquement à l'aide d'un couvercle de même métal, en faisant usage d'une vis de pression. Ce couvercle est percé d'un trou, sur lequel on appuie pour le fermer un levier chargé par un poids; on met de l'eau dans ce vase, et on le chauffe. La vapeur se forme à la surface de l'eau, et se mèle à l'air renfermé dans l'intérieur; en ôtant pendant quelques instants le levier, on fait sortir le mélange d'air et de vapeur, et bientôt il ne reste

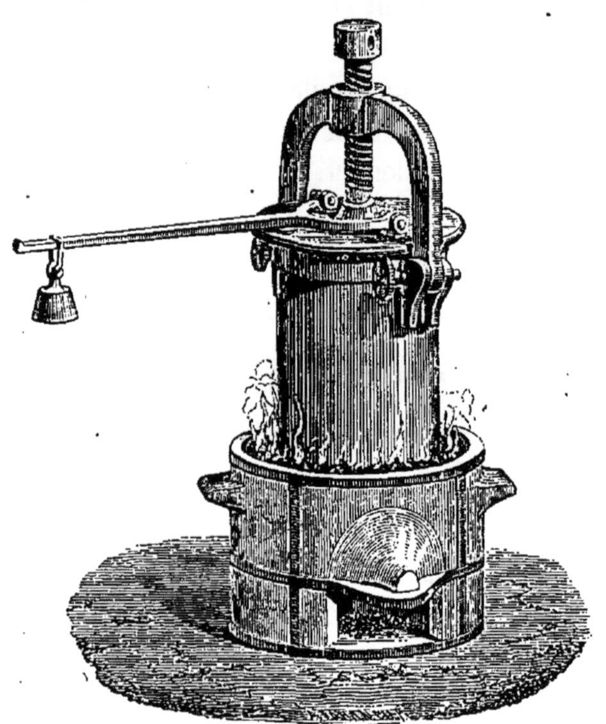

Fig. 70. — Marmite de Papin.

plus dans la marmite qu'un mélange de vapeur et de liquide. On remet le levier en place, et l'on est dans le cas d'un espace vide d'air, qui contient de la vapeur d'eau avec un excès liquide. La vapeur formée presse de toutes parts son enveloppe; sa force élastique croît rapidement avec la température comme l'indique le tableau précédent; elle est bientôt assez grande pour soulever le levier, et pour lancer au dehors un jet bruyant qui forme un nuage. On ajoute un poids au bout du levier pour refermer la marmite et le jet cesse; la température s'élevant toujours, la force élastique croît encore, et il faut charger de nouveau le levier, si l'on veut empêcher la sortie de la vapeur. Lorsqu'on atteint la température de 215 degrés, et qu'il reste encore dans la marmite une partie de l'eau à l'état liquide, la vapeur a une force élastique de 20 atmosphères; alors si la surface du couvercle est d'un décimètre carré, il reçoit une pression supérieure à 2000 kilogrammes. On conçoit qu'une telle expérience n'est pas sans danger, la marmite devant nécessairement éclater si elle n'était pas suffisamment résistante. Cette remarque fait concevoir les immenses difficultés qu'ont dû présenter les recherches de M. Regnault.

La marmite de Papin a reçu une importante application. Comme elle permet d'avoir de l'eau liquide bien au-dessus de 100 degrés, et que certaines substances, telles que la gélatine des os, sont dissoutes d'autant plus facilement par l'eau que sa température est plus élevée, on peut se servir de cette marmite pour obtenir les solutions de ces substances. En faisant digérer des os frais dans cet appareil, on en extrait la gélatine. De là le nom de digesteur qui lui est quelquefois donné.

On raconte qu'on a servi sur la table du préfet du Nord, il y a une quarantaine d'années, de la gélatine extraite ainsi d'os fossiles qui avaient été trouvés enfouis dans le sol, et qui provenaient de grands animaux morts depuis plus de 6,000 ans.

Nous venons d'étudier l'influence d'une élévation de température sur l'évaporation dans le vide; il est bien évident qu'un abaissement agit en sens inverse, de telle sorte que la force élastique maxima d'une vapeur a toujours la même valeur, lorsque la vapeur passe par une température donnée, soit en s'échauffant, soit en refroidissant. Par exemple, à

120° la force élastique de la vapeur d'eau, quand elle est en contact avec son liquide, est toujours de deux atmosphères; c'est un état de saturation déterminé ; il est donc absolument impossible d'avoir de la vapeur d'eau qui ait à la fois une température inférieure à 120 degrés, et une force élastique supérieure à deux atmosphères. Une remarque analogue peut être faite pour chaque état de saturation.

En résumé, beaucoup de liquides et certains solides ne peuvent avoir une surface libre dans le vide, sans que les molécules de cette surface s'en séparent d'elles-mêmes, pour passer à l'état de gaz. La couche de molécules qui subit cette transformation dépend de la nature de la substance et de sa température; elle est d'autant plus épaisse que la température est plus élevée. Lorsque la partie gazeuse se trouve en quantité suffisante, elle exerce sur la surface une certaine pression, et l'évaporation s'arrête. Cette propriété tient à l'état des molécules et à leurs actions mutuelles; à l'intérieur d'un corps, une molécule est soumise dans tous les sens à l'action d'autres molécules semblables ; elle est donc moins libre qu'à la surface de céder à des forces contraires à cette action, et il n'est pas étonnant qu'elle se comporte autrement sous l'influence de la chaleur. C'est la chaleur qui règle l'état de chaque molécule, et par suite la température du corps ; elle joue le rôle d'une force expansive, opposée aux attractions moléculaires, et on conçoit qu'elle soit équilibrée dans l'intérieur tandis qu'elle prédomine à la surface. Là où elle prédomine, son effet est de détruire entièrement la cohésion, et de produire ce que nous avons déjà souvent appelé un travail intérieur. Dans le chapitre précédent, une différence analogue a été constatée entre l'intérieur et la surface d'un corps solide, relativement à la fusion. Quant à la cessation de l'évaporation, elle s'explique par la pression qu'exerce la vapeur formée; c'est une force contraire à la force expansive de la chaleur, et qui empêche celle-ci de vaincre la force de cohésion.

Pour confirmer notre raisonnement, nous n'aurons qu'à prouver que l'évaporation est accompagnée d'une disparition de chaleur sensible, et nous en trouverons en effet de nombreux exemples dans le chapitre suivant. Mais nous devons auparavant poursuivre l'étude des circonstances où l'évaporation a lieu.

Reprenons l'appareil qui nous a servi pour étudier l'évaporation dans le vide et supposons qu'on introduise un excès d'éther dans le réservoir, en y laissant de l'air (fig. 69). On verrait la colonne de mercure se déplacer peu à peu dans le tube. La vapeur se forme donc lentement, et se mêle avec l'air. Au bout de quelque temps, les niveaux du mercure demeurent stationnaires, ce qui prouve que l'air est alors saturé de vapeur. D'après la position de ces niveaux on conclut que la quantité de vapeur produite est la même que si le liquide eût été introduit dans le vide.

Concluons de cette expérience qu'un liquide s'évapore dans un espace contenant de l'air ou plus généralement un gaz qui n'agit pas sur lui chimiquement, comme si cet espace était vide; la seule différence est dans la rapidité : la production de vapeur est instantanée dans le vide, et très-lente dans un gaz.

Cette lenteur s'explique naturellement par l'obstacle mécanique que le gaz oppose à l'écartement de molécules de vapeur ; elles restent accumulées d'abord à la surface du liquide, s'en éloignent peu à peu, à mesure que leur force élastique surmonte la résistance du gaz, et retiennent les molécules superficielles que la chaleur tend à séparer. Dans cette évaporation, il y a donc à considérer un travail mécanique extérieur, celui qui opère le déplacement du gaz, et le travail intérieur qui opère la séparation des molécules à la surface du liquide. Mais l'air ou le gaz n'agit que par l'inertie de sa masse, et c'est seulement la vapeur qui arrête l'évaporation.

Nous arrivons maintenant au cas de l'évaporation dans l'atmosphère ; c'est celui qui se rencontre le plus fréquemment. La saturation de l'atmosphère ne peut avoir lieu que dans le couches voisines du corps volatil, à cause de l'immense étendue de l'enveloppe gazeuse de la terre. Comme ces couches ne restent pas au contact du corps, celui-ci cède sans cesse de nouvelles vapeurs aux couches qui se succèdent, et il finit bientôt par être entièrement évaporé. Ses molécules restent à l'état de gaz, mêlées à l'atmosphère, jusqu'à ce que certaines circonstances leur permettent de se condenser. Par exemple, en hiver un vent sec fait disparaître la neige, la glace, sans qu'il y ait fusion, parce qu'il entraîne sans cesse la vapeur d'eau qui est produite par l'évaporation, et que cette évaporation est rendue par là très-active. C'est pour la même cause que le linge mouillé peut sécher par un froid très-vif, lors même que l'eau qui l'imprègne est gelée. Semblablement, en été, un vent qui survient pendant la nuit fait disparaître la rosée déjà déposée. A chaque instant nous voyons les effets de l'évaporation de l'eau et des autres corps volatils. Plus la température est élevée, plus ces effets sont intenses. Dans les régions équatoriales, la vapeur d'eau s'élève au-dessus des mers qu'échauffent les rayons d'un soleil ardent ; rencontrant des couches d'air froides, elle se condense en gouttes légères qui forment les nuages ; ces gouttes, en montant plus haut, portées par le courant d'air ascendant, disparaissent dans les couches d'air sec ; et le phénomène que nous avons étudié au commencement de ce chapitre se passe ici sur une immense étendue. Souvent, en observant le ciel, nous assistons à la disparition lente d'un nuage au-dessus de nos têtes : le brouillard du matin est dissipé dans le milieu du jour, soit parce qu'il s'est élevé et a formé des nuages, soit parce que les rayons solaires l'ont évaporé, et dans ce cas le ciel peut rester pur. A côté de ce triomphe de la chaleur, nous trouvons le *triomphe des forces moléculaires* : le retour des nuages, leur transformation en pluie, en neige, en grêle, nous montrent la réunion nouvelle des molécules d'eau. Parties de la terre, elles ont accompli un grand voyage aérien, et reviennent à la terre pour y éprouver des migrations encore plus merveilleuses comme nous le verrons bientôt. Mais poursuivons notre étude et occupons-nous des moyens de prouver que la vaporisation consomme de la chaleur.

3. L'ÉVAPORATION EST ACCOMPAGNÉE D'UNE DISPARITION DE CHALEUR SENSIBLE.

Lorsqu'un liquide s'évapore près d'un foyer, on n'a aucune peine à concevoir que la chaleur transmise à sa surface y opère le travail nécessaire pour le changement d'état, et nous ne chercherons pas à faire une expérience concluante à ce sujet. Nous porterons surtout notre attention sur l'évaporation sans source apparente de chaleur.

Vous versez de l'éther sur votre main ; il s'évapore, et vous sentez un froid très-vif : avec certains liquides, tels que l'alcool qui est moins volatil que l'éther, le froid serait moins grand ; il serait encore moindre avec l'eau qui est moins volatile. Il y a donc une relation entre la quantité de vapeur formée et la disparition de la chaleur sensible. Cette remarque doit vous disposer à penser que le travail intérieur de vaporisation consomme une quantité de chaleur sensible, prise au liquide non vaporisé et aux corps voisins, et que cette chaleur est proportionnelle au travail. Vous pouvez apprécier la grandeur des effets, en enveloppant d'un linge la boule d'un thermomètre, en versant sur ce linge les liquides précédents. En agitant le thermomètre, pour renouveler les couches d'air non saturé qui le touchent, vous aurez une évaporation active, et vous pourrez mesurer les abaissements de température. Le résultat sera exactement celui que vous avez déduit de vos sensations dans la première expérience. Avec l'éther, vous obtiendrez un froid de plusieurs degrés au-dessous de zéro; avec l'eau, la température ne s'abaissera que de quelques degrés au-dessous de la température ordinaire. Il est aisé de comprendre que l'on puisse mesurer la chaleur disparue et la quantité de vapeur produite dans de semblables expériences, et vérifier leur proportionnalité.

Si l'évaporation consomme de la chaleur, réciproquement la condensation de la vapeur doit en créer. Car cette condensation représente une dépense de travail moléculaire, et nous savons qu'une telle opération est accompagnée habituellement d'une production de chaleur. Nous trouverons bientôt des preuves de cette assertion. N'en avons-nous pas déjà une dans quelques observations journalières qui n'ont échappé à personne? La température de l'air, par exemple, est considérablement adoucie après la pluie pendant l'hiver : certainement cette pluie produit de la chaleur, parce que la vapeur d'eau atmosphérique s'est condensée en gouttes liquides.

4. ÉBULLITION SOUS UNE PRESSION CONSTANTE. — LOI DE LA TEMPÉRATURE.

Il y a une troisième manière de transformer les liquides en vapeur : c'est l'ébullition ou vaporisation d'un liquide avec formation de bulles dans toute sa masse. L'étude de ce phénomène peut être faite à l'aide d'expériences très-simples et elle va compléter celle de la vaporisation.

Examinons l'action progressive de la chaleur sur de l'eau contenue dans un vase ouvert tel qu'un ballon de verre. Plaçons ce ballon sur un fourneau, mettons-y un thermomètre, et observons ce qui se passe dans le liquide (fig. 71). La température s'élève graduellement, et des courants ascendants et descendants répartissent la chaleur par convection; il se forme à la surface de la vapeur qui vient se condenser à la sortie du ballon en léger brouillard. Ces phénomènes ont déjà été étudiés. Bientôt de petites bulles gazeuses naissent au sein de l'eau, et montent lentement jusqu'à la surface : ce sont des bulles d'air dissous. Puis des bulles plus grosses apparaissent au fond, en divers points de la paroi; elles montent en diminuant de volume, et disparaissent sans atteindre la surface; on entend alors un bruit qu'on appelle le *chant du liquide*, et dont voici l'explication. Chaque bulle est constituée par de la vapeur d'eau, et cette vapeur se développe autour d'une petite bulle d'air, quand sa température est de 100 degrés environ. Comme le ballon est chauffé par le fond, les parties inférieures du liquide atteignent cette température avant les parties supérieures, et la vapeur formée

Fig. 71.
Ébullition ordinaire.

rencontre en montant de l'eau moins chaude qu'elle ; elle se refroidit en cédant de la chaleur à cette eau, et se condense brusquement ; un petit vide existe un instant à sa place, et l'eau environnante s'y précipite avec choc ; de là une trépidation et un bruit. Enfin les bulles de vapeur atteignent la surface ; le thermomètre marque 100 degrés et le liquide est en pleine ébullition. On peut voir alors les bulles grossir à mesure qu'elles s'élèvent, et venir crever dans l'air en soulevant une mince pellicule d'eau de forme hémisphérique.

La première loi fondamentale de l'ébullition est la constance de sa température, à condition qu'on opère comme nous l'avons fait. Chaque liquide a sa température fixe d'ébullition à l'air libre, de même que chaque solide a sa température de fusion. Ainsi l'eau bout à 100 degrés, l'éther à 36 degrés.

C'est cette constance de la température qui établit une différence entre l'évaporation et l'ébullition ; mais ces deux phénomènes ne sont que deux formes de la vaporisation, ou passage de l'état liquide à l'état gazeux. Dans l'un et l'autre, le changement d'état est opéré sur les surfaces libres du liquide, conformément aux principes que nous avons posés : seulement, dans l'évaporation, c'est le niveau visible qui donne la vapeur, et dans l'ébullition il y a une infinité de petites surfaces enveloppant des bulles d'air microscopiques, soit contre les parois du vase, soit dans l'intérieur de la masse liquide. C'est sur ces petites surfaces que la vaporisation est effectuée. L'ébullition n'est réellement qu'une évaporation opérée sur un très-grand nombre de points à la fois.

On peut faire beaucoup d'expériences qui prouvent que l'ébullition est due à la présence de bulles d'air ou d'autre gaz. En voici deux très-curieuses.

L'une, de M. Donny, consiste à renfermer de l'eau dans un tube de verre recourbé comme on le voit sur la figure 72.

Ce tube étant ouvert et effilé à une de ses extrémités, on fait bouillir l'eau pendant quelques instants, afin de chasser complétement l'air dissous dans l'eau et l'air contenu dans le reste du tube. Pendant que la vapeur et l'eau seules remplissent l'appareil, on ferme la pointe en la fondant dans un jet de flamme ; on laisse refroidir, et l'appareil est achevé. Quand on veut s'en servir on plonge la partie qui contient le liquide

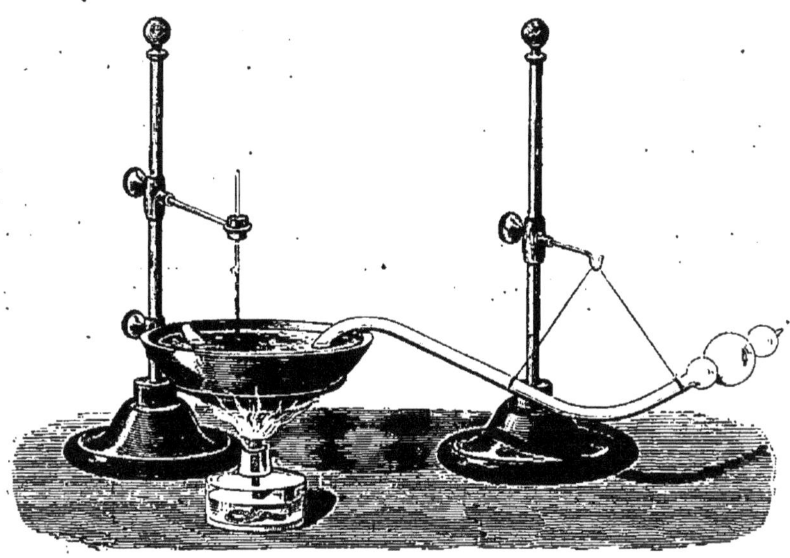

Fig. 72. — Expérience de M. Donny sur l'ébullition.

dans un bain d'huile, et on chauffe le bain avec une lampe à alcool. En mettant dans l'huile un thermomètre, on voit que la température peut atteindre 130 degrés sans que l'eau entre en ébullition. Mais vers cette température l'eau est projetée en masse dans l'autre partie du tube, et produit un choc qui est sans danger à cause de la forme donnée à cette partie.

La seconde expérience est de M. Dufour (de Lausanne), et elle est encore plus démonstrative.

On laisse tomber une goutte d'eau dans un mélange d'huile

de lin et d'essence de girofle à 100 degrés, dont les proportions sont calculées de telle sorte que sa densité soit égale à celle de l'eau prise à la même température. L'eau forme une boule sphérique au milieu du liquide, et conserve cet état tandis qu'on porte la température à plusieurs degrés au-dessus de 100° : il n'y a pas d'ébullition, parce que la goutte d'eau étant environnée de liquide de toutes parts n'a aucune surface d'évaporation. Vient-on ensuite à toucher la goutte avec une tige de bois, immédiatement des bulles de vapeur apparaissent au point de contact. En voici la raison : la tige de bois a entraîné quelques bulles d'air, et les a portées jusqu'à l'eau : alors l'évaporation est devenue possible ; la vapeur se répand dans chaque bulle d'air, la grossit, et lui donne assez de volume pour qu'elle se détache du bois et monte à la surface de l'huile.

Il y a une seconde loi fondamentale de l'ébullition qui met en évidence l'influence des résistances extérieures sur la vaporisation. Nous avons dit que l'eau bout à 100 degrés : cela ne peut avoir lieu que si la hauteur du mercure dans le baromètre est de 76 centimètres. Or cette condition n'est qu'accidentellement remplie dans les contrées peu élevées au-dessus du niveau de la mer, et elle ne l'est jamais sur les hautes montagnes. Au sommet du mont Blanc, la hauteur moyenne de la colonne barométrique est de 42 centimètres environ. Sous cette pression, l'eau bout à 84 degrés ; et, dans les mêmes circonstances, l'éther, qui bout à 36 degrés sous la pression ordinaire, ne bout qu'à 20 degrés. Nous pouvons dire d'une manière générale que plus la pression atmosphérique est faible, plus la température d'ébullition à l'air libre est basse. On conçoit aisément la raison de cette loi : chaque bulle de vapeur doit pour se former repousser le liquide environnant, et surmonter sa résistance ; or la pression que l'atmosphère exerce à la surface est transmise par le liquide jusqu'à la bulle de vapeur, et si la profondeur du liquide est petite, cette pression est la principale cause de la résistance. La vapeur doit vaincre cette pression, et en réalité avoir une force expansive un peu supérieure ; car c'est seulement lorsqu'elle atteint l'atmosphère pour s'y répandre qu'il y a égalité entre les deux pressions. Les bulles de vapeur commencent donc à se former lorsque le liquide atteint la *température à laquelle sa vapeur possède une force élastique maxima égale à la pression atmosphérique*. Nous avons vu précédemment que cette température décroit en même temps que la force élastique de la vapeur ; les effets observés au mont Blanc se trouvent ainsi expliqués.

Dès que l'ébullition a commencé, la température reste invariable, mais à condition que la pression ne change pas. Si la *pression venait à augmenter à la surface du liquide*, l'ébullition s'arrêterait un instant, jusqu'à ce que la source de chaleur qui agit sur le liquide en eût élevé suffisamment la température. Le tableau de la page 217 indique les températures d'ébullition de l'eau à diverses pressions ; par exemple, si l'eau est soumise à une pression de deux atmosphères, il faudra l'élever à 120 degrés pour la faire bouillir. Dans la machine à vapeur, l'ébullition a lieu à une température constante, lorsque le feu est conduit de telle sorte que la quantité de vapeur développée dans la chaudière soit à chaque instant égale à celle qui en sort pour agir dans le cylindre ; c'est à cette condition que la pression reste invariable dans la chaudière, et que la marche de la machine est régulière. Notre tableau fait connaître la relation qui existe entre cette pression et la température d'ébullition de l'eau. Si la machine est à 10 atmosphères de pression, l'eau bout à 180 degrés. Supposez que le chauffeur inattentif mette sur la grille une trop grande charge de charbon, la température s'élèvera, parce que la quantité de vapeur formée sera supérieure à celle qui peut sortir de la chaudière, et qu'elle fera augmenter la pression rapidement. A 200 degrés, la pression sera de 16 atmosphères ; à 210, elle atteindra 20 atmosphères ; de sorte qu'en laissant la température s'élever de 30 degrés seulement, le chauffeur aura doublé la pression. Voilà une cause d'explosion, si la machine n'est pas capable de supporter une aussi forte pression. C'est pour cela que la chaudière porte des soupapes de sûreté ; elles laissent échapper la vapeur dès que la pression est trop forte, et avertissent du danger.

5. TRAVAIL INTÉRIEUR ET TRAVAIL EXTÉRIEUR CHALEUR D'ÉVAPORATION.

Quel est le rôle de la chaleur dans l'ébullition lorsque la pression reste constante et que par conséquent la température ne change pas ? Évidemment la chaleur sans cesse fournie par le foyer n'est plus sensible en passant dans le liquide, puisque le thermomètre n'accuse pas sa présence ; elle est consommée, anéantie comme chaleur, et son équivalent est le travail mécanique produit. Ici il faut considérer à la fois le travail intérieur, dû à ce que les molécules liquides sont séparées malgré la force de cohésion qui les unit ; et le travail extérieur, dû à ce que le volume est augmenté malgré la résistance des corps extérieurs qui pressent la surface du liquide. Quand le liquide bout à l'air libre, c'est l'atmosphère qui offre cette résistance ; quand il bout dans la machine à vapeur, c'est le piston. Le travail extérieur est dans ces circonstances d'une grandeur très-comparable à celle du travail intérieur, et il n'est jamais négligeable comme dans la fusion des corps solides. Cela tient à ce que le volume de la vapeur est toujours beaucoup plus grand que celui du liquide qui l'a produite : ainsi l'eau en se vaporisant à 100 degrés prend un volume 1700 fois plus grand.

Pour représenter le travail produit, il faut imaginer un cylindre d'un décimètre carré de section, contenant un kilogramme d'eau à 100 degrés, et un piston exerçant sur la surface de cette eau une pression de 103 kilogrammes. Quand on aura dépensé 536 calories, on aura réduit cette eau en vapeur, et le piston sera élevé à la hauteur de 170 mètres environ. Le travail extérieur produit est donc supérieur à 17000 kilogrammètres, et il a consommé 40 calories, c'est-à-dire presque le treizième de la chaleur dépensée.

Comment les physiciens ont ils pu déterminer la *chaleur d'évaporation*, c'est-à-dire le nombre de calories que consomme un kilogramme de liquide, lorsqu'il se réduit en vapeur sous une pression constante ? C'est en mesurant la chaleur dégagée par la vapeur, lorsqu'elle revient à l'état liquide dans les mêmes circonstances. Supprimons en effet la source de chaleur autour du cylindre rempli de vapeur qui nous servait dans le raisonnement précédent, voici ce qui va se passer.

Le piston redescendra à mesure que les molécules de vapeur devenues libres obéiront à leurs attractions mutuelles, et reformeront le liquide. Il y aura ainsi deux sortes de travaux dépensés ; d'abord celui du piston, puis celui des forces moléculaires. De là le dégagement d'une quantité de chaleur équivalente à tout ce travail. Quand le kilogramme d'eau à 100 degrés sera reconstitué, la chaleur totale dégagée sera justement égale à celle qui avait été dépensée dans la vaporisation. La condensation de la vapeur, opérée dans les mêmes conditions de pression que l'ébullition, présente les mêmes rapports entre la chaleur et le travail ; il y a seulement inversion dans le sens de ces quantités. Or il est très-aisé de mesurer la chaleur dégagée : pour cela on entoure le cylindre d'eau froide ; du poids de cette eau et de l'élévation de sa température on déduit le nombre de calories recueillies. Voilà pourquoi on préfère effectuer les mesures dans le retour à l'état liquide ; et c'est en faisant des expériences de ce genre, que M. Regnault a reconnu que, dans l'opération précédemment décrite, il y a 536 calories dépensées.

Nous avons dans la distillation un exemple très simple de la condensation des vapeurs sous une pression constante. Cette opération a pour but de séparer les unes des autres plusieurs substances inégalement volatiles, qui composent un mélange liquide. Le cas le plus simple est celui où le mélange ne contient qu'un seul liquide, dans lequel des matières non volatiles sont dissoutes ou maintenues en suspension. Le mélange est introduit dans une chaudière, et soumis sur une large surface à l'action du foyer. Bientôt il entre en ébullition ; sa vapeur provient du liquide seul ; elle se rend dans un serpentin entouré d'eau froide et ouvert dans l'atmosphère à son extrémité, de sorte que la pression atmosphérique s'exerce librement dans l'intérieur de l'appareil (fig. 73). La vapeur refroidie se condense d'abord sous cette pression, en dégageant de la chaleur, et en conservant sa température ; le liquide ainsi produit descend dans le serpentin en se refroidissant, et dégage de la chaleur jusqu'à ce qu'il soit revenu à la température ordinaire ; on le recueille dans un vase placé au bas de l'appareil. Quant aux matières non volatiles, elles s'accumulent dans la chaudière, et se trouvent complètement séparées du liquide.

On conçoit que la chaleur dégagée pendant la condensation de la vapeur est employée à chauffer l'eau qui environne le serpentin ; et comme il est nécessaire, pour perdre le moins possible de vapeur, que le liquide distillé sorte le plus froid possible, il faut remplacer sans cesse l'eau échauffée par de l'eau froide. Celle-ci arrive par un tuyau vertical au bas du serpentin, et chasse vers le haut l'eau chaude qui s'écoule au dehors. Telle est la disposition de l'appareil qu'on appelle *alambic.*

Il est à remarquer que la chaleur dégagée dans le serpentin est égale à celle que le mélange a prise au foyer, et que la distillation opère un véritable transport de la chaleur. Aussi

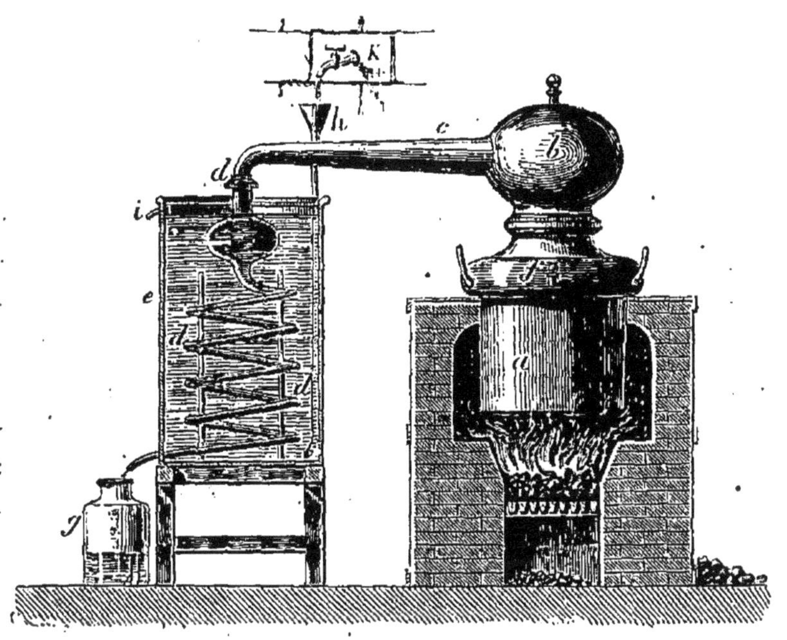

Fig. 73. — Alambic.

a-t-on appliqué cette opération au chauffage. Le procédé du chauffage par circulation de vapeur, n'est pas autre chose qu'une distillation en grand de l'eau. S'agit-il d'une maison à chauffer, la chaudière est installée dans les caves, et des tuyaux sont disposés comme un vaste serpentin dans toutes les pièces de la maison, le long des murs et sous les parquets; la vapeur s'y rend, s'y condense en dégageant de la chaleur, et l'eau condensée retombe dans la chaudière. Elle y reprend de la chaleur, qu'elle transporte de nouveau; de même que le sang prend la chaleur aux poumons, la distribue dans toutes les parties du corps, et revient à la source pour y réparer ses pertes.

6. COMMENT LA CHALEUR EST UTILISÉE DANS LA MACHINE A VAPEUR ET DANS LA MACHINE A AIR CHAUD.

Une machine à vapeur munie d'un condenseur pourrait être comparée à un alambic, si l'on se contentait d'un examen superficiel. Car on y trouve la chaudière, dans laquelle l'eau dépense de la chaleur pour se réduire en vapeur, et le condenseur, réservoir entouré d'eau froide, dans lequel la vapeur se rend en sortant du cylindre ; c'est là que cette vapeur repasse à l'état liquide, en dégageant de la chaleur ; et on pourrait croire, comme on l'a fait pendant longtemps, que la chaleur dégagée dans le condenseur est égale à la chaleur dépensée dans la chaudière. On sait depuis quelques années, d'après les observations d'un grand nombre de savants, et surtout d'après les belles expériences de M. Hirn, dont il a été question dans le chapitre premier, que cette égalité n'a pas lieu. La chaleur dégagée est toujours plus petite que la chaleur dépensée, et la différence est proportionnelle au travail mécanique produit par le piston de la machine, de sorte que la chaleur prise au foyer par l'eau de la chaudière est en partie transportée dans le condenseur, où elle échauffe les corps environnants, en partie anéantie comme chaleur et transformée en mouvement mécanique dans le cylindre, où s'effectue un travail extérieur. La machine la plus parfaite est celle où la proportion de la chaleur transformée en travail est la plus grande possible ; et la théorie indique que cette proportion ne peut guère dépasser un sixième de la chaleur dépensée réellement par la vapeur. En d'autres termes, dans la meilleure machine à vapeur, sur six calories que le foyer fournit à la chaudière il y en a une convertie en travail, et cinq transportées au condenseur comme dans un alambic; on peut donc dire que cette machine est à la fois un moteur et un calorifère.

Quand on compare à ce point de vue la machine à vapeur aux machines à air, dont nous avons donné une idée dans le chapitre premier, on trouve que les dernières sont théoriquement bien préférables. Par exemple, quand l'air de la machine n'est guère chauffé au-dessus de 300 degrés, ce qui est nécessaire pour que les organes ne soient pas détruits par une oxydation rapide, il est possible en théorie de convertir la moitié de la chaleur dépensée en travail mécanique, l'autre moitié étant simplement transportée dans les corps environnants, résultat bien supérieur à celui que nous donne la machine à vapeur. Il faut donc que les machines à air soient l'objet d'études sérieuses, et que les inventeurs connaissent tout le parti qu'ils peuvent tirer de pareilles machines, afin de perfectionner leurs dispositions, et de diminuer les pertes de chaleur inévitables. Malheureusement les nombreuses tentatives que l'on a faites pour construire de grandes machines à air sont loin de répondre aux espérances que l'on était autorisé à concevoir. A cause des vices d'exécution et souvent de conception, les machines à air ne surpassent pas encore les machines à vapeur. Mais l'avenir leur appartient : elles n'offrent aucun danger d'explosion; elles peuvent fonctionner sans eau, et surtout réaliser la conversion de la chaleur en travail de la manière la plus économique. Que les inventeurs ne perdent pas courage; qu'ils approfondissent les règles posées par la nouvelle théorie de la chaleur; et que l'exemple de Watt reste toujours présent à leur pensée! N'est-ce pas après des efforts inouïs et des sacrifices pécuniaires immenses, que l'illustre inventeur a vu sa machine à vapeur entrer définitivement dans l'industrie ; et combien d'autres avaient auparavant succombé, depuis que Denis Papin (de Blois) avait découvert le principe de cette machine ; découverte qui a rendu le nom de Papin à jamais immortel !

Revenons aux phénomènes qui se passent dans la machine à vapeur. C'est un fait d'expérience qu'un kilogramme de vapeur d'eau, en se liquéfiant dans le condenseur, dégage une quantité de chaleur inférieure à celle qu'il avait dépensée pour se former dans la chaudière. Nous pouvons expliquer cela, en examinant dans quelles conditions s'opèrent la vaporisation et la liquéfaction. L'eau est réduite en vapeur par ébullition sous une pression constante, et la chaleur dépensée sert, d'une part, à séparer les molécules du liquide en produisant un travail intérieur ; d'autre part, à surmonter la résistance du piston en produisant un travail extérieur ; elle équivaut à la somme de ces deux travaux. Dans l'opération inverse, la vapeur se précipite du cylindre dans le condenseur, où la pression est très-faible : le travail extérieur dépensé pendant la diminution de volume de cette vapeur est peu considérable, et crée peu de chaleur ; le travail intérieur dépensé par les forces moléculaires au moment de la liquéfaction est seul capable d'amener le dégagement d'une quantité de chaleur comparable à la chaleur dépensée. C'est donc l'absence d'un travail extérieur suffisant pendant la condensation qui explique les faits observés par M. Hirn.

Nous voyons ainsi qu'une vapeur en se refroidissant ne dégage pas la même quantité de chaleur, lorsqu'elle se condense sous une pression constante ou sous une pression graduellement décroissante, et cette observation nous conduit à étudier l'ébullition dans des circonstances analogues.

7. COMMENT ON PEUT FAIRE BOUILLIR UN LIQUIDE EN LE REFROIDISSANT.

Il n'est pas indispensable qu'un liquide se trouve à côté d'un foyer incandescent pour qu'il bouille. Il y a deux conditions nécessaires et suffisantes pour l'ébullition ; c'est que la température du liquide soit inférieure à celle des corps environnants, et que la pression exercée à sa surface libre soit inférieure ou au plus égale à la force élastique maxima que possède sa vapeur à la température considérée. En effet, autour de chaque petite bulle d'air que contient le liquide, la vapeur tend à se former dès que la chaleur sensible des corps voisins l'atteint, et elle est gênée dans sa formation par la pression qu'exerce sur la bulle d'air le liquide environnant : cette pression résulte de l'action de la pesanteur sur les couches comprises entre la bulle et la surface, et de la résistance de l'air ou du gaz situé au-dessus de cette surface, L'état des molécules liquides sous la double influence de la chaleur et de la pression est comparable à celui d'un ressort tendu : si l'obstacle qui le retient offre une limite de résistance, on le renversera par une tension graduellement croissante, et le ressort se débandera subitement. Semblablement les molécules sont graduellement échauffées par les corps voisins, tant que leur température est inférieure à celle de ces corps, et il arrive un moment où elles se séparent en surmontant la résistance extérieure ; elles possèdent donc à ce moment une force élastique au moins égale à cette résistance.

Ce raisonnement nous montre que l'ébullition n'est pas toujours opérée sous une pression constante et à une température invariable, comme dans les cas que nous avons traités jusqu'à présent. Voici quelques exemples :

Mettons un petit ballon de verre contenant de l'éther en communication avec un grand réservoir, à l'aide d'un tuyau de plomb (fig. 74). Ce réservoir est fermé par un robinet, et on a enlevé l'air qu'il contenait avec la pompe pneumatique. Ouvrons le robinet, et nous verrons bientôt l'éther bouillir avec autant d'activité que si nous avions posé le ballon sur le feu. Si nous avons un thermomètre dans le liquide, nous

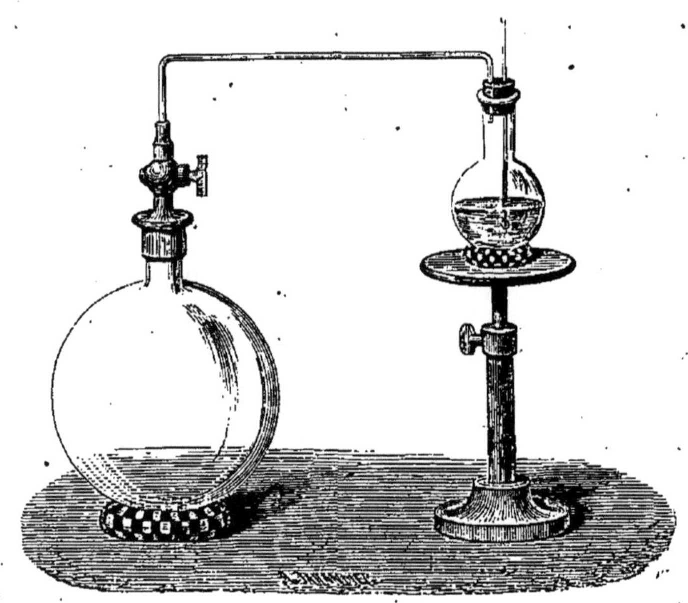

Fig. 74. — Ébullition dans le vide.

verrons en même temps que la température a baissé de plusieurs degrés. Enfin, quand l'ébullition aura duré quelque temps, elle cessera tout à fait.

Cette observation confirme la justesse de nos raisonnements. Avant l'ouverture du robinet de communication l'éther était à la température ordinaire, et sa surface était pressée par l'atmosphère. Après l'ouverture, l'air qui était dans le ballon s'est précipité dans le réservoir vide ; sa pression est devenue très-faible, si le réservoir a de grandes dimensions. Les molécules d'éther ont donc pris l'état de vapeur à la surface du liquide, parce qu'elles ont cessé d'être comprimées par l'atmosphère. La *vaporisation étant un travail intérieur* produit, il y a eu disparition d'une quantité de chaleur sensible équivalente au travail, et par conséquent la température de l'éther non vaporisé s'est abaissée. A partir de ce moment, le liquide s'est trouvé plus froid que les parois du ballon et que les corps environnants, et ceux-ci ont sans cesse agi sur lui, comme s'ils eussent été des sources de chaleur : l'ébullition a donc pu continuer tant que la pression est restée assez faible. Mais la vapeur s'accumulant peu à peu dans le réservoir formait avec l'air qui s'y trouvait un mélange dont la pression allait sans cesse en croissant ; cette pression produisait à la surface de l'éther liquide une résistance qui croissait aussi, et bientôt elle a été assez grande pour arrêter l'ébullition. C'est en ce moment que cette résistance était égale à la force élastique maxima que possède la vapeur d'éther à la température du ballon.

Si nous refroidissons le réservoir, en appliquant sur sa parois des linges très-froids, ou en l'entourant de glace, nous verrons l'ébullition recommencer dans le ballon. En voici la raison : la vapeur d'éther contenue dans le réservoir s'est en partie condensée par le refroidissement, et la pression a diminué dans l'intérieur de l'appareil. Elle a donc cessé de faire obstacle à la formation des bulles de vapeur dans le liquide du ballon. A mesure que de nouvelles vapeurs se dégagent, elles se rendent dans le réservoir, se condensent, et l'ébullition peut continuer. On opère alors une véritable distillation sans foyer apparent de chaleur, et il n'y a pas de différence essentielle entre ce phénomène et celui que nous avons observé dans l'alambic. Cette distillation peut d'ailleurs être effectuée avec une température d'ébullition constante ;

il suffit que la pression reste invariable dans l'appareil.

Ainsi se trouve expliqué ce fait, qui peut paraître singulier quand on se contente de l'énoncer, qu'on peut faire bouillir un liquide en le refroidissant.

On fait très-simplement l'expérience avec l'eau de la manière suivante, sans qu'on ait besoin d'instruments de physique (fig. 75).

On fait bouillir de l'eau dans un ballon à long col, en le plaçant pendant quelque temps sur le feu, de sorte que la vapeur chasse complétement l'air du ballon. On ferme alors le col avec un bouchon de liége, on retire le ballon du feu et on retourne en plongeant le col dans l'eau, ce qui rend la rentrée de l'air par les interstices du bouchon tout à fait impossible. Voilà donc le ballon soumis au refroidissement, tant que sa température est supérieure à celle des corps environnants. La vapeur qui surmonte le liquide se condense en partie, et il n'en reste qu'une quantité suffisante pour que sa pression empêche la formation des bulles de vapeur. Pour produire l'ébullition, on n'a qu'à verser de l'eau froide au sommet du ballon; la vapeur se condensant alors rapidement, il y a une diminution brusque de pression, comme si on faisait le vide au-dessus du liquide, et les bulles apparaissent dans toute la masse. Quand l'appareil a repris la température

Fig. 75. — Ébullition de l'eau par le refroidissement.

ordinaire, on peut encore faire bouillir l'eau qu'il contient en mettant un morceau de glace au sommet ou en versant un peu d'éther qui, en s'évaporant, refroidit la paroi autant que la glace. L'abaissement de la pression intérieure détermine l'ébullition comme précédemment.

En résumé, la vaporisation d'un liquide s'effectue dans les circonstances suivantes : 1° par évaporation dans le vide ou dans un gaz, jusqu'à ce que la vapeur formée à la surface ait une certaine force élastique maxima dépendant de la température ; 2° par ébullition à une température constante, lorsque la pression est elle-même constante, et que cette température est inférieure à celle des corps environnants ; 3° par ébullition dans le vide ou dans une atmosphère artificielle de gaz, dont la pression est inférieure à la force élastique maxima de la vapeur qui est relative à la température du liquide.

Tous les liquides ne sont pas susceptibles d'être transformés en vapeur par ébullition. On peut bien faire bouillir le mercure à 360 degrés ; mais les métaux difficilement fusibles, tels que l'or, le platine, exigeraient pour bouillir des températures excessivement élevées que nous ne savons pas atteindre. Tout ce que nous pouvons constater pour les corps de ce genre, c'est leur volatilité à de très-hautes températures. Enfin, plusieurs liquides sont décomposables par la chaleur ; par conséquent leur vaporisation est très-difficile et leur distillation souvent impossible. C'est alors surtout qu'on a recours à la distillation dans le vide, parce qu'elle permet d'opérer à de très-basses températures auxquelles la décomposition n'a pas lieu. On utilise fréquemment cette méthode en chimie.

8. LES GEYSERS.

Essayons maintenant d'appliquer les principes précédents

à divers phénomènes que l'on a souvent attribués à des causes mystérieuses, et qui ont longtemps exercé la sagacité des savants.

L'Islande est une île volcanique, sur laquelle se dresse une chaîne de montagnes recouvertes de neiges éternelles. Une dizaine de volcans sont alignés le long de cette chaîne, parmi lesquels le plus connu est l'Hécla. Les glaciers descendent des sommités neigeuses et laissent échapper d'immenses cataractes d'eau qui s'étendent au pied des montagnes en nappes de plusieurs kilomètres. Ces nappes forment de vastes marais dont le fond est crevassé par l'action volcanique. L'eau s'engouffre dans les crevasses, pénètre par les canaux souterrains jusqu'au cœur des montagnes, s'échauffe et sort par les cratères en torrents de vapeur. De temps en temps on rencontre des mares fumantes et pâteuses, à la surface desquelles se soulèvent d'énormes bulles, qui crèvent en lançant leur écume à plusieurs mètres de hauteur. Ailleurs ce sont des jets intermittents d'eau bouillante qu'on appelle les *geysers*. Partout on assiste à l'action effrayante de la chaleur centrale, et il semble que la nature ait rassemblé dans ce lieu désolé ses moyens de destruction les plus terribles.

Mais oubliez le fracas des explosions, approchez-vous d'un geyser en repos, et vous aurez le spectacle d'un puits merveilleux creusé par la nature.

Au sommet d'un tertre de quelques mètres de hauteur est un bassin tapissé d'une couche semblable au cristal de roche ; au centre de ce bassin est un large puits dont la profondeur est souvent considérable, et dont les parois sont revêtues de même cristal que celles du bassin. « Une vapeur légère ondule à la surface, dit M. Tyndall, l'eau du puits est de l'azur le plus pur et teinte de ses nuances délicieuses les incrustations fantastiques des parois. » Telle est l'admirable structure d'un geyser. Le plus célèbre de l'Islande est au sommet d'un tertre de 12 mètres de hauteur ; son bassin à peu près circulaire a 17 mètres de diamètre; son puits a 3 mètres de diamètre et 23 mètres de profondeur.

Lorsqu'une éruption va avoir lieu, le puits et le bassin se remplissent d'eau chaude; le sol est ébranlé, et des détonations souterraines se font entendre en même temps que l'eau est violemment agitée. Bientôt l'eau est soulevée en bouillonnant et se déverse autour du geyser; tout à coup une immense colonne d'eau et de vapeur s'élance dans l'air, puis la masse projetée retombe dans le bassin ; quelques détonations ont encore lieu et tout rentre au repos. Mais ce repos est momentané ; les éruptions se succèdent régulièrement pendant plusieurs années, puis elles cessent. Il ne reste du geyser que le puits, dans lequel la source d'eau chaude continue à se rendre jusqu'à ce qu'elle ait trouvé une autre issue.

Le célèbre chimiste allemand M. Bunsen a observé attentivement le grand geyser et il en a donné la théorie. Voici, d'après M. Tyndall, une expérience qui en reproduit le principal effet.

L'appareil qui sert pour cette expérience est formé par un tube de fer de deux mètres de longueur, surmonté d'un bassin et disposé verticalement. On le remplit d'eau et on chauffe le tube en deux points, d'abord au fond par un fourneau, puis à 60 centimètres plus haut à l'aide d'une grille annulaire (fig. 76). Quand l'eau est assez chaude, un jet s'élance dans l'atmosphère; puis l'eau projetée retombe dans le bassin, remplit le tube de nouveau et, après quelques petites détonations, rentre au repos. Un instant après le même phénomène se reproduit. Voilà donc des explosions intermittentes semblables à celles des geysers : expliquons-les.

L'eau située au fond du tube doit bouillir sous la pression de l'atmosphère augmentée de la pression d'une colonne d'eau de deux mètres et par suite à la température de 105 de-

Fig. 76. — Théorie des geysers.

grés. L'eau située à 60 centimètres au-dessus n'ayant à vaincre que l'atmosphère et une colonne d'eau de 140 centimètres, doit bouillir à 103 degrés environ. Mais si, lorsqu'elle va atteindre cette température, elle cesse de supporter une telle pression, par exemple si on supprime la colonne de 140 centimètres, cette eau doit se convertir instantanément en vapeur en descendant à 100 degrés. Car on sait que telle est la température d'ébullition de l'eau sous la pression ordinaire d'une atmosphère. Concevons donc l'eau portée presque à 103 degrés au point échauffé par la grille annulaire; et celle du fond mise en ébullition à 105 degrés; la vapeur produite va soulever la colonne d'eau dans toute la longueur du tube ; le bassin se remplira et la couche d'eau à 103° sera poussée vers le haut ; elle supportera donc une colonne d'eau inférieure à 140 centimètres et se réduira brusquement en vapeur. Cette vapeur achèvera de chasser l'eau du tube, et à cause de la vivacité de l'effet, l'eau sera projetée au-dessus du bassin ; on aura un jet d'eau mêlée de vapeur. Ce jet se refroidira dans l'air et retombera dans le bassin en gouttes liquides, qui refroidiront ensuite la vapeur restée dans le tube ; toute l'eau du bassin se précipitera dans l'appareil comme dans le vide, avec un choc assez violent ; quelques bulles de vapeur pourront se former au contact des parois chaudes ; mais elles seront immédiatement condensées au contact des couches d'eau froide et tout cela entraînera de petites détonations avant le retour du repos. Les sources de chaleur continuant à agir rétabliront la colonne d'eau dans le même état que précédemment ; une nouvelle éruption aura lieu et ainsi de suite.

Telle est l'image du geyser. M. Bunsen a mesuré les température de l'eau du grand geyser à diverses profondeurs, et il a vu qu'elles décroissaient régulièrement de bas en haut. La couche d'eau située à 9 mètres au-dessus du fond, était à deux degrés seulement au-dessous de la température d'ébullition qui correspondait à la pression supportée par cette couche. Il suffisait alors qu'elle fût soulevée de deux mètres pour qu'elle pût entrer en ébullition et projeter au dehors toute la colonne d'eau supérieure. Quant à la cause de ce soulèvement, elle est dans la force élastique des vapeurs qui arrivent au fond du puits, amenées par les canaux souterrains des profondeurs volcaniques où elles se sont formées.

Cette théorie ingénieuse explique toutes les particularités des geysers. L'eau qui l'alimente est chargée d'une matière siliceuse qui se dépose sur les parois du bassin à mesure que l'eau s'évapore. Le bassin s'élève donc progressivement, et avec lui l'ouverture du puits, ainsi que le tertre qui le contient. C'est ainsi que le geyser a été lentement construit par une source d'eau siliceuse, avant que les éruptions aient commencé. Il n'y avait originairement qu'une simple bouche de vapeur, et peu à peu un long tube cristallin s'est élevé au-dessus de cette bouche. Les éruptions se sont produites quand ce tube a pu contenir une colonne d'eau suffisamment haute, faisant obstacle au jet de vapeur, mais n'empêchant pas l'ébullition au fond. Plus tard, il viendra un moment où, par suite de l'augmentation de la longueur du tube, la colonne d'eau sera assez haute pour arrêter toute ébullition ; la vapeur souterraine trouvera une autre issue et le geyser s'éteindra.

9. LES LIQUIDES A L'ÉTAT SPHÉROIDAL. — COMMENT LE CORPS HUMAIN PEUT ÊTRE INCOMBUSTIBLE.

Les phénomènes qui se passent lorsque les liquides volatils sont mis en contact avec des corps très-chauds sont encore plus singuliers, et il n'y a pas longtemps qu'on a trouvé le moyen de les expliquer complétement. On sait que l'on peut plonger la main dans le plomb fondu, toucher de la fonte en fusion, passer la langue sur un fer rouge sans se brûler. Les ouvriers des fonderies connaissent ces faits ; et récemment, M. Boutigny, d'Évreux, en a fait une étude sérieuse, en répétant lui-même ces expériences. Il faut avoir soin de se mouiller la main avec un liquide très-volatil, tel que l'alcool ou de l'éther, quand on veut constater soi-même ces curieux effets. Pourtant l'humidité naturelle de la peau, surtout sous l'influence d'une certaine appréhension, peut suffire. Il est évident aussi que l'essai doit être fait rapidement et très-adroitement, le simple rayonnement pouvant brûler les parties de la main voisines de celles qui touchent le métal fondu. L'incombustibilité momentanée de la peau tient à la petite couche de liquide qui l'humecte : c'est elle qui intercepte le passage de la chaleur. L'explication de cette propriété des liquides volatils résultera d'une série d'expériences moins dangereuses que nous pouvons faire avec des corps bruts.

Faisons rougir sur des charbons incandescents une capsule

Fig. 77. — Globule à l'état sphéroïdal.

de fer bien polie, et jetons dans son intérieur quelques gouttes d'eau froide ; nous les verrons se rassembler en un globule limpide, aux bords arrondis, à la forme étoilée, qui tourne sans cesse sur lui-même (fig. 77) : pas d'ébullition, pas de vapeur visible ; et pourtant le globule diminue peu à peu de volume. Il y a donc évaporation lente sur toute sa surface ; mais elle peut être si lente, que M. Pouillet a conservé pendant plusieurs heures un grand creuset de platine incandescent rempli d'eau. C'est la vapeur qui, enveloppant l'eau de toutes parts, empêche le contact immédiat du liquide et de la paroi chaude. S'échappant tantôt d'un côté, tantôt de l'autre, elle creuse le contour du globule, et le fait osciller sans cesse; elle agit sur lui comme une infinité de petits ressorts cachés, alternativement comprimés et détendus. De là les mouvements fantastiques du globule qui semble vouloir fuir le feu, et qu'une force invincible retient toujours.

Il est très-facile de s'assurer de l'existence d'une petite

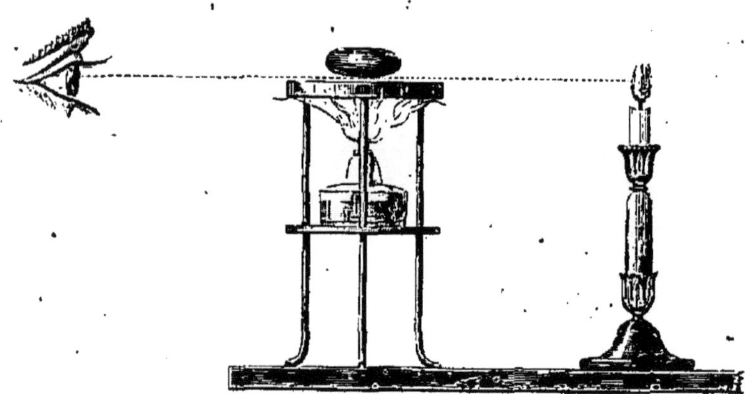

Fig. 78. — Flamme vue entre le globule et la plaque incandescente.

couche de vapeur interposée comme un petit matelas élastique entre le fond du vase incandescent et le globule d'eau. On fait chauffer avec une lampe à alcool une plaque de métal poli, d'argent par exemple, en la maintenant horizontale (fig. 78). Une petite goutte d'eau froide versée sur la plaque suffisamment chaude y prend l'aspect que nous venons de décrire. Noircissons la goutte avec un peu d'encre et essayons de regarder une bougie à travers le globule. Nous verrons très-distinctement la flamme briller entre le globule et la plaque; une petite ligne de vapeur les sépare. Cette expérience est très-belle par projection. En faisant tomber sur le globule un faisceau horizontal de lumière, et disposant de l'autre côté une lentille, on reçoit sur un écran une image renversée, dans laquelle on distingue parfaitement la plaque d'argent, le globule, l'image du globule dans la plaque, et la ligne de vapeur transparente qui les sépare.

Quelle est la température de l'eau dans cet état particulier, qu'on appelle *état sphéroïdal?* On peut la déterminer par l'élévation de température qui subit un poids connu d'eau froide, quand on jette le globule dans cette eau ; on peut même placer au milieu du globule la boule d'un thermomètre, et on reconnaît que la température cherchée est toujours inférieure à 100 degrés ; il est donc impossible que l'ébullition ait lieu..

Ce fait est général : mettez de l'éther au lieu d'eau dans la capsule incandescente, et la température du globule d'éther sera inférieure à 36 degrés ; il ne pourra ni bouillir, ni s'enflammer. Mettez de l'acide sulfureux liquide qui bout à 10 degrés au-dessous de zéro, le globule sera encore plus froid de quelques degrés. Jetez sur ce globule quelques gouttes d'eau, elle se congèlera instantanément. Voilà donc de la glace créée dans un vase chauffé au rouge. On pourrait faire cette expérience sur une plus grande échelle, placer dans un creuset de platine fortement chauffé une grande quantité d'acide sulfureux liquide, et en y projetant de l'eau obtenir une masse de glace assez considérable. M. Faraday, en Angleterre, a même vu l'acide carbonique liquide, qui est plus volatil encore que l'acide sulfureux, prendre l'état sphéroïdal à 100 degrés au-dessous de zéro, et congeler 30 grammes de mercure en deux ou trois seccondes.

Tout cela prouve simplement que les liquides volatils placés dans des vases très-chauds ne peuvent atteindre la température d'ébullition, et ne s'évaporent que par leur surface.

Pour que l'état sphéroïdal ait lieu, il faut que le corps solide soit porté à une température supérieure à une certaine température limite, qui est spéciale pour chaque liquide et qui est d'autant plus basse que le liquide est plus volatil ; elle est, d'après M. Boutigny, de 142 degrés pour l'eau de 61 degrés pour l'éther. Si, après avoir obtenu le globule sphéroïdal, on laisse refroidir le vase, au moment où sa tem-

Fig. 79. — Explosion produite par le refroidissement de l'eau à l'état sphéroïdal.

pérature atteint cette limite, le liquide le touche immédiatement, et bout avec violence. Voici une expérience qui démontre ce fait d'une manière très-frappante, et qui présente un intérêt particulier, parce qu'elle fait connaître une des causes d'explosion des chaudières à vapeur.

Une bouteille de cuivre (fig. 79) est chauffée fortement : on y introduit de l'eau qui prend l'état sphéroïdal ; on bouche la bouteille, et on laisse refroidir. Quand la température est descendue à 142 degrés environ, l'eau entre en ébullition, et la vapeur développée en grande quantité presque instantanément lance le bouchon avec explosion.

Considérons maintenant la chaudière d'une machine à vapeur. Lorsqu'elle est dans les conditions normales, la flamme du foyer n'agit que sur les parois qui sont en contact avec l'eau; celle-ci acquiert sa température constante d'ébullition, et empêche la paroi métallique de prendre une température plus élevée. Survient-il une cause quelconque, telle qu'une incrustation qui sépare l'eau de la paroi, celle-ci va être chauffée au rouge, et si plus tard la cause cesse, si l'incrustation présente des fissures, l'eau retombera sur le métal incandescent, et prendra l'état sphéroïdal. Quand on cessera de chauffer pour arrêter la machine, la température du métal s'abaissera et une masse énorme de vapeur sera brusquement engendrée vers 142 degrés. Si la résistance de la chaudière n'est pas considérable, il y aura une explosion terrible.

Le même phénomène se présente sous une autre forme dans l'immersion d'un corps incandescent au milieu d'une masse liquide froide. Faites rougir au feu une boule de métal suspendue par un fil de fer, et plongez-la rapidement dans de l'eau froide; une sorte de crépitation se fera entendre, et la boule restera quelque temps rouge sans que l'eau environnante semble s'échauffer; il y a autour de la boule une gaîne de vapeur qui empêche le contact. Mais le refroidissement amène bientôt la boule à la limite de 142 degrés, et le contact s'établit; aussitôt les couches d'eau voisines bouillent violemment, et une sorte d'explosion a lieu. Les verriers utilisent l'état sphéroïdal; ils plongent dans l'eau la masse de verre incandescente qu'ils tiennent au bout de leur canne; et, la tournant rapidement sur elle-même, ils la façonnent; soufflant ensuite dans la canne, ils forment au milieu du verre pâteux une boule dans laquelle ils introduisent un peu d'eau, et ils bouchent l'ouverture avec le doigt; la vapeur de cette eau presse les parois de la boule, la gonfle, et en augmente graduellement la capacité. Tout cela se fait sans explosion, parce que le verre est très-chaud, et que l'eau qui semble le toucher est à l'état sphéroïdal, et s'évapore très-lentement.

Il s'agit maintenant d'expliquer les effets singuliers que nous venons de constater. L'expérience nous a appris qu'il n'y a pas de contact entre le liquide et le solide chaud, et que la température du liquide est toujours inférieure à celle de son ébullition. On comprend bien que la vapeur produite à la surface du liquide remplisse le vide qui le sépare du solide ; mais la force élastique de cette vapeur suffit-elle pour maintenir la séparation, et les formes arrondies des globules liquides résultent-elles de leur évaporation ? Il paraît plus naturel d'attribuer ces formes et l'absence de contact à l'action mutuelle du liquide et du solide. Une goutte d'eau jetée sur une surface plane enduite de noir de fumée s'arrondit en sphéroïde, sans mouiller la surface, exactement comme si on la jetait dans un vase incandescent. Ne semble-t-il pas que ces deux effets soint dus à la même cause ? Or un liquide dont les molécules ne sont soumises qu'à leurs seules actions mutuelles prend toujours la forme sphérique. Si on le voit prendre une autre forme, on doit donc penser que ses molécules sont sollicitées par quelque autre force extérieure. Par exemple, s'il s'étale sur une surface en la mouillant, on conclura qu'il y a une force attractive qui fait adhérer entre elles les molécules du liquide et celles de la surface, et qui l'emporte sur les actions mutuelles des molécules liquides. On peut même démontrer qu'un corps est mouillé par un liquide quand la cohésion des molécules du liquide les unes pour les autres est plus petite que le double de leur adhésion pour le solide. Dès lors on conçoit qu'en chauffant le solide, on diminue cette dernière force, et que la première finisse par être prédominante : c'est la résultante de ces forces qui concourt avec la pesanteur à donner telle ou telle forme au liquide. Certains faits conduisent même à penser que l'adhésion du liquide au solide peut être changée en répulsion à une température assez élevée, et que la vapeur elle-même est repoussée par la surface incandescente : par exemple, de l'acide nitrique à l'état sphéroïdal n'attaque pas une plaque de cuivre chaude, ce qui ne pourrait avoir lieu s'il y avait contact entre la vapeur et la plaque. Quoi qu'il en soit, nous devons voir dans les forces moléculaires la cause de l'absence de contact que l'expérience nous a fait reconnaître dans l'état sphéroïdal.

Il reste à expliquer pourquoi le liquide ne peut atteindre la température d'ébullition. C'est ici que nous trouvons l'application des lois de la chaleur que nous connaissons déjà.

La chaleur ne peut passer aisément du solide au liquide par conductibilité, parce que la petite couche de vapeur conduit très-mal. C'est surtout par rayonnement que le liquide s'échauffe ; or une partie des rayons est réfléchie à la surface du liquide, une partie le traverse, et le reste seulement est absorbé. A quoi sert la partie absorbée ? A élever la température du liquide et à le vaporiser. Il n'y a qu'une très-faible quantité de chaleur employée à l'élévation de température du liquide ; la vaporisation consomme presque toute la chaleur absorbée, et celle-ci elle-même n'est qu'une fraction de la chaleur rayonnée par le corps incandescent. Plus l'incandescence est forte, plus cette fraction est petite ; car les rayons lumineux ont un faible pouvoir échauffant. Tout s'explique ici simplement, sans qu'on ait besoin d'invoquer l'existence d'une force nouvelle, comme l'ont fait quelques auteurs.

La chaleur employée à la transformation d'un liquide en vapeur est réellement anéantie comme chaleur ; elle est convertie en mouvement moléculaire, et nous en citerons encore un curieux exemple.

On raconte que deux sculpteurs anglais, Blagden et Chantrey, s'exposèrent dans des fours dont la température était supérieure à 100 degrés, et qu'ils en sortirent sains et saufs. Il n'y a rien d'extraordinaire dans cette expérience, si l'on observe que le corps humain est un tissu imprégné d'eau, que cette eau peut venir à la surface de la peau par transpiration et s'y évaporer. Lorsque le corps est dans un milieu très-chaud, la chaleur est employée intérieurement à produire du travail, à préparer la transpiration ; elle ne peut élever que très-lentement la température. A la surface, une sueur abondante protége la peau ; c'est l'eau qui vient de l'intérieur du corps et qui se vaporise assez rapidement pour que la température ne puisse s'élever *notablement*. On peut dire que presque toute la chaleur rayonnée par le four vers le corps de nos hardis expérimentateurs était détruite par la transpiration, et la seule chose qui puisse étonner, c'est l'audace de leur entreprise.

CHAPITRE IX

DES TROIS ÉTATS DE LA MATIÈRE, ET DES MOYENS DE PRODUIRE LE FROID ARTIFICIELLEMENT

1. LIQUÉFACTION DES GAZ ET SOLIDIFICATION DES LIQUIDES.

Nous avons vu dans les chapitres précédents comment les corps solides passent à l'état liquide, et les corps liquides à l'état gazeux, quand ils sont chauffés, et comment les changements inverses sont produits par le refroidissement. Une même substance peut être, suivant les circonstances, solide, liquide ou gazeuse : chacun de ces états correspond à un arrangement particulier des molécules, qui est déterminé par leurs actions mutuelles et par la quantité de chaleur sensible qu'elles contiennent, et théoriquement on doit pouvoir obtenir une substance donnée sous l'un quelconque de ces trois états. Si ce résultat n'a pas encore été atteint pour toutes les substances, cela tient à ce que les procédés mis en pratique jusqu'à présent ont été insuffisants. Ainsi l'oxygène et l'azote, qui constituent l'air, ne sont aujourd'hui connus qu'à l'état gazeux; mais tout nous conduit à penser qu'ils peuvent exister à l'état liquide et à l'état solide, dans des circonstances où nous n'avons pas encore réussi à les placer.

Nous savons que la vapeur d'eau en se refroidissant prend l'état liquide, que l'eau en se refroidissant prend l'état de glace. Le refroidissement d'un gaz est donc un moyen de le liquéfier, et nous en avons un exemple dans la liquéfaction

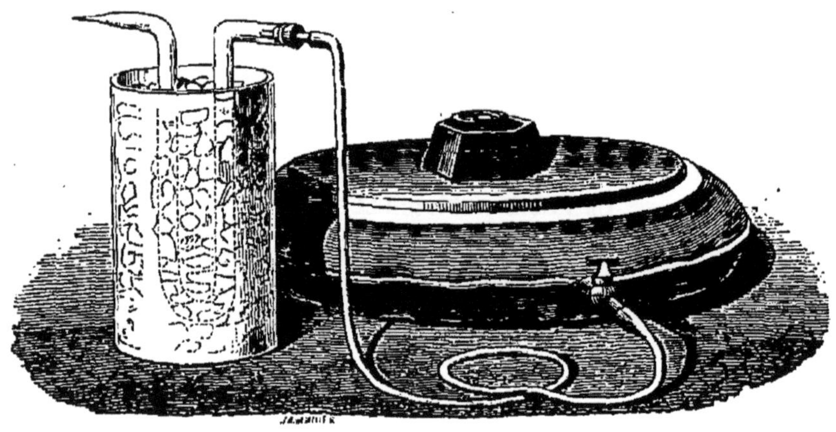

Fig. 80. — Liquéfaction de l'acide sulfureux par le refroidissement.

du gaz acide sulfureux. Remplissons de ce gaz une grande vessie ou un sac en caoutchouc imperméable, et adoptons à l'ouverture un tube de verre entouré d'un mélange de sel et de glace (fig. 80); nous abaissons par ce mélange la température du tube à 20 degrés environ au-dessous de zéro. En pressant légèrement la vessie, nous ferons passer lentement le gaz qu'elle contient dans le tube refroidi, et sa température s'abaissera ainsi considérablement. Nous obtiendrons dans le tube un liquide limpide, très-volatil, d'une odeur piquante comme celle du gaz: ce liquide bout à 10 degrés au-dessous de zéro sous la pression ordinaire. C'est lui que nous avons employé à l'état sphéroïdal pour congeler l'eau dans un creuset incandescent.

Il y a une autre méthode pour liquéfier les gaz : c'est la compression. Nous avons vu dans le chapitre précédent que la force élastique d'une vapeur ne peut dépasser une certaine valeur pour une température donnée. Ainsi la vapeur à 100 degrés ne peut avoir une force élastique supérieure à celle de l'atmosphère; à 120 degrés, la limite est deux atmosphères, et elle croît avec la température. Nous avons donné un tableau pour ces forces élastiques maxima. Les physiciens ont des tableaux analogues pour un grand nombre de liquides. Par exemple, pour l'acide sulfureux, à 10 degrés au-dessous de zéro, la force élastique maxima de sa vapeur est d'une atmosphère; à la température ordinaire, elle est de trois atmosphères. Si donc nous avons du gaz acide sulfureux à la température ordinaire, renfermé dans la petite branche d'un tube de verre recourbé, comme le montre la figure 81, nous pouvons verser une colonne de mercure par la grande branche pour comprimer le gaz, et dès que cette colonne aura atteint une hauteur de 152 centimètres environ, elle exercera sur le gaz la plus grande pression qu'il puisse supporter. En ajoutant encore du mercure, comme

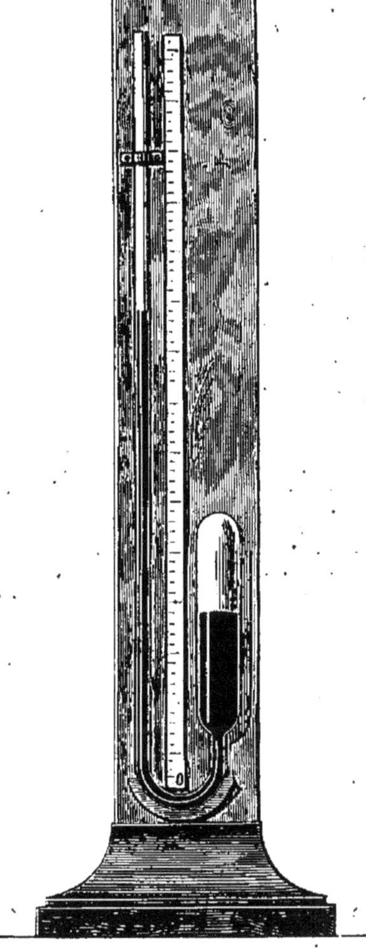

Fig. 81. — Liquéfaction de l'acide sulfureux par la pression.

pour augmenter la pression, on voit la différence des niveaux dans les deux branches du tube rester invariablement de 152 centimètres ; ce qui indique bien que la force élastique maxima est atteinte. Mais à mesure que le volume du gaz diminue, une petite couche de liquide apparaît à la surface du mercure, et on peut faire disparaître complétement le gaz en continuant toujours à verser du mercure par la grande branche. Alors au sommet de la petite branche se trouve un liquide résultant de la condensation du gaz. Si cette branche contenait au commencement de l'expérience un demi-litre de gaz environ, le liquide occuperait environ 1 centimètre cube après la condensation complète.

Quand on veut condenser une grande quantité de gaz par cette méthode, il faut employer une pompe à gaz, qui aspire le gaz contenu dans un réservoir où il a été introduit par les procédés usités en chimie, et le refoule dans le récipient où on doit le conserver.

MM. Davy et Faraday, en Angleterre, ont liquéfié un grand nombre de gaz par le procédé suivant. Dans un tube de verre à parois épaisses fermé par un bout et courbé en forme de V (fig. 82), on place des substances qui puissent dégager par la chaleur le gaz que l'on veut condenser. Après les avoir rassemblées au fond du tube, on effile avec le chalumeau l'extrémité ouverte, et on la ferme hermétiquement en fondant le verre. On plonge ensuite cette extrémité dans un mélange de sel et de glace, et on chauffe l'autre branche. La chaleur fait dégager le gaz, et comme il reste emprisonné dans le tube, sa force élastique s'accroît graduellement, et finit par atteindre sa valeur maxima. A partir de ce moment, le liquide apparaît dans la branche refroidie, et son volume augmente tant que le gaz se dégage.

Ce procédé a été appliqué en grand par Thilorier, en 1834, à la liquéfaction du gaz acide carbonique. Il fit construire à

Paris un appareil (fig. 83) formé essentiellement de deux réservoirs en métal très-résistant, et munis de robinets d'une forme particulière. Dans l'un des réservoirs, appelé générateur, on met du bicarbonate de soude, puis un tube de cuivre rempli d'acide sulfurique et ouvert par le haut ; on ferme le réservoir et on le fait basculer autour d'un axe ho-

Fig. 82. — Liquéfaction des gaz par le procédé de Faraday et Davy.

rizontal. L'acide se mêle avec le bicarbonate et dégage du gaz acide carbonique qui atteint bientôt sa force élastique maxima, 50 atmosphères environ à la température ordinaire. On établit alors un tuyau de communication entre le générateur et le second réservoir appelé récipient, et on ouvre les robinets. Le gaz acide carbonique se rend dans le récipient et s'y condense, parce que la température du générateur est toujours un peu plus élevée que celle du récipient, à cause de l'action chimique qui s'y passe. Une véritable distillation s'opère du réservoir chaud dans le réservoir froid, de sorte que le liquide condensé est très-pur. On ferme à la fin le récipient ; on détache le tuyau de communication, et la pré-

Fig. 83. — Appareil de Thilorier pour liquéfier l'acide carbonique.

paration est achevée. Nous verrons bientôt quel usage on fait de l'acide carbonique liquide.

Cette manipulation présente de grands dangers, à cause de l'énorme pression qui a lieu dans les réservoirs ; elle peut devenir 15 fois plus grande que celle de la vapeur de nos locomotives, et si les parois ne sont pas assez résistantes, il peut y avoir une explosion terrible. Un accident de ce genre a causé la mort d'un préparateur de Thilorier ; mais aujourd'hui la construction de l'appareil a été si bien étudiée, qu'on peut s'en servir sans crainte. Chaque réservoir est formé de trois enveloppes métalliques superposées ; l'intérieur est en plomb, la partie moyenne en cuivre, et à l'extérieur sont des cercles en fer forgé. L'appareil résiste à une pression de 1000 atmosphères.

La *solidification* des liquides s'opère toujours par le refroidissement. Théoriquement les liquides qui se contractent en passant à l'état solide pourraient bien être solidifiés par compression ; mais il faudrait exercer une pression tellement grande que ce procédé est impraticable. La production artificielle du froid est au contraire très-facile, et nous allons passer en revue les méthodes usitées.

2. PRODUCTION ARTIFICIELLE DU FROID. — FABRICATION DE LA GLACE. — L'ACIDE CARBONIQUE SOLIDE.

Une première méthode consiste à utiliser le rayonnement nocturne, dont les effets ont été expliqués dans le chapitre IV. Nous avons vu comment on fabriquait de la glace au Bengale d'après cette méthode ; mais elle ne permet pas d'obtenir un froid très-intense, et nous ne la rappelons que parce qu'elle présente une certaine importance industrielle à cause de sa simplicité.

Une seconde méthode résulte des relations que nous avons établies entre la chaleur et le travail mécanique. Toutes les fois qu'un travail mécanique est produit, sans qu'il y ait un travail dépensé qui lui corresponde et qui provienne de l'action d'une force motrice, nous observerons dans les corps où ce travail est effectué un déficit de chaleur sensible ; cette chaleur disparaît sans qu'on la retrouve dans les corps voisins. Il est naturel de penser qu'elle est convertie en travail mécanique, vu qu'elle est proportionnelle au travail produit. Voici un exemple très-simple de cette méthode.

Un réservoir de métal (fig. 84), fermé par un robinet, est rempli d'air comprimé. Vous ouvrez le robinet en face d'un thermomètre ; un jet s'élance en sifflant dans l'atmosphère, rencontre le réservoir du thermomètre, et celui-ci in-

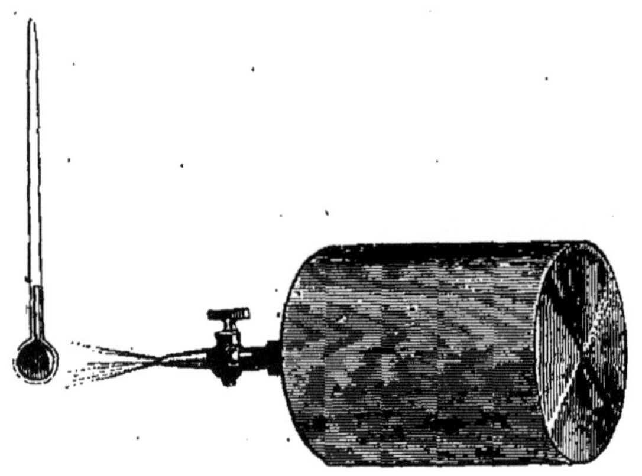

Fig. 84. — Froid produit par un jet d'air.

dique un abaissement de température. Si le réservoir était environné d'eau vous pourriez même observer un refroidissement de cette eau, ce qui prouve qu'une partie de la chaleur sensible de l'air a disparu pendant l'écoulement. Cette perte a été ensuite partiellement réparée par la chaleur que les corps environnants ont fournie à l'air froid resté dans le réservoir ; mais finalement il manque dans l'ensemble de ces corps et de l'air écoulé une certaine quantité de chaleur qu'on ne peut retrouver nulle part.

Analysons maintenant le phénomène de l'écoulement. Au moment où le robinet a été ouvert, la force élastique de l'air comprimé a chassé les couches atmosphériques placées devant l'orifice, et l'effet produit est mécaniquement le même que si le robinet avait été surmonté d'un tuyau vertical contenant un piston de 1 décimètre carré de section, et d'un poids de 103 kilogrammes, puisque la charge d'un tel piston représente la pression de l'atmosphère. Supposons que l'air comprimé élève ce piston de 4 mètres, et qu'alors sa force élastique soit suffisamment réduite pour qu'il y ait équilibre ; le travail produit serait de 412 kilogrammètres, et une calorie environ aurait disparu. Remarquons que le volume du gaz a augmenté de 40 litres pendant une telle détente. Toutes les fois qu'un gaz se détend dans l'atmosphère en sortant d'un réservoir où il est comprimé, à chaque augmentation de volume de 40 litres correspondent un travail produit et une quantité de chaleur disparue mesurés par les nombres précédents.

Le froid produit par la détente des gaz a été appliqué à la fabrication de la glace. Concevons une machine dans laquelle un piston mis en mouvement par un moteur aspire dans un cylindre de l'air atmosphérique, puis le comprime lentement dans un réservoir. Une certaine quantité de travail mécanique sera dépensée dans cette opération, et la température du gaz comprimé ne s'élèvera pas si l'opération est assez lente pour que la chaleur créée par cette dépense de travail passe dans les corps environnants. La chaleur ainsi disséminée dans ces corps n'est guère utilisable, et dans la pratique ses effets peuvent être négligés. L'air comprimé se détend ensuite rapidement dans un cylindre entouré d'eau, et sa température s'abaisse spontanément au-dessous de zéro. Alors il prend de la chaleur à l'eau ; celle-ci se refroidit, et finit par atteindre la température de zéro ; à partir de ce moment elle ne peut évidemment plus céder sa chaleur au gaz qu'en se congelant. Le jeu de la machine rend ces opérations continues, et on peut les résumer comme il suit :

Première période. — L'air ordinaire est lentement comprimé sans changer de température, ce qui entraîne une dépense de travail.

Deuxième période. — L'air comprimé se détend rapidement, et sa température s'abaisse au-dessous de zéro.

Troisième période. — L'air froid et détendu revient à zéro et à la pression ordinaire, en prenant de la chaleur à l'eau qui se congèle.

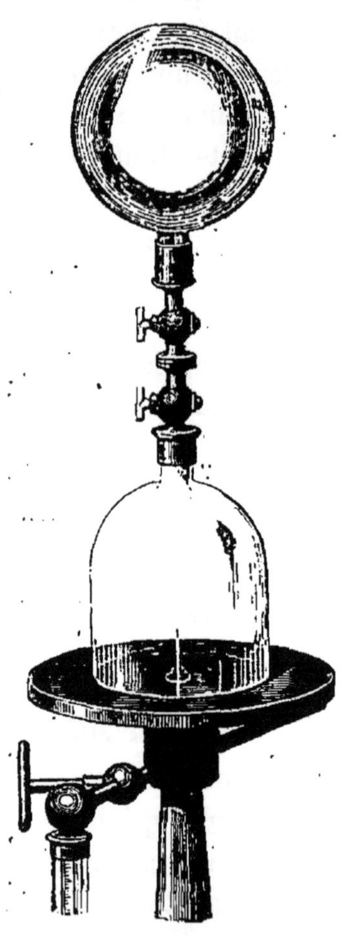

Fig. 85. — Condensation de la vapeur d'eau par la détente.

C'est sur ce principe qu'on a fondé récemment en Angleterre un procédé industriel pour fabriquer la glace en grand. Une machine à vapeur fait fonctionner la pompe à air ; et d'après l'inventeur, M. Kirk, on peut produire une quantité de glace à peu près égale à celle du charbon que l'on consomme.

La détente de l'air humide est une cause de froid qui amène la condensation de la vapeur d'eau qu'il contient et même sa congélation.

Il est très-facile de montrer expérimentalement la formation d'un brouillard par la détente de l'air humide. Il suffit de mettre en communication deux réservoirs de verre, dont l'un contient l'air saturé de vapeur d'eau, et dont l'autre est vide (fig. 85). Quand on ouvre les robinets, on voit un petit nuage apparaître dans le premier réservoir, en même temps qu'on entend le sifflement de l'air qui se précipite dans le réservoir vide. Le brouillard devient très-visible, lorsqu'on regarde une flamme à travers la vapeur; elle paraît trouble et souvent entourée d'une auréole irisée.

Lorsque certaines circonstances locales déterminent en un point de l'atmosphère une diminution de pression, les couches d'air environnantes viennent occuper l'espace raréfié, et l'augmentation de leur volume est une véritable détente. Voilà une cause de brouillard, de pluie et même de neige, que nous devons ajouter à celles que nous avons rencontrées en étudiant le rayonnement et la convection de la chaleur. Il est bien évident que les mouvements de l'atmosphère dus à cette cause produisent des vents locaux, et qu'ils jouent un rôle très-important dans les phénomènes météorologiques.

Nous trouvons dans l'évaporation des liquides une troisième méthode pour la production du froid, et elle est beaucoup plus facile à appliquer que les deux précédentes. Aussi a-t-elle été employée par les physiciens et les chimistes à la liquéfaction d'un grand nombre de gaz et à la solidification de leurs liquides.

Les alcarazas sont des vases de terre poreuse, dans lesquels l'eau se conserve fraîche. On les emploie depuis longtemps en Asie, et ils ont été importés par les Arabes en Espagne, d'où ils ont passé en France. L'eau contenue dans ces vases suinte à travers les parois, et arrivée à la surface extérieure elle s'évapore, en consommant la chaleur sensible de l'eau restée liquide. Celle-ci peut ainsi descendre à la température de 10 degrés, lorsque la température extérieure est de 30 degrés. Il faut que l'alcarazas soit placé dans un léger courant d'air, pour que les couches saturées de vapeur au contact du vase soient sans cesse remplacées par d'autres couches moins humides.

Au Bengale on suspend aux fenêtres des feuillages mouillés; l'air extérieur très-chaud et très-sec entre dans la chambre en traversant ces feuillages, évaporé l'eau rapidement, et se refroidit assez pour apporter la fraîcheur. On explique de même la fraîcheur des bois pendant l'été.

L'eau en s'évaporant peut atteindre la température de zéro ; et à partir de ce moment, si l'évaporation continue, il y a congélation. Alors la chaleur produite par la partie solidifiée est consommée par la partie vaporisée. Chaque gramme de vapeur qui se forme détruit la chaleur que dégagent huit

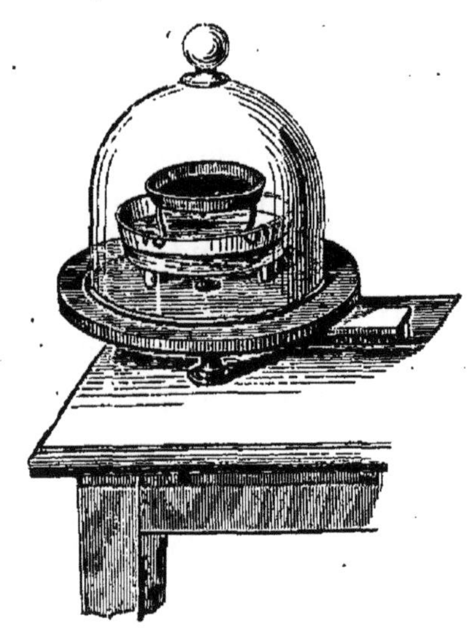

Fig. 86. — Congélation de l'eau par évaporation.

grammes d'eau en se congelant. Mais pour produire la glace, il faut forcer l'eau à donner seule de la chaleur en empêchant les corps voisins, qui sont à la température ordinaire, d'en donner une quantité notable. C'est ce que Leslie a réalisé dans une expérience célèbre.

Une capsule de cuivre mince, large et peu profonde, contenant une petite couche d'eau, est soutenue par trois fils de métal au-dessus d'un vase rempli d'acide sulfurique concentré (fig. 86). Cet appareil est placé sous la cloche de la machine pneumatique, de sorte qu'on peut enlever l'air. La surface de l'eau s'évapore instantanément dans le vide; mais l'évaporation s'arrêterait, si la vapeur formée séjournait dans la cloche; il faut empêcher la saturation de la cloche, et c'est à cela que sert l'acide sulfurique. Il absorbe la vapeur à mesure qu'elle se forme, et entretient le vide de cette manière. L'évaporation de l'eau est rendue très-rapide par cet ingénieux artifice, et les corps environnants n'ont pas le temps de fournir la chaleur nécessaire; aussi la congélation de l'eau restée dans la capsule ne tarde-t-elle pas à se faire.

On a appliqué cette méthode en Angleterre à la fabrication industrielle de la glace. Seulement, au lieu de faire le vide à l'aide d'une pompe à air, MM. Taylor et Martineau remplissent d'une vapeur chaude un grand réservoir; ils refroidissent ensuite les parois, ce qui détermine la condensation de cette vapeur, et par suite un vide. Ils font enfin communiquer ce réservoir avec le vase qui contient l'eau à congeler, et ils absorbent la vapeur d'eau avec l'acide sulfurique, comme dans l'expérience de Leslie. On a pu voir à l'Exposition universelle de 1867 un appareil de M. Carré, pour fabriquer la glace, qui n'est autre chose que l'expérience de Leslie disposée commodément.

L'évaporation d'un liquide plus volatil que l'eau peut produire un froid beaucoup plus intense. Il est, par exemple, très-facile de congeler l'eau par l'évaporation de l'éther. On met l'eau dans un tube de verre; et, après l'avoir entouré de coton imbibé d'éther, on le place dans un vase, puis on introduit au fond du vase la buse d'un soufflet, et on souffle activement (fig. 87). L'air sans cesse amené au milieu du coton rencontre l'éther sur une infinité de petites surfaces, et le vaporise assez vite pour que l'eau du tube se change en glace.

En remplaçant l'eau par du mercure, et l'éther par de

l'acide sulfureux liquide, on pourrait congeler le mercure, et par conséquent abaisser la température à 40 degrés au-dessous de zéro. Mais cette disposition est très-incommode à cause de l'odeur insupportable de l'acide sulfureux, et on a imaginé d'autres manières de faire cette expérience, que

Fig. 87. — Congélation de l'eau par l'évaporation de l'éther.

nous ne décrirons pas ici. Nous nous bornerons à citer encore deux exemples importants du froid produit par l'évaporation.

Le premier nous est fourni par une industrie française déjà répandue et due à M. Carré. Il s'agit encore de la fabrication de la glace ; mais la méthode est applicable à d'autres cas, et on s'en sert avec avantage pour faire cristalliser par le refroidissement les solutions salines, telle que les eaux de la mer, qui, après avoir déposé le sel ordinaire par évaporation, contiennent encore d'autres sels dissous.

L'appareil de M. Carré est essentiellement formé de deux réservoirs de métal réunis par un tuyau et constituant un espace complétement clos (fig. 88). L'un des réservoirs étant

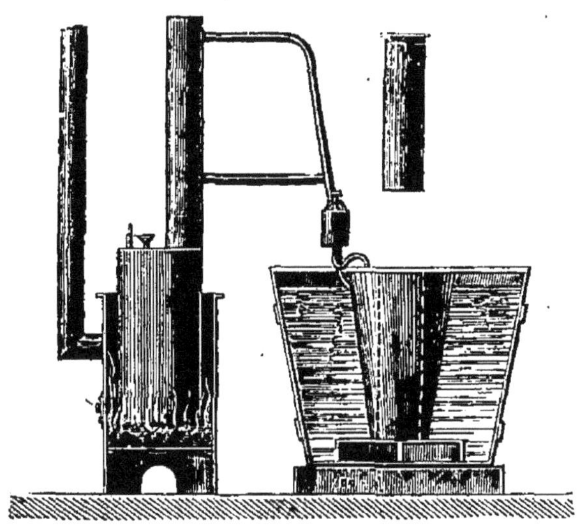

Fig. 88. — Appareil Carré (fabrication de la glace).

rempli d'une solution aqueuse d'ammoniaque, on le fait chauffer, tandis que l'autre réservoir est plongé dans de l'eau froide. Le gaz ammoniac se dégage de la solution et se condense dans le réservoir froid, exactement comme dans le procédé de Faraday que nous avons décrit précédemment. Quand tout le gaz a été condensé, il reste de l'eau pure dans le réservoir chauffé; on l'ôte alors du feu et on le plonge dans l'eau froide, tandis que le réservoir où se trouve l'ammoniaque liquide est exposé à l'air. Cette ammoniaque liquide émet de la vapeur qui se rend dans le réservoir à eau, où elle se dissout. La solubilité extrême de l'ammoniaque dans l'eau froide détermine un vide permanent dans l'appareil, et par conséquent une évaporation très-active de l'ammoniaque liquide. Le réservoir qui renferme ce liquide est donc fortement refroidi, et comme il entoure un cylindre rempli d'eau, cette eau ne tarde pas à se congeler. On voit sur la figure 88 ce cylindre séparé du reste de l'appareil.

Le second exemple est la solidification de l'acide carbonique liquide par sa propre évaporation. Nous avons vu comment on liquéfie le gaz acide carbonique dans l'appareil de Thilorier (fig. 83). Le liquide est conservé dans le récipient, à la température ordinaire, sous la pression de 50 atmosphères. Pour l'extraire, on tourne le récipient de sorte que le liquide s'introduise dans le robinet, et on l'ouvre avec précaution au-dessus d'un vase. Un jet sort avec force et une partie s'évapore, ce qui abaisse la température à 70 degrés au-dessous de zéro. Le liquide contenu dans le vase conserve cette température en continuant à s'évaporer, et même une partie se solidifie.

Le phénomène est plus remarquable encore lorsqu'on laisse le jet d'acide carbonique sortir au loin dans l'atmosphère. Il se refroidit assez pour qu'une partie se solidifie et se précipite en flocons blancs comme la neige. On a ainsi une substance blanche semblable à de la glace en poussière, qui est la même matière que le gaz formé par la combustion du charbon dans l'air. Elle est au gaz acide carbonique ce que la glace est à la vapeur d'eau invisible qui existe dans l'air. Si on chauffait convenablement dans un vase clos cette sorte de neige, on la verrait fondre, et le liquide produit pourrait bouillir et se réduire en gaz.

La solidification de l'acide carbonique est un des beaux exemples du triomphe de l'homme sur la matière. Après avoir découvert que l'eau est de la vapeur liquéfiée, que la glace est de l'eau solidifiée, l'homme a cherché s'il y avait d'autres substances capable d'exister sous les trois états, et il en trouvé un grand nombre. Il a appris à fondre et à volatiliser tous les métaux, et plus tard, étendant toujours ses connaissances, il a cherché à résoudre la même question chaque fois qu'il a rencontré une nouvelle substance. Il est ainsi arrivé à penser que les gaz, ces matières subtiles qui échappaient à sa vue et qu'il ne pouvait saisir avec ses mains, mais qui se manifestaient par leur poids, leur force élastique, leur action échauffante ou rafraîchissante, étaient des vapeurs de certains liquides, et que ces liquides pouvaient être obtenus artificiellement, bien que la nature ne les lui montrât nulle part. L'homme est devenu par là le créateur d'une foule de corps qu'il n'aurait probablement jamais rencontrés, et dont il a deviné la possibilité. Sa volonté s'étend chaque jour sur les forces de la nature et recule les limites qui lui semblaient assignées par le Créateur suprême; chacune des conquêtes pacifiques de son intelligence le rapproche de son divin Auteur.

C'est Van Marum qui le premier a liquéfié un gaz; ce gaz était l'ammoniaque qui est employée aujourd'hui dans l'appareil Carré. Depuis 1823, M. Faraday, en Angleterre, a liquéfié et solidifié un grand nombre d'autres gaz; et à mesure que les procédés se perfectionnent, le nombre des gaz qui résistent au changement d'état diminue. Aujourd'hui, il n'y en a que cinq qui n'ont pu être liquéfiés; on les appelle gaz permanents: ce sont l'oxygène, l'azote, l'hydrogène, l'oxyde de carbone et le bioxyde d'azote. Remarquons que les deux premiers constituent par leur mélange l'air atmosphérique, et que par conséquent nous ne connaissons encore l'air qu'à l'état gazeux: mais tout porte à croire que l'on finira par les réduire à l'état liquide, en combinant de fortes pressions avec un refroidissement excessif.

Il y a une quatrième méthode pour produire le froid, qui

est fondée sur la fusion des corps solides. Nous savons en effet que tout solide, en passant à l'état liquide, consomme de la chaleur. Par conséquent, lorsque ce changement d'état s'opère sous l'action de certaines forces autres que la chaleur d'un foyer, une partie de la chaleur sensible des corps environnants est détruite, et leur température s'abaisse. La fusion peut être déterminée par l'action mutuelle du corps fusible et de certaines substances avec lesquelles on le mêle. En associant de telles substances, on forme les *mélanges réfrigérants*.

Le plus simple se compose de glace pilée et de sel marin, mélangés par quantités égales. La température est abaissée d'une vingtaine de degrés. Nous avons déjà rencontré quelques usages de ce froid artificiel.

Quelle est la force qui fait fondre la glace? Le sel est soluble dans l'eau : il y a donc entre les molécules de ces deux substances une action attractive qui les amène à constituer la solution ; dès lors les molécules de la glace se séparent les unes des autres, et cette séparation est un travail mécanique produit, qui entraîne la destruction d'une quantité proportionnelle de chaleur sensible. Cette chaleur est prise d'abord au mélange, puis au vase, à l'air aux et corps voisins : leur température s'abaisse donc. On voit souvent un dépôt de glace se former sur la surface extérieure du vase ; il est formé par la vapeur d'eau des couches d'air voisines, laquelle est refroidie, puis condensée en gouttelettes liquides, et finalement congelée. Souvent aussi le mélange paraît fumer comme de l'eau chaude ; c'est la vapeur d'eau de l'air qui se précipite en brouillard. Ce brouillard n'a donc pas la même origine que celui de l'eau chaude ; car ce dernier est produit par la vapeur de cette eau, comme nous l'avons expliqué dans le chapitre VIII.

Dans le raisonnement que nous venons de faire, nous

n'avons considéré que la séparation des molécules de la glace. Mais celles des molécules du sel ne joue-t-elle pas un rôle analogue? Nous savons tous qu'un grain de sel disparaît complétement dans un verre d'eau, c'est-à-dire qu'il se dissout en perdant son état solide, et en se disséminant dans toute l'étendue de l'eau. N'y a-t-il pas là une sorte de fusion,

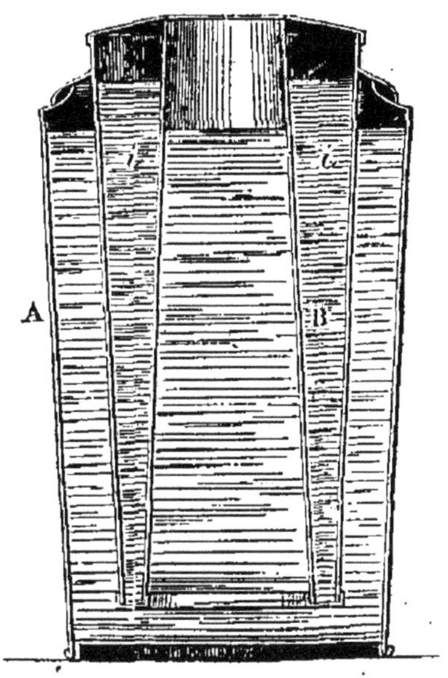

Fig. 89. — Glacière des familles.

qui consomme aussi de la chaleur? Si cela est vrai, nous devons obtenir du froid en dissolvant simplement du sel dans l'eau. L'expérience prouve l'exactitude de cette prévision. Mettez dans l'eau un thermomètre très-sensible, dissolvez-y du sel et vous observerez un léger abaissement de température.

Il est facile de trouver des substances solides plus solubles que le sel marin qui produisent un froid considérable. Le nitrate d'ammoniaque, matière blanche qui présente l'aspect de longues lames fibreuses, abaisse la température au-dessous de zéro en se dissolvant dans l'eau ordinaire. Si donc nous entourons d'un pareil mélange un vase contenant de l'eau pure, cette eau pourra être congelée, pourvu que les proportions soient convenables. Tel est le principe de la glacière des familles représentée en coupe sur la figure 89. Elle se compose d'un seau de métal qui reçoit le mélange réfrigérant, et d'un vase formé de deux cônes qui retiennent l'eau à congeler dans leur intervalle, de sorte que le mélange réfrigérant baigne à la fois l'intérieur et l'extérieur du vase.

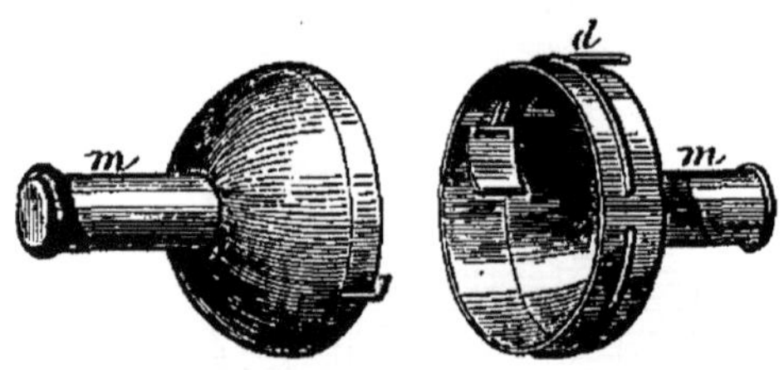

Fig. 90. — Boîte pour recueillir l'acide carbonique solide.

On obtient ainsi un cône creux de glace qui se détache aisément quand on renverse l'appareil.

Le mélange réfrigérant le plus énergique que l'on connaisse est formé par l'acide carbonique neigeux et l'éther. On abaisse ainsi la température à 100 degrés au-dessous de zéro. Les physiciens et les chimistes ont utilisé ce mélange pour liquéfier et solidifier plusieurs substances pour lesquelles les autres moyens étaient insuffisants. Nous avons vu comment l'acide carbonique neigeux est produit par l'appareil de Thilorier. Quand on veut le recueillir, on dirige le jet qui sort du récipient dans une boîte en laiton formée de deux parties hémisphériques qu'on peut séparer aisément et qu'on tient avec des poignées creuses (fig. 90). Le gaz arrive dans la boîte par une ouverture tangentielle, et rencontre une petite lame qui le fait tournoyer dans la boîte : une partie y reste à l'état de flocons solides, le reste s'échappe par les poignées. Quand la boîte est pleine, on l'ouvre pour recueillir les flocons.

L'acide carbonique solide sert à faire plusieurs expériences fort curieuses. Nous avons déjà signalé son état sphéroïdal et la congélation du mercure dans un creuset incandescent. Voici quelques-unes de ses autres propriétés.

Placé sur une surface polie, il fuit la main qui s'en approche, parce que la chaleur de la main vaporise rapidement la partie voisine, et que le jet de gaz qui s'échappe du fragment le fait reculer.

On peut le toucher légèrement sans rien sentir, parce que le contact n'existe pas ; il y a état sphéroïdal. Il n'y a pas plus de danger à mettre dans sa bouche un morceau d'acide carbonique ; une couche de vapeur l'enveloppe et l'empêche de toucher la peau. Mais cette vapeur est irrespirable ; il faut avoir soin de retenir sa respiration quand on fait cette expérience. On peut éteindre la flamme d'une bougie en dirigeant sur elle son haleine : la flamme est à peine agitée, et elle s'éteint doucement, parce que l'haleine chasse l'air qui est nécessaire à son existence et le remplace par du gaz acide carbonique.

Il y a peu de phénomènes qui paraissent plus prodigieux que celui-là : tenir dans sa bouche, sans éprouver aucune souffrance, un corps dont la température est de 70 degrés au-dessous de zéro et dont la vapeur empoisonne l'haleine. Il faut avoir une grande confiance dans la science pour tenter une pareille expérience, comme pour se hasarder à couper avec sa main un jet de métal en fusion. Mais l'homme qui aime et cherche la vérité est doué d'une force morale qui l'affranchit des craintes vulgaires ; ce qui paraît à d'autres une action bizarre et téméraire est pour lui l'éclatante démonstration d'une loi naturelle ; il agit avec calme et réflexion sous l'influence d'une admiration profonde.

On doit se demander quelle sensation on éprouve quand on touche un morceau d'acide carbonique solide avec la main, en pressant assez pour que le contact ait réellement lieu. On est brûlé comme si on touchait un fer rouge et la peau est noircie ; ce qui prouve que les tissus organiques subissent une désorganisation profonde par le froid et le chaud excessifs et qu'elle est à peu près la même dans les deux cas.

Les expériences suivantes mettent en évidence le froid considérable d'un mélange d'acide carbonique solide et d'éther. On dépose sur le pied d'un verre renversé un fragment d'acide et on y ajoute un peu d'éther ; immédiatement on entend un craquement et le verre est brisé, à cause de la contraction inégale que ses diverses parties éprouvent en se refroidissant très-rapidement.

En mettant le même mélange en contact avec le mercure, on congèle celui-ci instantanément. Avec des proportions convenables, on prépare en quelques minutes plusieurs kilogrammes de mercure solide qu'on peut marteler, couper, travailler, pourvu qu'on ne le touche pas trop fortement, car il *brûlerait* les doigts. Si on remplit divers moules de mercure liquide et qu'on les entoure du mélange, on obtient des bustes, des statuettes de mercure solide, qui paraissent faits avec de l'argent. Leur température est si basse, qu'ils restent à l'état solide pendant quelque temps ; la fusion se fait très-lentement sur leurs surfaces dès qu'on a ôté le mélange.

Lorsqu'on plonge dans l'eau un morceau de mercure solide, en le tenant suspendu par un fil, on assiste à un très-curieux spectacle. Le mercure fond et se résout en une infinité de filets métalliques liquides qui congèlent l'eau sur leur passage ; chaque filet s'entoure ainsi d'un tube de glace à travers lequel l'écoulement continue tant que dure la fusion.

3. DISSOLUTION. — CRISTALLISATION.

Nous avons passé en revue les principales circonstances dans lesquelles il y a production de froid, et nous connaissons maintenant les moyens dont nous pouvons disposer pour amener une substance donnée à l'état solide, liquide ou gazeux. Nous avons aussi rencontré l'état de dissolution en traitant des mélanges réfrigérants. Nous terminerons ce chapitre par quelques observations sur cet état.

L'étude complète de la solubilité des solides dans les liquides appartient plutôt à la chimie qu'à la physique ; mais il y a un principe général de physique qui est vérifié dans ce phénomène, et c'est pour cela que nous en parlerons ici. De nombreux exemples nous ont appris que la séparation des molécules des corps est une opération mécanique qui consomme de la chaleur et qu'inversement leur réunion crée de la chaleur. La séparation peut être effectuée dans une infinité de circonstances ; on l'appelle d'une manière générale la *désagrégation;* inversement la réunion s'appelle *agrégation.* Dans une solution, le solide dissous est désagrégé ; mais la désagrégation qu'il a subie ne doit pas être confondue avec la fusion proprement dite, que nous avons étudiée dans le chapitre VII. Car non-seulement les molécules du corps solide se sont séparées les unes des autres, mais encore elles se sont associées à celles du liquide dissolvant et cette seconde opération est inverse de la première. Aussi y a-t-il de nombreux exemples de dissolutions qui s'opèrent avec dégagement de chaleur. En général, il y a, d'une part, consommation de chaleur dans la désagrégation du corps solide ; et, d'autre part, création de chaleur dans la combinaison avec le liquide dissolvant. L'effet apparent est dû à la différence de ces deux quantités de chaleur. Si la première est plus grande que la seconde, il y a abaissement de température, et élévation, si elle est plus petite. L'expérience seule peut nous apprendre lequel de ces deux effets sera produit avec un solide et un liquide déterminés. Le sucre ordinaire produit du froid en se dissolvant dans l'eau ; on peut le prouver avec un thermomètre très-sensible. Quand nous préparons un verre d'eau sucrée, nous rafraîchissons donc notre breuvage. Nous devons conclure de là que c'est l'effet de la désagrégation du sucre qui prédomine.

Réciproquement, lorsqu'une substance dissoute reprend l'état solide au sein de la solution, il y a agrégation et création de la chaleur, et il doit être possible de la rendre manifeste dans le cas où la séparation du solide et du dissolvant consomme une quantité de chaleur plus petite que la chaleur créée. Tel est en effet ce qu'on obtient dans l'expérience suivante.

De l'eau saturée de sulfate de soude vers 32 degrés peut être refroidie sans déposer de sel quand on évite toute agitation. Si on jette ensuite un petit cristal de sulfate de soude dans la solution, immédiatement une partie du sel dissous reprend l'état solide au sein de la liqueur. Ses molécules se séparent de l'eau et commencent à se réunir au petit cristal ; puis sur chaque nouveau cristal viennent s'en former d'autres, et bientôt de longues aiguilles, à faces planes régulièrement distribuées, remplissent le vase. La beauté de ces cristaux frappa si vivement Glauber, célèbre chimiste qui les obtint le premier, qu'il appela ce sel *sel admirable*. Nous avons assisté dans le chapitre VII à la dissection d'un bloc de glace par un faisceau de chaleur, et nous savons que par la fusion les molécules se séparent les unes des autres dans un ordre merveilleux ; ici nous assistons au phénomène inverse, la reconstruction régulière d'un édifice solide dont les matériaux sont disséminés dans la solution, à un travail harmonieux qui révèle même à nos yeux l'existence des forces moléculaires.

Si un thermomètre se trouve au milieu de la solution saline pendant la cristallisation, nous le verrons indiquer un dégagement de chaleur : cette chaleur équivaut au travail dépensé par les forces moléculaires et elle lui sert de mesure. Chaque ca-

Fig. 91. — Cristallisation d'alun.

lorie représente un travail de 425 kilogrammètres environ ; ou, si l'on veut avoir une image plus précise, les molécules du sel, en se précipitant les unes vers les autres pour former les cristaux, ont dégagé une calorie lorsque leur dépense d'action est celle d'un poids de 425,000 kilogrammes tombant sur la terre d'une hauteur d'un millimètre. En prenant pour terme de comparaison un très-grand poids tombant d'une très-petite hauteur, nous nous rapprochons un peu des proportions qui existent dans le travail de la cristallisation entre la grandeur des forces moléculaires et la distance que les molécules ont à parcourir.

La cristallisation des solutions s'effectue dans beaucoup d'autres circonstances : nous avons choisi l'exemple précédent, parce qu'il convient parfaitement quand on veut reconnaître la chaleur dégagée. Habituellement les solutions déposent des cristaux par l'évaporation ou par le refroidissement ; lorsqu'il n'y a pas d'agitation, les cristaux peuvent être très-gros et très-réguliers ; sinon ils sont petits et agglomérés en masses confuses. Nous donnons sur la figure 91 un exemple de cristallisation d'alun.

Une très-belle expérience de cristallisation par évaporation consiste à déposer sur une petite lame de verre une goutte de solution saline, et à l'observer au microscope. L'eau s'évapore peu à peu, et les molécules du sel cessant les unes après les autres d'être retenues par le liquide se rassemblent en figurant des dessins très-réguliers ; chaque sorte de sel a sa manière de cristalliser. L'expérience est magnifique quand on emploie le microscope solaire, qui projette sur un écran blanc une image de la goutte d'eau saline agrandie plusieurs milliers de fois. Le dessin formé sur l'écran par le sel ammoniac ressemble au plan d'une grande ville, avec ses rues bordées de maisons et entre-croisées dans tous les sens.

Les geysers de l'Islande nous fournissent un bel exemple de cristallisation naturelle par dissolution. Nous avons vu dans le chapitre précédent que la source qui les alimente est une eau chargée de silice, matière qui constitue le sable et le cristal de roche, et que cette silice, se déposant à mesure que l'eau s'évapore, élève graduellement le bassin du geyser. Nous trouverions dans l'étude des phénomènes géologiques diverses sortes de dépôts formés d'une manière analogue ;

par exemple, les stalactites, que les eaux calcaires construisent dans les grottes souterraines, et dont les apparences bizarres excitent l'admiration des voyageurs. Mais l'action des eaux terrestres, des fleuves et de la mer est plutôt dissolvante que cristallisante, parce que les eaux ne sont pas assez chargées de principes dissous pour les déposer dans les circonstances ordinaires. C'est seulement dans certains lacs ou mers intérieures que l'on rencontre les effets de la cristallisation, comme sur les bords de la mer Morte, dans laquelle l'analyse chimique a fait reconnaître un poids de sel dissous égal au quart du poids total de la dissolution : aussi peut-on la regarder comme une mer qui se dessèche. Mais considérez l'Océan ; la proportion de sels dissous n'est que d'un trentième du poids total. On a calculé que tous ces sels représentent une couche de 15 mètres d'épaisseur répandue sur le globe, tandis que l'eau qui les dissout représente une couche de 1000 mètres. L'Océan est donc bien loin d'être saturé ; il s'y dissout sans cesse une petite partie de la croûte solide du globe, et on estime que la quantité de substances dissoutes annuellement formerait une couche de 8 millièmes de millimètre sur toute la surface de la terre. Cette action dissolvante est une cause de disparition de la chaleur, trop faible, il est vrai, pour donner lieu à des phénomènes remarquables, mais dont il faut tenir compte dans l'étude du globe.

CHAPITRE X

LA CHALEUR SUR LE GLOBE TERRESTRE

I. ÉQUILIBRE DE LA CHALEUR A LA SURFACE DE LA TERRE. — LOI DE LA CONSERVATION DE L'ÉNERGIE.

La terre est formée par une masse centrale excessivement chaude, et par une couche superficielle sur laquelle s'étendent les continents, les mers et l'atmosphère. Tout nous porte à croire que la masse centrale est liquide, et que la couche superficielle est une croûte solide, dont l'épaisseur n'est guère que la cent cinquantième partie du rayon de la terre. On se fait une idée du rapport qui existe entre ces deux parties, en imaginant une feuille de papier recouvrant une sphère de 20 centimètres de diamètre ; c'est la feuille de papier qui représente l'écorce solide du globe terrestre, tandis que la sphère représente le noyau liquide. Nous avons appris dans le chapitre premier que l'écorce solide contient une couche située à une profondeur invariable où la température reste constante en toute saison. Au-dessus de cette couche la température est soumise à des variations régulières ou accidentelles ; au-dessous, la température croît régulièrement avec la profondeur d'un degré environ par 30 mètres. Tel est le résultat d'observations nombreuses, dont les premières remontent à deux cents ans.

L'existence de la couche invariable nous indique un état d'équilibre calorifique, une compensation entre la chaleur perdue et la chaleur gagnée par notre globe, ou au moins une lenteur excessive dans les changements de température du noyau central, de sorte que nous pouvons admettre la constance de cette température quand il s'agit de considérer une période de quelques siècles. Nous sommes dans ce cas lorsque nous voulons chercher les lois de la distribution de la chaleur au-dessus de la couche invariable, soit à diverses époques, soit en divers lieux. Cette distribution présente le plus grand intérêt puisque le régime des êtres vivants en dépend, et nous allons en étudier les lois principales.

L'atmosphère, l'Océan, les parties du sol situées au-dessus de la couche invariable, sont soumis à deux actions contraires qui s'équilibrent, à savoir l'action échauffante du soleil et l'action refroidissante des espaces célestes. Les rayons solaires qui tombent sur le sable aride des déserts sont en partie réfléchis, en partie absorbés. La chaleur absorbée élève la température du sable ; mais dès que le soleil n'est plus sur l'horizon, le sable rayonne à son tour vers les espaces célestes, il restitue la chaleur qu'il avait reçue, et la compensation s'établit.

Mais habituellement il y a un grand nombre d'opérations intermédiaires entre l'arrivée sur la terre d'un rayon solaire et le retour vers les espaces célestes du rayon terrestre équivalent ; ces opérations s'accomplissent soit dans la matière inorganique, soit dans les êtres inorganisés, et voilà comment la chaleur du soleil détermine le mouvement et la vie à la surface de la terre. Quand le soleil est absent, les forces de la nature sont en équilibre, il y a repos, il y a sommeil. Quand il est présent, l'équilibre est rompu ; une nouvelle force excite toutes les autres, et un arrangement nouveau devient nécessaire. L'alternative du jour et de la nuit est ainsi une cause incessante d'activité.

Dans toutes les évolutions de la matière, il y a une grande loi, c'est la conservation de l'énergie. L'énergie ou puissance de mouvement est transmise d'un corps à un autre sans augmentation ni diminution, et les effets qu'elle produit, différant entre eux par la forme, sont toujours équivalents. Nous ne pouvons connaître exactement que ces effets : quant à leur cause, nous n'avons que le sentiment de son existence, sans qu'il nous soit donné de lui assigner une nature particulière. Nous parlons de forces, mais nous ne les voyons pas ; elles sont les causes mystérieuses des phénomènes que nous contemplons ; elles émanent de la puissance divine, et il ne nous appartient pas de connaître leur nature intime. Notre rôle est d'observer attentivement les phénomènes et de chercher les liens qui les unissent.

Suivons les opérations variées qui s'accomplissent dans la matière sous l'influence de la chaleur solaire, et nous vérifierons la conservation de la force, en même temps que nous résumerons les lois qui ont été traitées dans les chapitres précédents.

Une simple goutte d'eau nous servira d'exemple. Quittant l'Océan sous forme de vapeur, elle parcourt les régions atmosphériques, et retombe en neige sur les glaciers des hautes montagnes ; puis elle redescend en eau vers la mer, et dans ce dernier trajet elle rencontre les végétaux et les animaux qui lui font subir des métamorphoses merveilleuses avant de la restituer à l'Océan.

Supposons à notre goutte d'eau un poids de 9 grammes,

et analysons ses transformations successives, en prenant les chiffres que nous donne la science moderne.

Lorsque la goutte d'eau de l'Océan est échauffée par le soleil, elle se réduit en vapeur, et la chaleur qu'elle consomme représente une dépense d'énergie capable d'élever un poids d'un kilogramme à plus de 2300 mètres de hauteur. La vapeur mêlée à l'air s'élève dans l'atmosphère, où elle contribue à la production des vents et des météores. Douée de la faculté d'absorber et d'émettre la chaleur rayonnante beaucoup plus que l'air sec, la vapeur d'eau modère, comme le ferait un écran, l'action échauffante du soleil et l'action refroidissante des espaces célestes ; grâce à son influence, l'atmosphère devient le vêtement de la terre. Dans son séjour au milieu de l'air, notre goutte d'eau en vapeur s'échauffe et se refroidit alternativement, de sorte qu'elle sert de véhicule à la chaleur, et qu'une compensation parfaite existe entre la chaleur qu'elle absorbe et celle qu'elle restitue. Elle se condense bientôt dans un nuage, et alors a lieu un dégagement de chaleur. Supposons que la condensation soit opérée à la même température que la vaporisation initiale, il y a égalité parfaite entre la chaleur dégagée et la chaleur primitivement dépensée : en d'autres termes, la condensation de 9 grammes de vapeur équivaut à la chute d'un poids d'un kilogramme tombant d'une hauteur de 2300 mètres. Nous savons qu'une telle chute développe une certaine quantité d'énergie active, capable de produire des effets mécaniques dans les corps extérieurs. Les mêmes effets peuvent êtres obtenus à l'aide de la chaleur créée lors de la condensation de cette vapeur ; de sorte que, dans son transport de l'Océan au nuage, l'eau a simplement transmis à l'atmosphère l'énergie qu'elle avait reçue du soleil. Cette énergie est transmise ensuite par le rayonnement aux corps innombrables qui remplissent les espaces célestes.

Les hautes montagnes condensent une grande partie de la vapeur d'eau atmosphérique. Douées d'un rayonnement considérable à cause de la pureté et de la raréfaction de l'air situé au-dessus d'elles, elles refroidissent pendant la nuit les couches d'air qui les touchent, et les nuages s'amoncellent sur leurs flancs. Ces nuages se refroidissent aussi par leur rayonnement propre, et se résolvent en neige. Les cimes neigeuses qui se dressent au-dessus des glaces éternelles réalisent sur une échelle immense la condensation des vapeurs formées à la surface des mers. L'Océan et les montagnes constituent un véritable appareil distillatoire, dans lequel la source de chaleur est le soleil. Toute la glace de nos glaciers provient de la vapeur d'eau de l'Océan ; et la chaleur fournie par le soleil pour la production de cette vapeur est telle, qu'elle pourrait fondre un poids quintuple de fer. Nous venons de voir qu'une quantité égale de chaleur était créée par la simple formation des nuages. Nous avons maintenant à nous rendre compte des effets calorifiques qui accompagnent leur transformation en neige.

En prenant l'état solide, 9 grammes d'eau dégagent de la chaleur, qui équivaut à la chute d'un kilogramme tombant de 300 mètres de hauteur, et cette quantité d'énergie est dissipée par le rayonnement. Mais le glacier fond peu à peu, et la fusion de 9 grammes de glace représente justement l'opération inverse de la précédente. Il faut que le glacier perde par la fusion autant d'eau qu'il en gagne par la condensation de la vapeur atmosphérique pour qu'il conserve une étendue invariable, et alors il y a une compensation parfaite entre la chaleur créée et la chaleur dépensée. Ici l'énergie dérive du soleil, qui détermine la fusion partielle du glacier, soit directement, soit par l'intermédiaire du sol, et elle paraît simplement transmise de la terre aux espaces célestes.

Voilà notre goutte d'eau revenue à l'état liquide ; mais elle est à une grande hauteur au-dessus de l'Océan. Supposez-la à 4000 mètres d'élévation. Il faut joindre aux effets que nous venons de décrire le travail mécanique qui représente le transport de 9 grammes à une telle hauteur. Il y a dans ce transport une dépense d'énergie capable d'élever un kilogramme à une hauteur de 36 mètres : elle provient encore de l'action solaire, et elle correspond au déplacement des couches atmosphériques que nous avons appelées convection. Ce qui compense cet effet, c'est le retour de l'eau du glacier à l'Océan. La pesanteur rassemble les gouttes d'eau à la base des glaciers ; elle en fait les torrents et les fleuves, puis elle les conduit à la mer. En descendant d'une source située à 4000 mètres de hauteur, 9 grammes d'eau développent une quantité d'énergie égale à la précédente.

Par le simple frottement des corps qui gênent sa chute, cette eau peut restituer la chaleur qu'elle a primitivement empruntée au soleil. Mais les formes sous lesquelles l'énergie peut reparaître sont variées à l'infini, et là ne s'arrêtent pas ses transformations. Le fleuve arrose les plaines fertiles, et décrit mille sinuosités partout où le terrain est très-peu incliné. Il semble que la terre cherche à retenir ses eaux pour nourrir les êtres innombrables qui la recouvrent. Le végétal a besoin de divers éléments pour composer ses organes ; il lui faut de l'eau pour la circulation et l'élaboration de ces éléments ; il lui faut même de l'hydrogène. Or, pour fixer dans ses tissus 1 gramme de cette substance, le végétal doit préalablement décomposer 9 grammes d'eau. Le soleil est chargé de fournir la force motrice nécessaire à ce travail, qui équivaut à l'élévation du poids de 1 kilogramme à plus de 14 kilomètres de hauteur. C'est sous cette puissante influence que la plante s'approprie 1 gramme d'hydrogène. Plus tard elle servira de nourriture à quelque animal, et alors reparaîtra en lui toute l'énergie primitivement dépensée. Chaque gramme d'hydrogène qui subit dans le sang de l'animal l'acte de la respiration en se recombinant avec l'oxygène de l'air et reformant 9 grammes d'eau, dégage une quantité de chaleur capable d'élever 1 kilogramme à une hauteur de 14 kilomètres. Tel est l'admirable équilibre qui règne dans toute la nature, et dont la simplicité sublime nous révèle la sagesse infinie d'un Créateur tout-puissant.

En résumé, nous voyons que, dans la circulation de 9 grammes d'eau à travers l'Océan, l'atmosphère, le glacier, le fleuve, le végétal et l'animal, il y a un travail produit de 16,636 kilogrammètres, et un travail égal dépensé. Cela représente 39 calories, si l'on admet qu'une calorie équivaut à 425 kilogrammètres. Cette chaleur a été fournie par le soleil, et finalement elle est transmise aux espaces célestes par le rayonnement de la terre. C'est ainsi qu'entre son arrivée et son départ, dit M. Tyndall, le rayon solaire a fait naître les puissances multiples de notre globe. « Elles sont des formes spéciales de la puissance du soleil, autant de moules dans lesquels celle-ci est entrée temporairement en allant de sa source vers l'infini[1]. »

Le temps qui sépare le moment où l'énergie solaire est dépensée de celui où une égale énergie est mise en activité peut être considérable, de sorte que l'énergie semble emmagasinée dans certains corps terrestres. Par exemple, nos houillères sont les débris d'immenses forêts qui ont existé sur la terre bien longtemps avant l'apparition de l'homme. Ensevelies sous les eaux par les révolutions géologiques, elles ont subi une destruction lente, et leur carbone a été mis en liberté. Chaque kilogramme de charbon provient de l'acide carbonique que les végétaux de ces forêts ont décomposé

[1] *La Chaleur*, par John Tyndall. 12e leçon. — Traduction de M. l'abbé Moigno, 1864.

pendant leur vie sous l'influence du soleil, et cette décomposition a nécessité la dépense d'une quantité d'énergie capable d'élever 1 kilogramme à 3400 kilomètres de hauteur. Aujourd'hui, lorsque nous brûlons ce charbon, nous retrouvons cette énergie : elle s'est conservée intacte, et nous utilisons la chaleur que le soleil envoyait sur la terre il y a des milliards de siècles. L'utilisation est complète dans nos foyers lorsque nous cherchons seulement à nous procurer de la chaleur. Mais si nous voulons en tirer du travail mécanique, nous savons qu'il est impossible d'éviter dans nos machines le dégagement d'une forte proportion de chaleur sensible, et de convertir en travail toute la chaleur de combustion. Nous ne pouvons guère élever, avec 1 kilogramme de charbon brûlé sous la chaudière d'une machine à vapeur, qu'un poids de 1 kilogramme à une hauteur de 135 kilomètres : la plus grande partie de l'énergie est développée sous forme de chaleur. Dans tous les cas, le grand principe de la conservation de la force se vérifie toujours.

C'est ce principe qui établit une corrélation entre tous les phénomènes physiques ; car l'énergie communiquée par la matière peut se manifester autrement que par la chaleur et par le travail mécanique ; elle peut prendre, par exemple, la forme de l'électricité ; mais nous avons eu soin de n'étudier que certaines phénomènes où les forces de ce genre n'interviennent pas. C'est en séparant les forces de la nature les unes des autres, en les faisant agir isolément sur la matière, que l'on peut arriver à connaître leurs lois. Plus tard, lorsque la science est très-avancée, on peut essayer d'embrasser dans une même formule tous les résultats partiels auxquels on est arrivé : on prépare alors une synthèse qui résume toute la science.

2. DISTRIBUTION DES TEMPÉRATURES A LA SURFACE DE LA TERRE. — CLIMATS. — ROLE DE LA VAPEUR D'EAU ATMOSPHÉRIQUE.

Après avoir vu d'une manière générale ce qu'on doit entendre par l'équilibre de la chaleur à la surface de notre globe, nous avons à nous occuper de la distribution des températures. Si en chaque point de la terre il y avait, à chaque instant, égalité entre la chaleur perdue et la chaleur gagnée, la température serait constante. Mille causes s'opposent à cette égalité, et la température varie périodiquement suivant certaines lois, de sorte qu'il y ait toujours conservation de l'énergie. Dans les êtres vivants se passent de nombreux phénomènes qui exigent le concours de la chaleur, dans une proportion déterminée, et aussi durant un temps limité. Il ne faut pas que l'évolution de la matière qui constitue leurs organes soit trop lente ou trop rapide : de là certaines limites de température que les êtres ne peuvent dépasser sans périr. L'homme peut subir des variations de 100 degrés de température, vivre à 56 degrés au-dessous de zéro, comme le capitaine Black, voyageant dans l'Amérique du Nord, à la recherche du capitaine Ross, et à 47°, température maxima observé à Esné en Égypte. Mais la plupart des animaux et les végétaux sont assujettis à des limites beaucoup plus approchées.

L'étude de la température à la surface de la terre et la recherche des lois qui la régissent appartiennent à une branche de la physique récemment fondée, qu'on appelle la météorologie. Elle a reçu depuis plusieurs années une vive impulsion de la part d'hommes éminents : c'est par une centralisation active, telle que celle qu'a entreprise M. Le Verrier, directeur de l'Observatoire de Paris, que l'on pourra tirer parti des nombreuses observations qui se font chaque jour dans toutes les parties du monde, et formuler des lois dont l'utilité est incontestable. Nous nous bornerons ici à indiquer les causes principales des variations régulières que peut subir la température de l'air.

Considérons d'abord ce qui se passe dans un même lieu, par exemple en France, dans l'intérieur des terres.

Lorsque le soleil se lève, il envoie des rayons obliques qui commencent à échauffer l'air et le sol. Celui-ci absorbe plus de chaleur que l'air, et il échauffe à son tour les couches atmosphériques voisines par rayonnement, par conductibilité et par convection. D'un autre côté, les espaces célestes exercent sur l'air et le sol leur action refroidissante, et elle est d'autant plus intense que la température de la terre est plus élevée. Cet action est donc faible au point du jour, et c'est l'action échauffante du soleil qui l'emporte. A mesure que le soleil s'élève, ses rayons arrivent moins obliquement, et apportent plus de chaleur ; la température croît graduellement, tant que le rayonnement vers les espaces célestes n'a pas acquis une intensité assez grande pour compenser l'absorption de la chaleur solaire. Après midi, lorsque le soleil, après avoir atteint sa plus grande hauteur, est déjà un peu descendu, et que l'obliquité de ses rayons augmente tandis que leur ardeur diminue, il arrive un moment où la chaleur reçue est égale à la chaleur perdue par rayonnement. Alors a lieu le maximum de température du jour. A partir de ce moment l'action refroidissante décroît moins vite que l'action réchauffante, et la température diminue jusqu'au coucher du soleil, malgré la présence de cet astre ; elle continue à décroître pendant tout la nuit. Il y a donc un minimum vers le lever du soleil : ce minimum précède un peu l'apparition de l'astre, parce que ses rayons arrivent de l'atmosphère avant d'atteindre le sol, et que la chaleur est diffusée par l'air, de même que la lumière qui produit le crépuscule.

Il y a des précautions essentielles à prendre quand on veut observer la température de l'air. Le thermomètre doit être exposé au nord, à l'ombre, et garanti contre la réverbération des murs voisins; l'air doit circuler librement autour de lui et avant de l'observer, il faut le faire tourner pendant quelques instants dans l'air, pour éviter les effets du rayonnement. Quand on a pris pendant un jour la température d'heure en

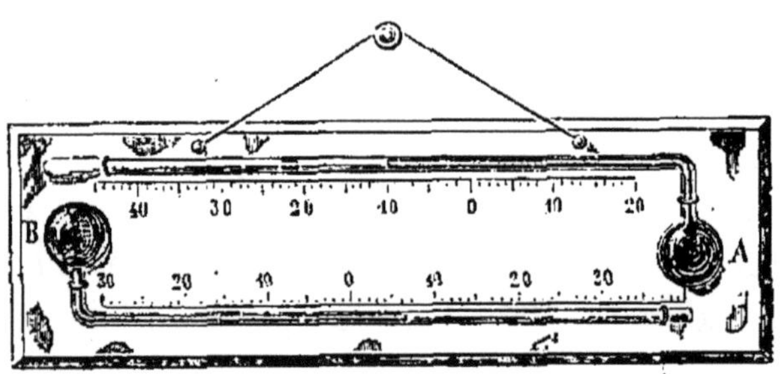

Fig. 92. — Thermomètres à *maxima* et à *minima*.

heure, on calcule la température moyenne du jour, en faisant la somme des vingt-quatre observations, et divisant cette somme par vingt-quatre. On arrive au même nombre, en prenant la demi-somme des températures maxima et minima du jour; ce qui permet de substituer aux vingt-quatre observations horaires deux observations, faites une seule fois par jour, à l'aide d'instruments spéciaux qui marquent eux-mêmes le maximum et le minimum. L'appareil le plus simple se compose de deux thermomètres fixés horizontalement sur une même planchette (fig. 92). L'un est à mercure, et sert pour le maximum; l'autre est à alcool, et indique le minimum. Pour cela, la colonne de mercure du premier A pousse devant elle, quand la température s'élève, un petit cylindre de fer, qui reste en place quand la température s'abaisse; la colonne d'alcool du second thermomètre B contient au contraire un petit cylindre d'émail, qu'elle entraîne par adhérence lorsque l'alcool se contracte, et qu'elle laisse en place lorsque l'alcool se dilate. La différence d'action dans ces deux thermomètres tient à ce que le mercure, ne mouillant ni le fer ni le verre, ne peut passer autour du petit cylindre de fer; tandis que l'alcool, mouillant à la fois l'émail et le verre, enveloppe complétement le cylindre d'émail. Supposons ce cylindre placé au bout de la colonne d'alcool; si l'alcool se contracte, il entraîne le cylindre sans cesser de l'envelopper; si au contraire il se dilate, il le laisse en place en passant dans l'intervalle qui existe entre le cylindre et le tube de verre. Pour se servir de l'appareil, on abaisse le côté de la tablette situé à droite; les petits cylindres sont alors ramenés par la pesanteur aux extrémités des colonnes thermométriques. On replace la tablette horizontalement, et vingt-quatre heures après, on note la position des deux cylindres. On les ramène de nouveau aux extrémités des colonnes thermométriques, et ainsi de suite. On n'a donc qu'une double observation à faire chaque jour.

Les moyennes diurnes éprouvent dans le même lieu des variations qui dépendent de la saison. A partir du solstice d'hiver, la durée du séjour du soleil au-dessus de l'horizon augmente chaque jour jusqu'au solstice d'été, en même temps que le soleil s'élève de plus en plus haut dans sa révolution diurne. Il agit donc de plus en plus fortement, et la terre finit par s'échauffer plus le jour qu'elle ne se refroidit la nuit. Au solstice d'été, l'action solaire est à son maximum; mais l'action refroidissante des espaces célestes ne la compense pas encore : la compensation n'a lieu que quelque temps après, lorsque l'action solaire est dans sa décroissance, par suite de la diminution du jour et de la hauteur du soleil.

A ce moment, la température moyenne diurne atteint son maximum. Puis, jusqu'au solstice d'hiver, la terre se refroidit plus la nuit qu'elle ne s'échauffe le jour, et la température s'abaisse.

Comme une foule de causes locales ou accidentelles s'ajoutent à la cause précédente pour compliquer les variations de la température moyenne de chaque jour, on fait disparaître leur effet, en calculant les moyennes mensuelles de plusieurs années. Pour cela, on divise par le nombre des jours du mois la somme des moyennes diurnes; on a une moyenne mensuelle; on répète ce genre de calcul sur les moyennes de chaque mois obtenues pendant un grand nombre d'années. Voici les résultats calculés par Bouvard pour Paris, d'après seize années d'observations.

JANVIER.	FÉVRIER.	MARS.	AVRIL.	MAI.	JUIN.
2°,0	4°,0	7°0	10°,7	14°0	17°,0

JUILLET.	AOUT.	SEPTEMBRE.	OCTOBRE.	NOVEMBRE.	DÉCEMBRE.
18°,7	18°,2	15°,8	11°,5	7°,0	3°,9

On voit que le maximum a lieu en juillet, c'est-à-dire après le solstice d'été. En divisant par 12 la somme des moyennes mensuelles du tableau précédent, on a la température moyenne de Paris; on trouve 10°,8, qui est à peu près la moyenne mensuelle d'avril.

Ce nombre ne suffit pas pour caractériser l'action du soleil sur un lieu donné. Les températures extrêmes exercent la plus grande influence sur les animaux et les végétaux. Pour qu'une plante ne gèle pas ou pour qu'un fruit mûrisse, il ne faut pas que la température soit trop basse ou trop élevée. Mais on doit encore dans cette appréciation considérer un grand nombre d'observations, afin d'éliminer l'influence des causes accidentelles; et c'est en comparant la température moyenne du mois le plus chaud à celle du mois le plus froid, qu'on détermine le climat d'un lieu. Le tableau précédent nous donne 18°,7 et 2° pour Paris; la différence est 16°,7. Ce chiffre mesure le climat de Paris. Un tel climat est variable; car les températures absolues peuvent être accidentellement 38° au-dessus de zéro et 23° au dessous. De là des hivers et des étés exceptionnels que l'on ne saurait prévoir dans l'état actuel de la météorologie.

Nous nous occuperons maintenant des causes qui influent sur la température moyenne et sur le climat des diverses contrées de la terre.

A mesure qu'on marche de l'équateur vers le pôle, les rayons solaires tombent de plus en plus obliquement sur la surface du globe. Par conséquent, leur action est graduellement moins intense, et la température moyenne va en diminuant. C'est ainsi qu'on atteint les régions polaires, où les vapeurs atmosphériques se condensent sans cesse en neige, et où la surface des mers est glacée. Des bancs énormes de glace, changeant chaque année de place, arrêtent les navigateurs, et rendent l'exploration de ces régions presque impossible. Nous avons vu le voyageur Kane triompher de ces difficultés dans une expédition mémorable au pôle boréal : malgré les efforts de Cook, Weddel, Dumont d'Urville, James Ross, nous manquons de données certaines sur les régions australes, mais tout porte à croire qu'il s'y trouve une vaste terre entourée de glaciers immenses qui en rendent l'accès inaccessible. Cette terre aurait un climat dont on se fait difficilement une idée et serait inhabitable.

La configuration des continents et les courants marins amènent de grandes différences dans la distribution de la chaleur sur les deux hémisphères. Tandis que dans l'hémisphère boréal de vastes continents s'étendent très-loin vers le pôle; dans l'hémisphère austral, au contraire, l'Afrique et l'Amérique sont terminées en pointes, et présentent une superficie beaucoup plus petite que celle des mers. L'extrémité méridionale de l'Amérique, celle qui se rapproche le plus du pôle austral, n'est pas plus éloignée de l'équateur que le Danemark. Or la mer réfléchit à sa surface une plus grande quantité de rayons solaires que les continents; la chaleur absorbée par l'hémisphère austral doit être moindre que celle qui est absorbée par le nôtre. Aussi, à la pointe de l'Amérique, la température moyenne est-elle plus basse qu'en Danemark.

L'effet des mers consiste surtout à adoucir le climat. La vapeur d'eau, en se mêlant sans cesse à l'air atmosphérique, agit comme un vêtement qui préserve le sol d'un échauffement ou d'un refroidissement trop grand. En outre, les courants marins répartissent sur les côtes la chaleur que la totalité de l'Océan reçoit du soleil, ou leur enlèvent une partie de celle que les continents ont absorbée pour la porter ailleurs. Aussi le climat le plus doux est-il celui des îles, où la différence entre la température moyenne du mois le plus chaud et celle du mois le plus froid n'est que d'un petit nombre de degrés et où il y a des étés peu chauds suivis d'hivers peu rigoureux. Un tel climat est appelé constant; il se rencontre dans l'Amérique méridionale, où s'élèvent les fougères en arbre et où les végétaux magnifiques de la zone torride s'étendent beaucoup plus loin de l'équateur que dans l'hémisphère boréal. Avec la même température moyenne que celle de la France, les orchidées, aux formes variées et bizarres, la vanille, croissent dans ces contrées, tandis que chez nous les mêmes espèces sont les ornements de nos serres chaudes.

Nous trouvons encore en Angleterre un exemple très-frappant de l'influence de l'humidité sur le climat et sur la température moyenne. A Londres, cette température est de 10° environ. A Irkoutzk, capitale de la Sibérie, qui est à peu près à la même distance que Londres de l'équateur, la température moyenne est inférieure à zéro de deux dixièmes de degré. A Londres, la température moyenne du mois le plus froid est 3°, et celle du mois le plus chaud 17°,8. A Irkoutzk, ces températures sont 19°,5 au-dessous de zéro et 17°,5 au-dessus. Les différences de ces températures extrêmes sont ainsi 14°,8 pour Londres et 37° pour Irkoutzk. Aussi cette dernière ville offre-t-elle le type d'un *climat excessif*.

Il est aisé d'expliquer cette énorme différence entre deux localités qui, par leur position sur la surface du globe par rapport au soleil, devraient recevoir la même quantité de chaleur.

Nous avons déjà signalé l'influence du Gulf-Stream sur le climat de l'Angleterre. Ce vaste courant marin apporte sur ses côtes de la chaleur prise au golfe du Mexique et dans les régions équatoriales de l'Atlantique. Les courants atmosphériques apportent dans la même direction de grandes quantités de vapeur d'eau qui proviennent de l'évaporation de l'Océan: cette vapeur, en se condensant sur l'Angleterre, dégage autant de chaleur qu'elle en avait pris pour se former dans la zone torride. Elle ressemble à un messager aérien qui puiserait la chaleur à sa source et la transporterait au loin. A Londres le vent du sud-ouest souffle pendant neuf mois de l'année, et chaque pluie qu'il amène est accompagnée d'un réchauffement bienfaisant: voilà pourquoi la température moyenne est si douce. Quant aux grands froids et aux grandes chaleurs, l'atmosphère humide les empêche ; elle modère en été l'ardeur du soleil, en absorbant ses rayons, et elle conserve en hiver la chaleur terrestre, en s'opposant au rayonnement vers les espaces célestes.

Il y a donc au-dessus de l'Angleterre un véritable écran qui abrite la terre, et si certaines plantes, telles que la vigne, ne peuvent y vivre faute d'une chaleur suffisante, d'autres s'y trouvent qui ne pourraient supporter le froid de nos hivers. Dans le nord-est de l'Irlande, d'après M. de Humboldt, le myrte végète avec la même force qu'en Portugal ; il y gèle à peine en hiver ; mais les chaleurs de l'été ne peuvent mûrir le raisin. Sur les côtes du Devonshire, les camélias passent l'hiver sans abri, en pleine terre, et on y voit des orangers en espalier donner des fruits [1].

Les circonstances sont bien différentes à Irkoutzk. Très-éloigné de la mer, l'air est très-peu humide et ne préserve plus le sol. Les vents n'amènent dans cette contrée que des masses d'air sec, glacées par les régions polaires ou échauffées par les déserts de l'Asie centrale. En hiver, le lac Baïkal, voisin d'Irkoutzk, est gelé pendant longtemps, et on peut le franchir en traîneau de janvier en avril. M. le comte Henry Russell nous donne de très-curieux détails sur cette contrée, qu'il a traversée au mois de janvier. Le lac, long de cent lieues et large de quinze, ressemblait à une mer pétrifiée sur toute son étendue. « On voyait le long des côtes, sur les parois des rochers et dans les ravins, des espèces d'éclaboussures solides qui prenaient parfois les proportions de cascades : c'était l'écume du lac qui, se brisant sur ces côtes pendant une tempête, avait été sans doute saisie et figée sur place avant qu'elle eût eu le temps de retomber. » En se lançant en traîneau sur cette plaine glacée, il semblait à notre voyageur qu'il partait en chaise de poste de la plage de Dieppe pour l'Amérique. Sous la couche de glace épaisse de deux ou trois mètres on entendait des bruits étranges, et quelquefois on sentait une secousse, comme si la glace et l'eau n'eussent

[1] *Eléments de physique terrestre et de météorologie* par MM. Becquerel.

pas été en contact; « les eaux captives se soulevaient du fond de leurs abîmes pour briser avec fureur les voûtes qui pesaient sur elles. » En été, au contraire, la température d'Irkoutzk se maintient souvent à 30° pendant plusieurs semaines, et les bateaux à vapeur sillonnent le lac Baïkal. Les vents du sud causeraient des chaleurs bien plus fortes s'ils n'étaient arrêtés par les monts Altaï : les montagnes abritent la contrée contre le vent du désert.

L'élévation d'un lieu est une cause de refroidissement. L'air, devenant moins dense à mesure qu'on s'élève, absorbe moins de chaleur et sa température doit décroître. C'est en effet ce qui résulte des observations faites, soit dans les montagnes, soit dans les ascensions aérostatiques. Ainsi, au grand Saint-Bernard, la température moyenne est d'un degré. La loi de cette variation dépend d'une foule de circonstances, et nous ne pouvons entrer ici dans aucun détail ni sur cette question, ni sur celle de la hauteur des neiges perpétuelles qui s'y rattache.

L'étude que nous venons de faire des causes générales qui déterminent la température moyenne et le climat des différentes parties du globe, suffit pour montrer sur quels principes repose leur explication. Nous terminerons ce livre en considérant les modifications que le temps a apportées à la distribution de la chaleur terrestre, depuis les temps historiques, et celles qui pourront survenir dans les âges futurs.

3. DES CHANGEMENTS QUE LA DISTRIBUTION DE LA CHALEUR A SUBIS AVANT L'ÉPOQUE ACTUELLE. — DES RÉVOLUTIONS GÉOLOGIQUES.

En Palestine, au temps de Moïse, la datte et le raisin mûrissaient. Nous pouvons calculer en partant de là une valeur approximative de la température moyenne de cette contrée à cette époque. En effet, aujourd'hui la datte ne mûrit pas à Catane, où la température moyenne est de 18°. Il faut une température de 21°, comme à Alger, pour qu'elle mûrisse. La température moyenne ne pouvait donc pas être en Palestine inférieure à 21°. D'autre part, on cesse de cultiver la vigne dans les pays chauds, où la température moyenne dépasse 22°. En Perse, 23° représentent la limite la plus élevée, et on est obligé d'abriter les ceps contre les ardeurs du soleil. La température moyenne de la Palestine ne devait donc pas être supérieure à 22° dans les temps bibliques. En admettant 21° et demi, on ne saurait être loin de la vérité. Or de nos jours, à Jérusalem, les observations donnent un plus de 21°. Donc, depuis plus de trois mille ans, le climat de la Palestine n'a pas été modifié d'une manière appréciable.

En France, le climat paraît avoir subi quelque changement. Autrefois on cultivait la vigne dans le Vivarais jusqu'à 600 mètres de hauteur ; maintenant le raisin n'y mûrit plus. Tout le monde sait combien le vin de Surésnes a dégénéré depuis l'époque où on le servait sur la table de l'empereur Julien, et nous avons encore un exemple du même genre dans les vins de Beauvais et d'Étampes, qui étaient estimés au temps de Philippe Auguste.

En Angleterre, la vigne était aussi cultivée dans certaines localités, et maintenant il faut l'abriter contre les vents froids.

Ce sont la culture des terrains jadis en friche, le déboisement, le desséchement des étangs et des marais qui ont amené de telles modifications. Les plaines couvertes d'une végétation abondante, les forêts condensent la vapeur d'eau atmosphérique, et nous savons que cette condensation est accompagnée d'un dégagement de chaleur. Dans un pays boisé, les sources sont abondantes ; leurs eaux se rassemblent dans les rivières, dans les étangs ; elles entretiennent dans l'atmosphère une humidité bienfaisante : en outre, les forêts servent d'abri contre les vents et diminuent leur violence. Quand la main de l'homme a supprimé tout cela, le climat perd sa douceur ; la température moyenne tend à devenir plus basse, en même temps que les hivers sont plus froids et les étés plus chauds. Or, les plantes telles que la vigne ont surtout besoin d'un climat très-doux ; pour qu'elles mûrissent, il faut que la chaleur de l'été se prolonge en automne, et que le changement de saison ne se fasse pas sentir brusquement : la vapeur d'eau atmosphérique est un régulateur indispensable.

Nous devons tirer de ces observations une conséquence très-importante, relativement à l'influence de l'action solaire et de la chaleur propre du noyau terrestre. Leur variation est tout à fait inappréciable depuis la création de l'homme. Et pourtant la chaleur terrestre ne doit-elle pas se dissiper peu à peu par le rayonnement ? Suivant de Saussure et Fourier, la chaleur que la terre perd en un siècle est capable de fondre une couche de glace de trois mètres d'épaisseur enveloppant la terre. Elle est mille fois moindre que la chaleur envoyée par le soleil à la terre dans le même temps. D'après cela, l'abaissement de température de la terre serait d'un degré en 57,600 siècles. Il est tout à fait impossible de calculer à quelle époque notre globe était une masse liquide incandescente, qui commençait à se solidifier à la surface.

L'histoire des changements qui ont eu lieu sur la terre dans ces temps incommensurables est écrite dans les nombreuses couches de terrains, qui sont superposées dans un ordre déterminé comme les feuillets d'un livre. La géologie est la science qui nous apprend à lire dans ce livre gigantesque, à reconnaître les animaux et les végétaux qui ont habité successivement les continents et les mers, les révolutions qui ont fait surgir les montagnes, et qui ont à diverses époques changé l'aspect de notre planète. Elle nous montre que, si le refroidissement du noyau central n'influe pas sensiblement sur la température moyenne de l'atmosphère, il produit une contraction lente, qui, à de longs intervalles de temps, amène des bouleversements dans l'écorce solide.

En admettant le chiffre que nous avons donné pour le refroidissement de la terre, et en supposant que l'écorce solide se contracte comme le verre, on trouve que le rayon terrestre, qui a plus de 6000 kilomètres, diminue d'un centième de millimètre par an. La diminution de volume qui résulterait d'une contraction cinq fois moindre encore serait de 1 kilomètre cube.

Or imaginez une sphère creuse remplie de liquides et de gaz, et présentant quelques fissures. Si cette sphère se contracte, la pression intérieure augmentera, et le fluide qu'elle renferme sortira par les fissures.

Telle est l'image grossière de ce qui se passe de nos jours. Trois cents volcans sont répartis sur la terre, immenses fissures par lesquelles sort la lave incandescente, et s'élancent des mélanges de gaz, de cendres, de roches vitrifiées par le feu. Et toute la masse éruptive d'une année est mesurée justement par un cube de 1 kilomètre. Le résultat confirme donc ceux auxquels nous étions arrivés par d'autres considérations.

Mais là ne s'arrête pas l'effet de la contraction terrestre. Le noyau liquide, en se contractant, laisse un vide entre sa surface et celle de l'écorce solide. Il peut donc être dans une fluctuation continuelle, céder, comme l'Océan, à l'attraction de la lune, avoir ses marées, ses vagues, ses tempêtes. Toutes les réactions chimiques imaginables peuvent s'opérer à la surface de cette mer de feu, et de là les détonations souterraines, les oscillations de la croûte solide, et les tremblements de terre, plus fréquents dans les régions équatoriales, où la vitesse de rotation diurne est la plus grande, et où l'action lunaire se fait le plus fortement sentir. Enfin, l'inégalité d'épaisseur de l'écorce en ses différents points occasionne un retrait inégal, et d'immenses fractures ont lieu le long des lignes de moindre résistance. Alors se fait un effroyable bouleversement à la surface de la terre. Partout où il y a une fracture, une partie de l'écorce s'enfonce, tandis qu'une partie voisine s'élève ; une chaîne de montagnes surgit, et les volcans vomissent leurs matières enflammées tantôt au pied, tantôt au sommet des montagnes, là où les terrains ont été déchirés. D'après cette manière de voir, le retrait cause la fracture, les vides intérieurs causent le mouvement de bascule, parce que la portion fracturée de l'écorce n'est plus soutenue, et l'éruption volcanique n'est que le résultat de cette dislocation, parce que la matière en fusion n'entre dans les fissures qu'après leur formation, sans y avoir contribué.

Une pareille révolution change la distribution de l'Océan ; de nouveaux continents sortent du sein des mers, et d'autres sont recouverts par les eaux. Alors commence une nouvelle période de tranquillité, jusqu'à ce que le retrait continuant, les mêmes phénomènes se reproduisent.

Les travaux de M. Élie de Beaumont et d'un grand nombre de géologues nous ont montré les traces de treize grandes révolutions, et l'ordre de leur succession ; mais nous ne pouvons connaître les intervalles de temps qui les ont séparées ; nous savons seulement que ces intervalles sont immenses. Ainsi les observations géologiques et les observations physiques concordent parfaitement pour nous prouver la lenteur du refroidissement de la terre. A ces preuves nous pouvons en ajouter une autre tirée des observations astronomiques.

La contraction de la terre doit avoir pour effet, si le soleil n'éprouve aucun changement, d'accélérer le mouvement de rotation diurne, et par conséquent d'augmenter la durée du jour. Or, d'après Laplace, cette durée n'a pas diminué de $\frac{1}{100}$ de seconde depuis deux mille ans : cet effet est donc inappréciable.

La distribution de la chaleur solaire à la surface de la terre est au contraire soumise à des vicissitudes très-grandes. Il est probable que le soleil se refroidit aussi lentement que la terre, et que la quantité de chaleur qu'il envoie à notre planète est à peu près invariable ; mais à chaque révolution géologique cette chaleur rencontre d'autres continents et d'autres mers, et les climats sont complétement changés. Parmi les changements de ce genre qui sont le plus rapprochés de la création de l'homme, nous avons un affaissement de toute la Suisse, dont les traces sont restées sur les flancs des Alpes et du Jura.

Le voyageur qui descend la vallée du Rhône peut contempler les reliques d'anciens glaciers jusqu'au lac de Genève. Ici les roches qui bordent la vallée sont creusées et présentent de profonds sillons ; là elles sont polies et arrondies ; ailleurs elles sont rayées et cannelées. Partout leur aspect est celui des roches que nous voyons sur le bord des glaciers actuels, et que la glace travaille en quelque sorte sous nos yeux. Bien plus, au delà du lac de Genève, sur les pentes calcaires du Jura, se dressent des blocs du même granit qui forme les sommets des Alpes, comme si ces blocs avaient été détachés de ces sommets et transportés au loin. Or, de nos jours, on observe sur les glaciers de semblables transports. En glissant lentement dans son lit escarpé, un glacier brise les rochers qui lui font obstacle et entraîne avec lui leurs débris. Ils sont accumulés à l'entrée du glacier, là où la glace les a déposés en fondant, et forment les moraines. Tout semble indiquer que la vallée du Rhône était autrefois un immense glacier dont les moraines se formaient sur les flancs du Jura. Des traces analogues sont rencontrées dans toute la Suisse, en Angleterre, au Liban, dans l'Amérique septentrionale. Il faut donc admettre qu'à une certaine époque ces contrées présentaient de gigantesques glaciers, et de là vient le nom d'époque glacière.

Faut-il, pour expliquer cette époque, imaginer un refroidissement passager, une diminution de l'action solaire, ou le passage de la terre à travers des régions du ciel excessivement froides? M. Tyndall a fait une remarque qui éclaircit heureusement la question. Les glaciers sont les condenseurs de l'Océan : pour qu'il y ait beaucoup de glace accumulée sur les montagnes, il faut qu'il y ait beaucoup de vapeurs formées à la surface des mers, et que par conséquent le soleil fournisse beaucoup de chaleur. Vouloir que les glaciers augmentent par suite de la suppression de cette chaleur, c'est vouloir augmenter dans un appareil distillatoire la quantité de liquide distillé, en diminuant le feu sous la chaudière. La chaleur solaire ne pouvait donc agir à l'époque glacière moins énergiquement qu'aujourd'hui. La seule chose qu'on puisse imaginer, c'est, comme dit M. Tyndall, une condensation perfectionnée. Et pour cela il suffisait que les montagnes fussent plus élevées que de nos jours; car nous savons qu'un point de la terre est d'autant plus froid que sa hauteur est plus grande. La Suisse et les contrées où l'on trouve les traces d'anciens glaciers ont donc subi un affaissement explicable par le retrait de l'écorce solide du globe, et devenues moins froides, elles ont cessé de retenir à l'état de glace les vapeurs atmosphériques. Aux neiges abondantes ont succédé des pluies, et le climat a été totalement changé.

Les vicissitudes du climat ont évidemment accompagné celles de la situation géographique des continents et des mers, et à chaque révolution certaines espèces animales et végétales ont disparu, ne pouvant plus trouver les conditions nécessaires à leur existence, tandis que de nouvelles mieux appropriées aux circonstances ont apparu. Nous trouvons dans les couches déposées sous les eaux à chaque ère géologique nouvelle, les débris de ces espèces aujourd'hui perdues, et nous pouvons les comparer aux espèces actuelles et connaître par cette comparaison les mœurs et le régime de ces êtres mystérieux. Par suite, nous pouvons deviner la distribution des climats, et bien que nos investigations ne nous conduisent qu'à de simples conjectures, celles-ci peuvent acquérir, avec le progrès de la science, un degré de plus en plus grand de probabilité. C'est ainsi qu'en reconstruisant la terre et ses habitants après chaque bouleversement, le géologue peut démontrer que la température a commencé par être uniforme sur toute la surface du globe, et que les climats se sont modifiés graduellement en devenant plus variés.

N'explique-t-on pas ce résultat avec la plus grande simplicité, en admettant que la terre était primitivement liquide, et que le refroidissement a amené la solidification graduelle de sa surface? Tant que la croûte solide a eu très-peu d'épaisseur, la chaleur du noyau liquide était transmise à l'atmosphère par conductibilité, et l'influence des saisons était insensible : plus tard, quand l'épaisseur a été plus grande, cette influence s'est fait sentir. Chaque changement dans la quantité d'eau formant la mer, dans la constitution de l'atmosphère, dans l'élévation d'un continent, a dû amener un changement dans le climat. Depuis que l'homme a été créé, il n'y a pas eu de révolution géologique comparable à celles qui ont précédé. Il semble que l'état calorifique de la terre soit devenu stationnaire, comme si la croûte solide avait acquis assez d'épaisseur pour ne plus se rider et se fracturer comme par le passé, et pour intercepter complétement la chaleur centrale.

4. DE L'AVENIR DU GLOBE TERRESTRE.

L'avenir du globe est une haute question de philosophie naturelle *qu'il ne nous appartient pas de résoudre.* Mais il *nous* est permis de jeter un coup d'œil sur les choses possibles, en présence des résultats merveilleux que la science a produits. Il faut d'abord distinguer les simples conjectures des faits observés.

Nous avons d'abord ceux que la géologie a fait découvrir. Le temps qui s'est écoulé depuis la création de l'homme est incomparablement moindre que l'intervalle de deux révolutions géologiques consécutives. En outre, les dernières révolutions géologiques ont amené moins de changements que les premières dans les conditions d'existence des êtres organisés. Voilà pour le passé. Voici maintenant pour le présent. Les mêmes phénomènes qui ont accompagné autrefois les révolutions du globe se passent aujourd'hui sous nos yeux.

Joignons à ces faits ceux qui sont du domaine de la physique. Le soleil et la terre sont à des températures supérieures à celles des espaces célestes, et ils suivent comme tous les corps matériels les lois de la chaleur; ils doivent se refroidir tant qu'ils n'auront pas atteint la température des espaces célestes; mais les instruments les plus délicats ne peuvent accuser ce refroidissement.

Ajoutons que l'astronomie confirme ces observations, et nous aurons rassemblé les principales données du problème. Elles sont tout à fait insuffisantes pour le résoudre, et à partir de là nous entrons dans l'hypothèse.

Si la terre est un globle liquide, recouvert d'une mince pellicule solide, ce qui explique assez bien les phénomènes géologiques antérieurs, les mêmes phénomènes devront se reproduire dans la suite des siècles; la vitesse de rotation diurne devra aller en augmentant, pourvu que le soleil et les autres corps célestes continuent à agir de la même manière sur notre globe. L'aplatissement aux pôles augmentera aussi, ce qui changera la distribution de la chaleur; il a aura une plus grande différence entre la température moyenne des régions polaires et celles des régions équatoriales. Et encore l'orbite que la terre décrit autour du soleil s'allongera, de sorte que les hivers seront plus froids et les étés plus chauds. Engagé dans cette voie, l'esprit ne s'arrête plus; il semble que tous les obstacles disparaissent comme dans un rêve; les limites du possible sont indéfiniment reculées. Tout cela n'est qu'un mirage ou un jeu d'imagination. Un problème ne peut être résolu d'après des données incomplètes.

Mais si nous ne pouvons dire ce que deviendra le terre dans les âges futurs, nous avons quelques conséquences à tirer des faits réellement observés.

Il est probable qu'une révolution géologique ne surviendra pas avant une époque beaucoup plus éloignée de nous que celle de la création de l'homme, et que les changements seront moins considérables qu'autrefois, de sorte que l'existence des êtres actuels sera moins compromise.

Qu'il n'y ait pas de folles terreurs! elles sont le produit de l'ignorance et de la superstition, et, grâce à Dieu, nous sommes dans un siècle où la science se répand partout en flots de lumière. La foudre et les éclipses de soleil ne jettent plus l'épouvante au milieu de nous : nous les contemplons avec la sérénité que donnent la connaissance de la vérité et l'admiration des œuvres de Dieu, et lorsque les grands phénomènes de la nature apparaissent, notre devoir est de chercher avec confiance où est véritablement le péril, afin de disposer des ressources que nous offre la Providence divine. Ainsi l'investigation scientifique fortifie dans nos âmes le sentiment de la Divinité et nous élève comme par degrés du monde physique au monde moral; c'est en ce sens qu'on peut dire que la science et la religion sont sœurs.

FIN

ERRATUM

Page 179, *au lieu de* M. Pizeau, *lizez :* M. Fizeau.

TABLE DES GRAVURES

TABLE DES MATIÈRES

CHAPITRE II

DE LA MÉTHODE EXPÉRIMENTALE ET DU THERMOMÈTRE

CHAPITRE III

DES SOURCES DE CHALEUR

CHAPITRE IV

DU RAYONNEMENT DE LA CHALEUR

CHAPITRE V

DE LA CONDUCTIBILITÉ DES CORPS POUR LA CHALEUR

CHAPITRE VI

DU CHANGEMENT DE VOLUME DES CORPS

CHAPITRE VII

DE LA FUSION ET DE LA SOLIDIFICATION

CHAPITRE VIII

DE L'ÉVAPORATION ET DE L'ÉBULLITION

CHAPITRE IX

DES TROIS ÉTATS DE LA MATIÈRE ET DES MOYENS DE PRODUIRE LE FROID ARTIFICIELLEMENT

CHAPITRE X

LA CHALEUR SUR LE GLOBE TERRESTRE

PARIS. — IMP. SIMON RAÇON ET COMP., RUE D'ERFURTH, 1.

www.ingramcontent.com/pod-product-compliance
Ingram Content Group UK Ltd.
Pitfield, Milton Keynes, MK11 3LW, UK
UKHW020602230726
13926UKWH00005B/2155

9 782013 444989